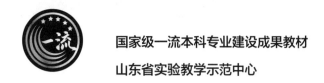

国家级一流本科专业建设成果教材

山东省实验教学示范中心

物理化学实验

（第三版）

唐　林　温会玲　于文娟　编著

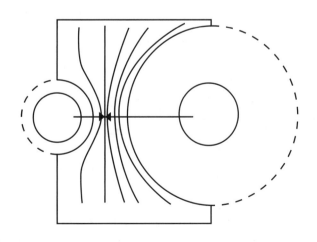

化学工业出版社

·北京·

内 容 简 介

《物理化学实验》(第三版)内容包括:绪论,介绍物理化学实验基本知识及数据处理等内容,归纳常用化学数据来源和重要化学数据网站,为学生查阅相关资料提供方便;实验部分,共编写了28个基础实验和8个综合(设计)实验,培养学生物理化学实验的基本技能;基本实验技术部分,系统地介绍物理化学实验基本知识、基本测试方法和技术等内容,帮助学生了解现代技术在科学研究中的应用,同时也通过实验全面提高学生分析问题、解决问题的综合能力;附录部分编写了常用数据表,收集大量的物理化学基本数据,便于师生查阅。

本书在内容安排上适应教学改革需要,既有传统实验,也有反映现代物理化学的新进展、新技术、与应用密切结合的实验,体现了基础性、应用性、综合性的特点。在内容呈现上,采用数字融合出版的方式,将理论讲解、操作视频、教学课件等数字资源与传统纸质教材相结合,为读者提供增值服务。

本书可作为高等院校化学、化工、应用化学、材料、生物化学、环境、能源、轻工等专业的教材,也可作为有关技术人员的参考书。

图书在版编目(CIP)数据

物理化学实验/唐林,温会玲,于文娟编著. —3版
. —北京:化学工业出版社,2023.12
ISBN 978-7-122-44153-9

Ⅰ.①物… Ⅱ.①唐… ②温… ③于… Ⅲ.①物理
化学-化学实验 Ⅳ.①O64-33

中国国家版本馆 CIP 数据核字(2023)第 173486 号

责任编辑:王 婧 杨 菁
责任校对:王 静   装帧设计:张 辉

出版发行:化学工业出版社(北京市东城区青年湖南街 13 号 邮政编码 100011)
印   装:河北鑫兆源印刷有限公司
787mm×1092mm 1/16 印张15 字数369千字 2024年3月北京第3版第1次印刷

购书咨询:010-64518888   售后服务:010-64518899
网   址:http://www.cip.com.cn
凡购买本书,如有缺损质量问题,本社销售中心负责调换。

定   价:49.00元

前言

　　近年来，随着信息技术和教育教学融合的不断深入，信息化教学作为一种全新的教学方式，在推动教学改革的同时，也对教学的重要载体——教材的内容和功能提出了新的要求，同时由于教学改革的深入和发展，物理化学实验在教学内容、教学方法及教学设备等方面也有了很大的发展和变化，本课程已完成在线课程建设，并上线运行。我们本着与近年来实验教学改革成果、信息化教学资源相结合的原则修订了这部新形态教材，以满足教育信息化发展的现实需要，同时适应社会主义现代化建设高素质人才培养的需要，希望本教材能发挥"培根铸魂，启智增慧"的作用。全书在内容安排上由浅入深、由易到难、既有传统实验，也有反映现代物理化学的新进展、新技术及与应用密切结合的实验。体现了基础性、应用性和综合性等特点，具体表现在以下几个方面。

　　一、在全书总体内容安排上适应当前教学改革的需要。全书内容包括四大部分：绪论、实验部分、基本实验技术和常用数据表。绪论部分介绍物理化学实验基本知识及数据处理等内容，同时介绍常用化学数据来源和重要化学数据网站，为学生查阅相关资料提供方便。实验部分编写了28个基础实验和8个综合（设计）实验。基本实验技术部分系统地介绍物理化学实验常用物理量基本测试方法和技术、常用仪器的使用方法等内容，使学生对物理化学实验的测试原理和方法有较全面、系统的了解；综合（设计）实验部分，将教师的先进科研成果引入到教学中，内容新颖，可以拓展学生视野，培养学生科研综合能力。为了便于查阅有关实验的数据，在常用数据表部分编写了内容丰富的数据表，收集了大量的物理化学基本数据。

　　二、在教材的具体内容上，充分反映当代科学技术的发展。安排多个利用计算机控制或进行数据处理的实验，使计算机技术在物化实验中获得充分的应用，使学生尽可能地了解和掌握先进的实验方法及实验技术。同时本着"实验绿色化"的理念，改进实验方法，选择低毒、无毒试剂替代传统的有毒试剂。

　　三、配套在线课程、教学课件、理论讲解视频、操作视频等数字资源，方便教学及读者自学使用。

　　参加本书编写的有唐林（第一章、实验二、四、六、十六、十七、十八、十九、二十一、二十二、二十三、二十四、二十七、二十八、二十九、第三章、附录），温会玲（实验一、三、五、九、二十、二十五、三十），于文娟（实验八、十二、十三、十四、十五、二十六），孟阿兰（实验七、十、十一、三十四），全贞兰（实验三十二、三十三）、徐桂云（实验三十一）和张晓（实验三十五），庞秀江（实验三十六）。全书由唐林统稿。唐林、温会玲、于文娟、田立朋共同完成校对工作。在此书的编写过程中，唐林、温会玲、于文娟做了大量的基础实验并拍摄教学视频、制作多媒体课件。

青岛科技大学的物理化学实验课程是山东省一流本科课程，也是山东省精品课程"物理化学"的重要组成部分，一直受到山东省教育厅和青岛科技大学各级领导的指导和关怀，在此书的编写过程中，学校各级领导及相关部门给予了大力支持，在此深表感谢。

书中难免有不妥和疏漏，恳请读者批评和指正。

编著者

2023 年 6 月于青岛

目录

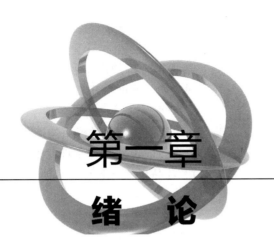

第一章

绪　论

第一节　物理化学实验的目的、要求和注意事项

一、实验目的

在线课程

（1）学习运用现代分析测试手段和物理化学方法研究物质组成、结构和性能的基本实验原理、方法和技能。

（2）学会常用仪器的操作；了解近代大中型仪器在物理化学实验中的应用；培养学生的动手能力。

（3）通过实验操作、现象观察和数据处理，锻炼学生分析问题、解决问题的能力。

（4）加深对物理化学基本原理的理解，给学生提供理论联系实际和理论应用于实践的机会。

（5）培养学生勤于思考、求真、求实、勤俭节约的优良品德和严谨的科学态度。

二、实验要求

（一）基础实验

1. 实验预习

（1）进实验室之前必须仔细阅读实验内容及基本实验技术部分的相关资料，明确本次实验中采用的实验方法及仪器、实验条件和测定的物理量等。

（2）用自己的语言写出预习报告，切忌照抄书本。

（3）预习报告的内容包括实验名称、实验目的、实验原理、简要操作步骤、实验注意事项及数据记录表等。

（4）进入实验室后首先要检查仪器是否完好，核对药品是否齐全，发现问题及时向指导教师提出，然后对照仪器进一步预习，并接受教师的提问、讲解，在教师指导下做好实验准备工作。

2. 实验操作及注意事项

（1）经指导教师同意后方可进行实验。仪器的使用要严格按照操作规程进行，不可盲动；对于实验操作步骤，通过预习应心中有数，严禁看一下书，动一动手。

（2）实验过程中要仔细观察实验现象，发现异常现象应仔细查明原因，或请教指导教师帮助分析处理。

（3）实验结果必须经教师检查，数据不合格的应重做，直至获得满意结果。实验完毕后，应清洗并核对仪器，经指导教师同意后，方可离开实验室。

3. 实验记录

（1）完整记录实验条件。实验的结果与实验条件紧密相关，实验条件是分析实验中所出现问题和误差大小的重要依据。实验条件一般包括环境条件（室温、大气压和湿度等）、操作条件（温度、压力、流量、速率等）、药品规格（名称、来源、纯度、浓度等）和仪器条件（名称、型号与精度等）。

（2）客观、正确地记录实验结果。如实、准确、完整地记录实验现象和数据，必须严格注意误差和有效数字。不能随意丢弃数据，更不能涂改、伪造数据。如果发现记录错误，可在错误处上划一条删除线，再另外给出正确记录。当发现某个数据确有问题，应该舍弃时，可用笔轻轻圈去。

（3）所有实验记录不得用铅笔记录，更不能涂改。字迹要整齐清楚，删除或舍弃的记录应该能够分辨。

（4）实验数据应随时记录在预习报告本上，尽量采用表格形式。要养成良好的记录习惯。

4. 实验报告

（1）学生应在规定时间内独立完成实验报告，及时送指导教师批阅。

（2）实验报告的内容包括实验目的、简明原理、所使用的仪器及药品、简单操作步骤及流程图、原始数据、数据处理、结果讨论和思考题。

（3）数据处理应有处理步骤，而不是只列出处理结果。

（4）结果讨论应包括对实验现象的分析解释、查阅文献的情况、对实验结果误差的定性分析或定量计算、误差原因的分析、实验的心得体会及对实验的改进意见等。

（二）设计性实验

物理化学实验是在无机化学实验、分析化学实验和有机化学实验的基础上开设的实验课程。学生经过前期实验课的训练已具备了基本的实验技能，物理化学实验与科学研究之间在设计思路、测量原理和方法上基本类同，适当改革教学内容有助于培养学生的科研能力。为此，在设立经典物理化学实验课的同时，开设了设计性实验。

设计性实验不是基础实验的重复，而是对基础实验的提高和深化，它是在教师的指导下，学生选择实验课题，应用已经学过的物理化学实验原理、方法和技术，查阅文献资料，独立设计实验方案，选择合理的仪器设备，组装实验装置，进行独立的实验操作，并以科学论文的形式写出实验报告，从而对学生进行较全面的、综合性的实验技术训练，提高学生独立进行实验的能力，初步培养学生从事科学研究的能力。

1. 设计实验的程序

（1）选题。在教材提供的设计性实验题目中选择自己感兴趣的题目，或者自己确定实验题目。

（2）根据所选课题查阅文献资料。包括实验原理、实验方法、仪器装置等，对不同方法进行对比、综合、归纳等。

（3）拟订设计方案，写出开题报告。包括实验装置示意图、详细的实验步骤、所需的仪器、药品清单等。

（4）可行性论证。在实验开始前一周进行实验可行性论证，请老师和同学提出存在的问题，优化实验方案。

（5）实验准备。提前一周到实验室进行实验仪器、药品等的准备工作。

（6）按照设计方案进行实验，反复实验直到成功。随时注意观察实验现象，考察影响因素等。

（7）综合处理实验数据，进行误差分析，并按论文的形式写出有一定见解的实验报告并进行交流答辩。

2. 设计实验的要求

（1）所查文献至少要包括 1 篇外文文献，以培养学生的专业英语阅读能力。

（2）学生必须自己设计实验，组合仪器并完成实验，以培养综合运用化学实验技能和所学基础知识解决实际问题的能力。

三、注意事项

（1）实验时应遵守操作规则，遵守一切安全措施，保证实验安全进行。

（2）遵守纪律，不迟到，不早退，保持室内安静，不大声谈笑，不到处走动。

（3）使用水、电、药品试剂等都应本着节约的原则。

（4）未经老师允许不得乱动仪器，使用时要爱护仪器，如发现损坏，立即报告指导教师并追查原因。

（5）随时保持室内整洁卫生，如吸水纸等废物只能丢入废物缸内，不能随地乱丢，更不能丢入水槽，以免堵塞下水道。实验完毕将玻璃仪器和实验台清理干净，公用仪器、试剂药品等都整理整齐。

（6）实验时要集中注意力，认真操作，仔细观察，积极思考。

（7）实验结束后，由同学轮流值日，负责打扫整理实验室，检查水、门、窗是否关好，电闸是否拉掉，以保证实验室的安全。

第二节 物理化学实验室安全知识

在化学实验室里，安全是非常重要的。化学实验室常常潜藏着诸如发生爆炸、着火、中毒、灼伤、割伤、触电等事故的危险性。如何防止这些事故的发生以及万一发生如何急救，是每一个化学实验工作者必须具备的素质。这些内容在先行的化学实验课中均已反复地作了介绍。本节主要结合物理化学实验的特点介绍安全用电常识及使用化学药品的安全防护等知识。

一、安全用电常识

违章用电常常可能造成人身伤亡、火灾、损坏仪器设备等严重事故。物理化学实验使用电器较多，特别要注意安全用电。表 1-1 列出了 $50Hz$ 交流电通过人体的反应情况。

表 1-1 不同电流强度时的人体反应

电流强度/mA	1~10	10~25	25~100	100 以上
人体反应	麻木感	肌肉强烈收缩	呼吸困难,甚至停止呼吸	心脏心室纤维性颤动,死亡

为了保障人身安全，一定要遵守实验室如下安全规则。

1. 防止触电

（1）不用潮湿的手接触电器。

（2）所有电器的金属外壳都应保护接地。

（3）电源裸露部分应有绝缘装置（如电线接头处应裹上绝缘胶布）。

（4）实验时，应先连接好电路后接通电源。实验结束时，应先切断电源再拆线路。

（5）修理或安装电器时，应先切断电源。

（6）不能用试电笔去试高压电。

（7）使用高压电源应有专门的防护措施。

（8）如有人触电，应迅速切断电源，然后进行抢救。

2. 防止引起火灾

（1）使用的保险丝要与实验室允许的用电量相符。

（2）电线的安全通电量应大于用电功率。

（3）室内若有氢气、煤气等易燃易爆气体，应避免产生电火花。

（4）继电器工作和开关电闸时，易产生电火花，要特别小心。

（5）电器接触点（如电插头）接触不良时，应及时修理或更换。

（6）如遇电线起火，立即切断电源，用沙或二氧化碳、四氯化碳灭火器灭火，禁止用水或泡沫灭火器等导电液体灭火。

3. 防止短路

（1）线路中各接点应牢固，电路元件两端接头不要互相接触，以防短路。

（2）电线、电器不要被水淋湿或浸在导电液体中。

4. 电器仪表的安全使用

（1）在使用前，先了解电器仪表要求使用的电源是交流电还是直流电，是三相电还是单相电以及电压的大小（380V、220V、110V或6V）。需弄清电器功率是否符合要求及直流电器仪表的正、负极。

（2）仪表量程应大于待测量。当待测量大小不明时，应从最大量程开始测量。

（3）实验之前要检查线路连接是否正确，经教师检查同意后方可接通电源。

（4）在电器仪表使用过程中，如发现有不正常声响、局部温升或嗅到绝缘漆过热产生的焦味，应立即切断电源，并报告教师进行检查。

二、使用化学药品的安全防护

1. 防毒

（1）实验前，应了解所用药品的毒性及防护措施。

（2）操作有毒气体（如 H_2S、Cl_2、Br_2、NO_2、浓 HCl 和 HF 等）应在通风橱内进行。

（3）苯、四氯化碳、乙醚、硝基苯等有机物的蒸气会引起中毒，应在通风良好的情况下使用。

（4）有些药品（如苯及其他有机溶剂、汞等）能透过皮肤进入人体，应避免与皮肤接触。

（5）氰化物、高汞盐［如 $HgCl_2$、$Hg(NO_3)_2$ 等］、可溶性钡盐（如 $BaCl_2$）、重金属盐（如镉、铅盐）、三氧化二砷等剧毒药品，应妥善保管，使用时要特别小心。

（6）禁止在实验室内喝水、吃东西。饮食用具不要带进实验室，以防毒物污染，离开实验室及饭前要洗净双手。

2．防爆

可燃气体与空气混合，当两者比例达到爆炸极限时，受到热源（如电火花）的诱发，就会引起爆炸。一些气体的爆炸极限见表1-2。

（1）使用可燃性气体时，要防止气体逸出，室内通风要良好。

（2）操作大量可燃性气体时，严禁同时使用明火，还要防止发生电火花及其他撞击火花。

表 1-2　某些气体与空气相混合的爆炸极限（20℃，1atm）

气　体	爆炸高限/%（体积）	爆炸低限/%（体积）	气　体	爆炸高限/%（体积）	爆炸低限/%（体积）
氢	74.2	4.0	醋酸	—	4.1
乙烯	28.6	2.8	乙酸乙酯	11.4	2.2
乙炔	80.0	2.5	一氧化碳	74.2	12.5
苯	6.8	1.4	水煤气	72	7.0
乙醇	19.0	3.3	煤气	32	5.3
乙醚	36.5	1.9	氨	27.0	15.5
丙酮	12.8	2.6			

注：1atm=101325Pa；后同。

（3）有些药品如叠氮铝、乙炔银、乙炔铜、高氯酸盐、过氧化物等受震和受热都易引起爆炸，使用时要特别小心。

（4）严禁将强氧化剂和强还原剂放在一起。

（5）久藏的乙醚使用前应除去其中可能产生的过氧化物。

（6）进行容易引起爆炸的实验，应有防爆措施。

3．防火

（1）许多有机溶剂如乙醚、丙酮、乙醇、苯等非常容易燃烧，大量使用时室内不能有明火、电火花或静电放电。实验室内不可存放过多这类药品，用后要及时回收处理，不可倒入下水道，以免聚集引起火灾。

（2）有些物质如磷、金属钠、钾、电石及金属氢化物等，在空气中易氧化自燃。还有一些金属如铁、锌、铝等粉末，比表面大，也易在空气中氧化自燃。这些物质要隔绝空气保存，使用时要特别小心。

4．灭火

实验室如果着火不要惊慌，应根据情况进行灭火，常用的灭火剂及灭火器有水、沙、二氧化碳灭火器、四氯化碳灭火器、泡沫灭火器和干粉灭火器等，可根据起火的原因选择使用。以下几种情况不能用水灭火。

（1）金属（钠、钾、镁、铝）粉、电石、过氧化钠着火，应用干沙灭火。

（2）比水轻的易燃液体，如汽油、苯、丙酮等着火，可用泡沫灭火器。

（3）有灼烧的金属或熔融物的地方着火时，应用干沙或干粉灭火器。

（4）电器设备或带电系统着火，可用二氧化碳灭火器或四氯化碳灭火器。

5．防灼伤

强酸、强碱、强氧化剂、溴、磷、钠、钾、苯酚、冰醋酸等都会腐蚀皮肤，特别要防止溅入眼内。液氧、液氮等低温也会严重灼伤皮肤，使用时要小心，万一灼伤应及时治疗。

三、汞的安全使用

汞中毒分急性和慢性两种。急性中毒多为高汞盐（如 $HgCl_2$）入口所致，0.1～0.3g 即可致死。吸入汞蒸气会引起慢性中毒，症状有：食欲不振、恶心、便秘、贫血、骨骼和关节疼、精神衰弱等。汞蒸气的最大安全浓度为 $0.1mg \cdot m^{-3}$，而20℃时汞的饱和蒸气压为 $0.0012mmHg$❶，超过安全浓度100倍。所以使用汞必须严格遵守如下安全用汞操作规定。

（1）不要让汞直接暴露于空气中，盛汞的容器应在汞面上加盖一层水。

（2）装汞的仪器下面一律放置浅瓷盘，防止汞滴散落到桌面上和地面上。

（3）一切转移汞的操作，也应在浅瓷盘内进行（盘内装水）。

（4）实验前要检查装汞的仪器是否放置稳固。橡皮管或塑料管连接处要缚牢。

（5）储汞的容器要用厚壁玻璃器皿或瓷器。用烧杯暂时盛汞，不可多装以防破裂。

（6）若有汞掉落在桌上或地面上，先用吸汞管尽可能将汞珠收集起来，然后用硫黄盖在汞溅落的地方，并摩擦使之生成 HgS。也可用 $KMnO_4$ 溶液使其氧化。

（7）擦过汞或汞齐的滤纸或布必须放在有水的瓷缸内。

（8）盛汞器皿和有汞的仪器应远离热源，严禁把有汞仪器放进烘箱。

（9）使用汞的实验室应有良好的通风设备。

（10）手上若有伤口，切勿接触汞。

四、X射线的防护

X射线被人体组织吸收后，对人体健康是有害的。一般晶体X射线衍射分析用的软X射线（波长较长、穿透能力较低）比医院透视用的硬X射线（波长较短、穿透能力较强）对人体组织伤害更大。轻的造成局部组织灼伤，如果长时间接触，重的可造成白细胞下降，毛发脱落，发生严重的射线病。但若采取适当的防护措施，上述危害是可以防止的。

（1）防止身体各部（特别是头部）受到X射线照射，尤其是防止受到X射线的直接照射。

（2）X光管窗口附近用铅皮（厚度在1mm以上）挡好，使X射线尽量限制在一个局部小范围内，不让它散射到整个房间，在进行操作（尤其是对光）时，应戴上防护用具（特别是铅玻璃眼镜）。

（3）操作人员站的位置应避免直接照射。操作完，用铅屏把人与X光机隔开。暂时不工作时，应关好窗口，非必要时，人员应尽量离开X光实验室。室内应保持良好通风，以减少由于高电压和X射线电离作用产生的有害气体对人体的影响。

第三节　物理化学实验中的误差及数据的表达

由于实验方法的可靠程度、所用仪器的精密度和实验者感官的限度等各方面条件的限制，使得一切测量均带有误差——测量值与真值之差。因此，必须对误差产生的原因及其规律进行研究，方可在合理的人力物力支出条件下，获得可靠的实验结果，再通过实验数据的列表、作图、建立数学关系式等处理步骤，使实验结果变为有参考价值的资料，这在科学研

---

❶　1mmHg＝133.322Pa；后同。

究中是必不可少的。

一、误差的分类

在线课程

误差按其性质可分为如下三种。

1. 系统误差（恒定误差）

系统误差是指在相同条件下，多次测量同一物理量时，误差的绝对值和符号保持恒定，或在条件改变时，按某一确定规律变化的误差。这种误差可设法加以确定，因而在多数情况下，它们对测量结果的影响可以用改正量来校正。

系统误差主要由下列原因引起：

（1）仪器误差　是由仪器结构上的缺点所引起的，如天平的两臂不等、气压计的真空不十分完善、温度计未经校正、电表零点偏差等。这类误差可以通过检定的方法来校正。

（2）方法误差　例如使用了近似公式。

（3）试剂误差　药品纯度不高等。

（4）操作者的不良习惯　如观察视线偏高或偏低。

改变实验条件可以发现系统误差的存在，针对产生原因可采取措施将其消除。

2. 过失误差（或粗差）

这是一种明显歪曲实验结果的误差。它无规律可循，是由操作者读错、记错所致，只要加强责任心，此类误差可以避免。发现有此种误差产生，所得数据应予以剔除。

3. 偶然误差（随机误差）

在相同条件下多次测量同一量时，误差的绝对值时大时小，符号时正时负，但随测量次数的增加，其平均值趋近于零，即具有抵偿性，此类误差称为偶然误差。它产生的原因并不确定，一般是由环境条件的改变（如大气压、温度的波动）、操作者感官分辨能力的限制（例如对仪器最小分度以内的读数难以读准确等）所致。

二、准确度与误差

测定值 x 与真值 T 相接近的程度称为准确度。误差的大小是衡量准确度高低的标志，其表示方法如下：

绝对误差
$$E_a = x - T \tag{1-1}$$

相对误差
$$E_r = \frac{E_a}{T} \times 100\% \tag{1-2}$$

式中，x 为单次测定值。如果进行了数次平行测定，$\bar{x}$ 为全部测定结果的算术平均值，此时

$$E_a = \bar{x} - T \tag{1-3}$$

三、精密度与偏差

一组平行测定结果相互接近的程度称为精密度，它反映了测定值的再现性。精密度的高低取决于随机误差的大小，通常用偏差来量度。偏差的表示方法如下。

（1）绝对偏差　绝对偏差即各单次测定值与平均值之差

$$d_i = x_i - \bar{x} \qquad (i = 1, 2, \cdots, n) \tag{1-4}$$

（2）平均偏差

$$\delta = \frac{\sum |d_i|}{n}$$

式中，d_i 为测量值 x_i 与算术平均值之差，n 为测量次数。

（3）相对平均偏差 $\qquad\qquad \delta_r = \frac{\delta}{x} \times 100\%$ $\qquad\qquad$ (1-5)

（4）标准偏差（或称均方根误差） $\quad \sigma = \sqrt{\dfrac{\sum d_i^2}{n-1}}$ $\qquad\qquad$ (1-6)

（5）标准相对误差 $= \pm \dfrac{\sigma}{x} \times 100\%$ $\qquad\qquad$ (1-7)

四、偶然误差的统计规律和可疑值的舍弃

偶然误差符合正态分布规律，即正、负误差具有对称性。所以，只要测量次数足够多，在消除了系统误差和过失误差的前提下，测量值的算术平均值趋近于真值，即

$$\lim_{n\to\infty} \overline{x} = x_{真} \qquad\qquad (1\text{-}8)$$

但是，一般测量次数不可能有无限多次，所以一般测量值的算术平均值也不等于真值。

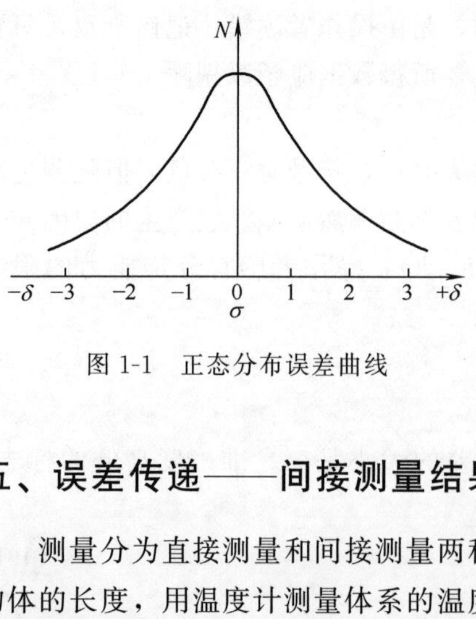

图 1-1　正态分布误差曲线

于是人们又常把测量值与算术平均值之差称为偏差，常与误差混用。

如果以误差出现次数 N 对标准误差的数值 σ 作图，得一对称曲线（如图 1-1 所示）。统计结果表明，测量结果的偏差大于 3σ 的概率不大于 0.3%。因此根据小概率定理，凡误差大于 3σ 的点，均可以作为过失误差剔除。严格地说，这是指测量达到 100 次以上时方可如此处理，粗略地用于 15 次以上的测量。对于 $10\sim15$ 次时可用 2σ；若测量次数再少，应酌情递减。

五、误差传递——间接测量结果的误差计算

测量分为直接测量和间接测量两种，一切简单易得的量均可直接测量出，如用米尺度量物体的长度，用温度计测量体系的温度等。对于较复杂不易直接测得的量，可通过直接测定简单量，而后按照一定的函数关系将它们计算出来。例如测热量计温度变化 ΔT 和样品质量 m，代入公式 $\Delta H = C\Delta TM/m$，就可求出溶解热 ΔH，于是直接测量的 T、m 的误差，就会传递给 ΔH。下面给出了误差传递的定量公式。通过间接测量结果误差的求算，可以知道哪个直接测量值的误差对间接测量结果影响最大，从而可以有针对性地提高测量仪器的精度，获得好的结果。

1. 间接测量结果的平均误差和相对平均误差的计算

设有函数 $u = F(x, y)$，其中 x、y 为可以直接测量的量。则

$$du = \left(\frac{\partial F}{\partial x}\right)_y dx + \left(\frac{\partial F}{\partial y}\right)_x dy \qquad\qquad (1\text{-}9)$$

此为误差传递的基本公式。若 Δu、Δx、Δy 为 u、x、y 的测量误差，且设它们足够小，可以分别代替 du、dx、dy，则得到具体的简单函数及其误差的计算公式，列入表 1-3。

表 1-3 简单函数及其误差的计算公式

函 数 关 系	绝 对 误 差	相 对 误 差
$y = x_1 + x_2$	$\pm(\|\Delta x_1\| + \|\Delta x_2\|)$	$\pm\left(\dfrac{\|\Delta x_1\| + \|\Delta x_2\|}{x_1 + x_2}\right)$
$y = x_1 - x_2$	$\pm(\|\Delta x_1\| + \|\Delta x_2\|)$	$\pm\left(\dfrac{\|\Delta x_1\| + \|\Delta x_2\|}{x_1 - x_2}\right)$
$y = x_1 x_2$	$\pm(x_1\|\Delta x_2\| + x_2\|\Delta x_1\|)$	$\pm\left(\dfrac{\|\Delta x_1\|}{x_1} + \dfrac{\|\Delta x_2\|}{x_2}\right)$
$y = \dfrac{x_1}{x_2}$	$\pm\left(\dfrac{x_1\|\Delta x_2\| + x_2\|\Delta x_1\|}{x_2^2}\right)$	$\pm\left(\dfrac{\|\Delta x_1\|}{x_1} + \dfrac{\|\Delta x_2\|}{x_2}\right)$
$y = x^n$	$\pm(nx^{n-1}\Delta x)$	$\pm\left(n\dfrac{\|\Delta x\|}{x}\right)$
$y = \ln x$	$\pm\left(\dfrac{\Delta x}{x}\right)$	$\pm\left(\dfrac{\|\Delta x\|}{x\ln x}\right)$

【例 1-1】 用莫尔盐标定磁场强度 H，求 H 的间接测量误差。已知计算磁场强度的公式为

$$H = \sqrt{\frac{2(\Delta m_{空管+样品} - \Delta m_{空管})ghM}{\chi_M m}}$$

式中，χ_M 为物质的摩尔磁化率，由公式 $\chi_M = \dfrac{9500}{T+1} \times 10^{-6}$ 求得；g 为重力加速度；h 为样品高度；M 为样品的相对分子质量；m 为样品的质量；$(\Delta m_{空管+样品} - \Delta m_{空管})$ 为样品在磁场中增加的质量。又知各自变量的测量精度如下：

$$m = (13.5100 \pm 0.0004)\text{g}❶ \qquad h = (18.00 \pm 0.05)\text{cm} \qquad T = (301.70 \pm 0.02)\text{K}$$

$$\Delta m_{空管+样品} - \Delta m_{空管} = (0.0868 \pm 0.0008)\text{g}$$

利用表 1-3 中的公式，可写出摩尔磁化率的相对误差为

$$\frac{\Delta \chi_M}{\chi_M} = \frac{\Delta T}{T+1} \tag{1}$$

将磁场强度公式取对数，然后微分，得

$$\frac{\mathrm{d}H}{H} = \frac{1}{2}\left[\frac{\mathrm{d}(\Delta m_{空管+样品} - \Delta m_{空管})}{\Delta m_{空管+样品} - \Delta m_{空管}} + \frac{\mathrm{d}h}{h} + \frac{\mathrm{d}\chi_M}{\chi_M} + \frac{\mathrm{d}m}{m}\right] \tag{2}$$

式（2）近似为

$$\frac{\Delta H}{H} = \frac{1}{2}\left[\frac{\Delta(\Delta m_{空管+样品} - \Delta m_{空管})}{\Delta m_{空管+样品} - \Delta m_{空管}} + \frac{\Delta h}{h} + \frac{\Delta \chi_M}{\chi_M} + \frac{\Delta m}{m}\right] \tag{3}$$

将式（1）代入式（3）得

$$\frac{\Delta H}{H} = \frac{1}{2}\left[\frac{\Delta(\Delta m_{空管+样品} - \Delta m_{空管})}{\Delta m_{空管+样品} - \Delta m_{空管}} + \frac{\Delta h}{h} + \frac{\Delta T}{T+1} + \frac{\Delta m}{m}\right]$$

---

❶ 令普通分析天平的称量误差为 0.0002g，按误差传递公式，m 是经两次称量获得的值，所以其称量误差为 0.0004g；$(\Delta m_{空管+样品} - \Delta m_{空管})$ 是经四次称量获得的值，所以称量误差为 0.0008g。

$$= \frac{1}{2}\left[\frac{0.0008}{0.0868} + \frac{0.05}{18.00} + \frac{0.02}{302.70} + \frac{0.0004}{13.5100}\right]$$

$$= \frac{1}{2}(0.0092 + 0.0028 + 0.00006607 + 0.00002961)$$

$$= 0.0060 = 0.6\%$$

再将已知数据代入公式，求出 $H = 2688\mathrm{G}$。得磁场强度的绝对误差为

$$\Delta H = \pm 0.0060 \times 2688 = \pm 16.128\mathrm{G} = \pm 16\mathrm{G} = \pm 0.0016\mathrm{T}$$

由上面计算可知，引起计算磁场强度最大误差的是样品在磁场中所增加质量的称量。由于多次称重使称重误差累加，因此本实验应选用较高精度的分析天平。其次是样品高度的测量，由所给数据可知，原测量是用的普通米尺，误差为 0.5mm，若借助于放大镜，使误差减至 $\pm 0.2\mathrm{mm}$，则 $\Delta h/h = 0.0011$，可使误差大大减小。

2. 间接测量结果的标准误差计算

若 $u = F(x, y)$，则函数 u 的标准误差为

$$\sigma_u = \sqrt{\left(\frac{\partial u}{\partial x}\right)^2 \sigma_x^2 + \left(\frac{\partial u}{\partial y}\right)^2 \sigma_y^2} \tag{1-10}$$

部分函数的标准误差列入表 1-4。

表 1-4 部分函数的标准误差

函 数 关 系	绝 对 误 差	相 对 误 差
$u = x \pm y$	$\pm\sqrt{\sigma_x^2 + \sigma_y^2}$	$\pm\frac{1}{\|x \pm y\|}\sqrt{\sigma_x^2 + \sigma_y^2}$
$u = xy$	$\pm\sqrt{y^2\sigma_x^2 + x^2\sigma_y^2}$	$\pm\sqrt{\frac{\sigma_x^2}{x^2} + \frac{\sigma_y^2}{y^2}}$
$u = \dfrac{x}{y}$	$\pm\dfrac{1}{y}\sqrt{\sigma_x^2 + \frac{x^2}{y^2}\sigma_y^2}$	$\pm\sqrt{\frac{\sigma_x^2}{x^2} + \frac{\sigma_y^2}{y^2}}$
$u = x^n$	$\pm nx^{n-1}\sigma_y^2$	$\pm\dfrac{n}{x}\sigma_x$
$u = \ln x$	$\pm\dfrac{\sigma_x}{x}$	$\pm\dfrac{\sigma_x}{x\ln x}$

六、有效数字

当对一个测量的量进行记录时，所记数字的位数应与仪器的精密度相符合，即所记数字的最后一位为仪器最小刻度以内的估计值，称为可疑值，其他几位为准确值，这样一个数字称为有效数字，它的位数不可随意增减。例如，普通 50mL 的滴定管，最小刻度为 0.1mL，则记录 26.55 是合理的；记录 26.5 和 26.556 都是错误的，因为它们分别缩小和夸大了仪器的精密度。为了方便地表达有效数字位数，一般用科学记数法记录数字，即用一个带小数的个位数乘以 10 的相当幂次表示。例如 0.000567 可写为 5.67×10^{-4}，有效数字为三位；10680 可写为 1.0680×10^4，有效数字是五位。用以表达小数点位置的零不计入有效数字位数。

在间接测量中，需通过一定公式将直接测量值进行运算，运算中对有效数字位数的取舍

应遵循如下规则。

（1）误差一般只取一位有效数字，最多两位。

（2）有效数字的位数越多，数值的精确度也越大，相对误差越小。例如：

（1.35±0.01）m，三位有效数字，相对误差 0.7%

（1.3500±0.0001）m，五位有效数字，相对误差 0.007%

（3）若第一位的数值等于或大于8，则有效数字的总位数可多算一位。如 9.23 虽然只有三位，但在运算时，可以看作四位。

（4）运算中舍弃过多不定数字时，应用"4 舍 6 入，逢 5 尾留双"的法则。例如有下列两个数值：9.435、4.685，整化为三位有效数字，根据上述法则，整化后的数值为 9.44 与 4.68。

（5）在加减运算中，各数值小数点后所取的位数，以其中小数点后位数最少者为准。例如：

$$56.38+17.889+21.6=56.4+17.9+21.6=95.9$$

（6）在乘除运算中，各数保留的有效数字，应以其中有效数字最少者为准。例如：

$$1.436\times0.020568\div85$$

其中 85 的有效数字最少，由于首位是 8，因此可以看成三位有效数字，其余两个数值，也应保留三位，最后结果也只保留三位有效数字。即

$$\frac{1.44\times0.0206}{85}=3.49\times10^{-4}$$

（7）在乘方或开方运算中，结果可多保留一位。

（8）对数运算时，对数中的首数不是有效数字，对数中尾数的位数，应与各数值的有效数字相当。例如：

$$[H^+]=7.6\times10^{-4}，则 pH=3.12$$
$$K=3.4\times10^9，则 lgK=9.53$$

（9）算式中，常数 π、e 及乘子 $\sqrt{2}$ 和某些取自手册的常数，如阿伏伽德罗常数、普朗克常数等，不受上述规则限制，其位数按实际需要取舍。

七、数据处理

物理化学实验数据的表示法主要有如下三种方法：列表法、作图法和数学方程式法。

1. 列表法

将实验数据列成表格，排列整齐，使人一目了然。这是数据处理中最简单的方法，列表时应注意以下几点。

（1）表格要有表序、表名。表序和表名之间空一格，位于表上方正中位置。

（2）每行（或列）的开头一栏都要列出物理量的名称和单位，并把二者表示为相除的形式。因为物理量的符号本身是带有单位的，除以它的单位，即等于表中的纯数字。

（3）数字要排列整齐，小数点要对齐，公共的乘方因子应写在开头一栏与物理量符号相乘的形式，并为异号。

（4）表格中表达的数据顺序为：由左到右，由自变量到因变量，可以将原始数据和处理结果列在同一表中。但应以一组数据为例，在表格下面列出算式，写出计算过程。

列表示例见表 1-5。

表 1-5　液体饱和蒸气压测定数据

$t/℃$	T/K	$10^3 T^{-1}/K^{-1}$	$10^{-4}\Delta h/Pa$	$10^{-4}p/Pa$	$\ln(p/Pa)$
95.10	368.25	2.716	1.253	8.703	11.734

2. 作图法

作图法可更形象地表达出数据的特点，如极大值、极小值、拐点等，并可进一步用图解求积分、微分、外推、内插值。作图应注意如下几点。

（1）图要有图序、图名。例如"图 1　$\ln K_p$-$1/T$ 图"、"图 2　V-t 图"等。图序及图名通常位于图下方正中位置。

（2）要用市售的正规坐标纸，并根据需要选用坐标纸种类：直角坐标纸、三角坐标纸、半对数坐标纸、对数坐标纸等。物理化学实验中一般用直角坐标纸，只有三组分相图使用三角坐标纸。

（3）在直角坐标中，一般以横轴代表自变量，纵轴代表因变量，在轴旁须注明变量的名称和单位（二者表示为相除的形式），10 的幂次以相乘的形式写在变量旁，并为异号。

（4）适当选择坐标比例，以表达出全部有效数字为准，即最小的毫米格内表示有效数字的最后一位。每厘米格代表 1、2、5 为宜，切忌 3、7、9。如果作直线，应正确选择比例，使直线呈 45°倾斜为好。

（5）坐标原点不一定选在零，应使所作直线与曲线匀称地分布于图面中。在两条坐标轴上每隔 1cm 或 2cm 均匀地标上所代表的数值，而图中所描各点的具体坐标值则不必标出。

（6）描点时，应用细铅笔将所描的点准确而清晰地标在其位置上，可用○、△、□、× 等符号表示，符号总面积表示了实验数据误差的大小，所以不应超过 1mm 格。同一图中表示不同曲线时，要用不同的符号描点，以示区别。

（7）作曲线时，应尽量多地通过所描的点，但不要强行通过每一个点。对于不能通过的点，应使其等量地分布于曲线两边，且两边各点到曲线的距离之平方和要尽可能相等。描出的曲线应平滑均匀。

作图示例如图 1-2 所示。

（8）图解微分。图解微分的关键是作曲线的切线，而后求出切线的斜率值，即图解微分值。作曲线的切线可用如下两种方法。

① 镜像法。取一平面镜，使其垂直于图面，并通过曲线上待作切线的点 P（如图 1-3 所示），然后让镜子绕 P 点转动，注意观察镜中曲线的影像，当镜子转到某一位置，使得曲线与其影像刚好平滑地连为一条曲线时，过 P 点沿镜子作一直线即为 P 点的法线，过 P 点再作法线的垂线，就是曲线上 P 点的切线。若无镜子，可用玻璃棒代替，方法相同。

② 平行线段法。如图 1-4 所示，在选择的曲线段上作两条平行线 AB 及 CD，然后连接 AB 和 CD 的中点 P、Q 并延长相交曲线于 O 点，过 O 点作 AB、CD 的平行线 EF，则 EF 就是曲线上 O 点的切线。

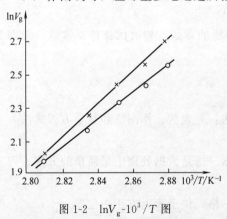

图 1-2　$\ln V_g$-$10^3/T$ 图

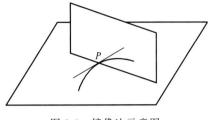

图 1-3 镜像法示意图

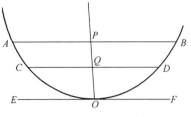

图 1-4 平行线段法示意图

3. 数学方程式法

将一组实验数据用数学方程式表达出来是最为精练的一种方法。它不但方式简单，而且便于进一步求解，如积分、微分、内插等。此法首先要找出变量之间的函数关系，然后将其线性化，进一步求出直线方程的系数——斜率 m 和截距 b，即可写出方程式。也可将变量之间的关系直接写成多项式，通过计算机曲线拟合求出方程系数。

求直线方程系数一般有以下三种方法。

（1）图解法 将实验数据在直角坐标纸上作图，得一直线，此直线在 y 轴上的截距即为 b 值（横坐标原点为零时）；直线与轴夹角的正切值即为斜率 m。或在直线上选取两点（此两点应远离）(x_1, y_1) 和 (x_2, y_2)，则

$$m = \frac{\Delta y}{\Delta x} = \frac{y_2 - y_1}{x_2 - x_1}$$

$$b = \frac{y_1 x_2 - y_2 x_1}{x_2 - x_1}$$

（2）平均法 若将测得的 n 组数据分别代入直线方程式，则得 n 个直线方程

$$y_1 = m x_1 + b$$
$$y_2 = m x_2 + b$$
$$\vdots$$
$$y_n = m x_n + b$$

将这些方程分成两组，分别将各组的 x、y 值累加起来，得到两个方程

$$\sum_{i=1}^{k} y_i = m \sum_{i=1}^{k} x_i + kb$$

$$\sum_{i=k+1}^{n} y_i = m \sum_{i=k+1}^{n} x_i + (n-k)b$$

解此联立方程，可得 m、b 值。

（3）最小二乘法 这是最为精确的一种方法，它的根据是使误差平方和为最小，对于直线方程，令

$$\Delta = \sum_{i=1}^{n} (m x_i + b - y_i)^2$$

为最小，根据函数极值条件，应有

$$\frac{\partial \Delta}{\partial m} = 0 \qquad \frac{\partial \Delta}{\partial b} = 0$$

于是得方程

$$\begin{cases} 2\sum_{i=1}^{n}(b+mx_i-y_i)=0 \\ 2\sum_{i=1}^{n}x_i(b+mx_i-y_i)=0 \end{cases}$$

即

$$\begin{cases} b\sum_{i=1}^{n}x_i+m\sum_{i=1}^{n}x_i^2-\sum_{i=1}^{n}x_iy_i=0 \\ nb+m\sum_{i=1}^{n}x_i-\sum_{i=1}^{n}y_i=0 \end{cases}$$

解此联立方程得

$$m=\frac{n\sum_{i=1}^{n}x_iy_i-\sum_{i=1}^{n}x_i\sum_{i=1}^{n}y_i}{n\sum_{i=1}^{n}x_i^2-\left(\sum_{i=1}^{n}x_i\right)^2}$$

$$b=\frac{\sum_{i=1}^{n}y_i}{n}-\frac{m\sum_{i=1}^{n}x_i}{n}$$

此过程即为线性拟合或称线性回归。由此得出的 y 值称为最佳值。

最小二乘法假设自变量 x 无误差或 x 的误差比 y 的误差小得多，可以忽略不计。与线性回归所得数值比较，y_i 的误差如下

$$\sigma_{y_i}=\sqrt{\frac{\sum_{i=1}^{n}(mx_i+b-y_i)^2}{n-2}}$$

σ_{y_i} 越小，回归直线的精度越高。

关于相关系数的概念：此概念出自于误差的合成，用以表达两变量之间的线性相关程度，表达式为

$$R=\frac{\sum_{i=1}^{n}(x_i-x)(y_i-y)}{\sqrt{\sum_{i=1}^{n}(x_i-x)^2\sum_{i=1}^{n}(y_i-y)^2}}$$

R 的取值应为 $-1\leqslant R\leqslant+1$。当两变量线性相关时，R 等于 ±1；当两变量各自独立、毫无关系时，$R=0$；其他情况均处于 $+1$ 和 -1 之间。

第四节　计算机在数据处理中的应用

一、Origin 作图

（1）启动 Origin 程序，菜单栏 view—Toolbars 中至少选中 2D graphs 和 Tools，显示必需的按钮，在数据窗口输入需作图数据，左边为 X 轴，右边为 Y 轴。

（2）拖动鼠标选定需作图数据，点击按钮 ，弹出图表窗口，得到连线图。

（3）点击按钮 ，在图表上可划出横线、竖线和斜线，可用鼠标选中再移动线的位置。

（4）点击按钮 ，再将鼠标点击图表指定位置，将显示该点的坐标。

（5）点击按钮 ，再将鼠标点击图表指定位置，可在该处添加文本，并可选择字体、字号等。

（6）数据处理完毕，点击 （save project），将处理结果命名保存。

（7）点击菜单栏 Edit 中 copy page 命令，可将图表复制到 Word 文档，并可放大缩小。

（8）千万注意：关闭 Origin 程序时应关主程序，此时数据和图表不丢失；如点击数据或图表窗口的按钮 ，则会将该窗口删除。

二、Excel 作图

1. 线性作图

（1）启动 Excel 程序，在数据窗口输入需作图数据。

（2）数据表的处理。

① 选中处理结果列的第一个单元格，在编辑栏中单击，直接输入计算公式 [如 = 1/(D4C4+273.15)、= LN(F4)]，在这里，不用考虑大小写，单击"输入"按钮，确认输入。

② 点击此单元格右下角，鼠标变成"+"字形，往下拖动可得整列结果。

③ 输入公式可以从表里选，也可以直接输入，只要保证正确就行了。这两种方法各有各的用途：有时输入有困难，就要从表里选择；而有时选择就会显得很麻烦，那就直接输入。还有一点要注意，这里是在编辑公式，所以一定要在开始加一个等号，这样就相当于在开始单击了"编辑公式"按钮。

（3）作图。

① 拖动鼠标选定作图所需数据，或选定一列后按 Ctrl 键再选定一列，程序默认左列为 X 轴，右列为 Y 轴。

② 点击按钮 弹出"图表向导 4 步骤 1 之图表类型"，选择"XY 散点图"。

③ 点击"下一步"，弹出"图表向导 4 步骤 2 之图表源数据"，如选择数据列时，左列为 Y 轴，右列为 X 轴，可选择"系列"进行修改。

④ 点击"下一步"，弹出"图表向导 4 步骤 3 之图表选项"，输入"图表标题"、"数值 X 轴"、"数值 Y 轴"，勾掉网格线和图例。

⑤ 点击"下一步"，弹出"图表向导 4 步骤 4 之图表位置"，点击"完成"，则在当前窗口插入一个图表。

⑥ 鼠标在"绘图区"点击右键，选择"绘图区格式"，将绘图区变成白色。

（4）线性拟合。

鼠标在绘图区点击一个数据点，则除该数据点外，所有数据点呈黄色，即选中所有数据点，点击右键，选择"添加趋势线"，在"类型"中选择"线性"，"选项"中勾中"显示公式"、"显示 R 平方值"，点击"确定"，则在绘图区显示公式和 R 平方值。

（5）数据和图表都可复制到 Word 文档。

2. 在同一图上作两条相交直线

Excel 程序作图时，若同时选中 n 列，则程序默认第一列为 X 轴，其他列为 Y 轴，在一张图上同时作出 $n-1$ 条曲线，通过以下方法可按自己要求作多条曲线。

（1）启动 Excel 程序，在数据窗口输入需作图数据。

（2）数据表的处理（同上）。

（3）作图。

① 拖动鼠标选定需作图数据 BC 两列 3～8 行数据，点击按钮 ，弹出"图表向导 4 步骤 1 之图表类型"，选择"XY 散点图"。

② 点击"下一步"，弹出"图表向导 4 步骤 2 之图表源数据"，系列 1：X＝Sheet1！$B$3：$B$8　Y＝Sheet1!$C$3:$C$8。

③ 添加系列 2：X＝Sheet1!$B$9:$B$14　Y＝Sheet1!$C$9:$C$14，可将系列 1 X、Y 轴表达式复制到系列 2，再将需要部分改动，以后步骤同上。

3. 如何得到曲线上点的斜率

将曲线方程求导数，则可得原方程曲线上各点的斜率，方程求导需用笔算，Excel 程序无此功能。可尝试用不同方法进行拟合：多项式（2 次、3 次、4 次、5 次、6 次）、指数、乘幂。

4. Excel 程序中常用数学函数表达式

Exp（number）　按给定值返回 e 的乘幂

LN（number）　返回给定数值的自然对数

LOG（number，base）　根据给定底数返回数字的对数

LOG10（number）　返回给定数值以 10 为底的对数

POWER（number，power）　计算某数的乘幂

第五节　常用化学数据来源和重要化学数据网址

物理化学数据对于科学研究、生产实际和工业设计等具有很重要的意义。因此，在物理化学和物理化学实验课程的学习中，学生必须重视学习、掌握查阅文献数据的方法。由于发表、记载实验数据的书刊很多，在此仅介绍一些重要的手册和杂志，作为初学者的引导。物理化学数据手册分为一般和专用两种。

一、一般物理化学手册

这类手册归纳及综合了各种物理化学数据，是提供一般查阅用的。这类手册的介绍如下。

1. *CRC Handbook of Chemistry and Physics*（化学与物理学手册）

1913 年第 1 版，至今已出多版。Robert C. Weast 担任该书主编达 30 多年，第 71 版起改由 David R. Lide 任主编。此书每年修订 1 次，由美国 CRC（化学橡胶公司）出版，前有目录，后有索引，并附有文献数据出处，内容丰富，使用方便。从第 71 版起，该书标题由

原来的 6 个调整改为 16 个，除保留原内容外，又增加了新的内容。每一个新版都收录有最新发表的重要化合物的物性数据。

2. *International Critical Tables of Numerical Data，Physics，Chemistry and Technology*（I. C. T，物理、化学和工艺技术的国际标准数据表）

1926～1933 年出版，共七大卷，另附索引一卷。所搜集的数据是 1933 年以前的，比较陈旧；但数据比较齐全，是一本常用的手册。I. C. T. 原以法国的数据年表（*Tables Annuelles*）前五卷为基础，后来 *Tables Annuelles* 继续出版，自然就成为 I. C. T. 的补充。

3. *Landolt Bornstein*（第 6 版）

德文全名为 *Zahlenwerte und Funktionen aus Physik，Chemie，Astronomie，Geophysik und Technik*（L. B，物理、化学、天文、地球物理及工艺技术的数据和函数）。L. B. 手册收集的数据较新、较全，因此在 I. C. T. 不能满足要求时，常可查阅此手册。这个手册系按物理性质先分成许多小节，在每一小节中再按化合物分类，分类方法见各分册卷。1961 年该书开始出版新辑（*L. B. Neue Serie*），重新作了编排，名字改为 "*Landolt-Boernstein Zahlenwerte und Funktionen aus Naturwissenschaften und Technik*"（自然科学与技术中的数据和函数关系），到目前已陆续出版了 5 大类，50 余卷，涉及的内容很广泛。第 6 版中卷 Ⅰ～Ⅳ已译成英文。

卷Ⅰ：原子和分子物理。

卷Ⅱ：各种聚集状态的物理性质。

卷Ⅲ：天文和地球物理。

卷Ⅳ：基本技术。

每卷分为若干分册，如卷Ⅰ有 5 个分册。

Ⅰ/1：原子和离子。

Ⅰ/2：分子Ⅰ（核架）。

Ⅰ/3：分子Ⅱ（电子层）。

Ⅰ/4：晶体。

Ⅰ/5：原子核和基本粒子。

卷Ⅱ有 9 个分册。

Ⅱ/1：尚未出版。

Ⅱ/2a：多相体系平衡的热力学常数，蒸气压、密度、转化温度、冻点降低、沸点升高以及渗透压。

Ⅱ/2b 和Ⅱ/2c：溶液平衡。

Ⅱ/3：熔点平衡（相图），界面平衡的特征常数（表面电荷、接触角、水上的表面膜、吸附、色层、纸上色层）。

Ⅱ/4：量热数据、生成热、熵、焓、自由能，有分子振动时热力学函数计算表，焦-汤效应，低温时的热磁效应和顺磁盐以及混合物溶液的热力学函数。

Ⅱ/5：未出版。

Ⅱ/6：金属和固体离子的电导，半导体，压电晶体的弹性，压力和介电常数、介电特性。

Ⅱ/7：电化体系的电导、电动势，电化体系中的平衡。

Ⅱ/8：光学常数，反射，磁光凯尔（Kerr）效应，折光率、旋光、双折射，压电晶体的光学性质，法拉第效应，色散。

Ⅱ/9：磁学性质，铁磁性，法拉第效应，凯尔效应、顺磁共振、核磁共振。

4. *Handbook of Chemistry*（化学手册）

Lange 主编，1934 年发行第 1 版，到 1970 年发行第 10 版。从第 11 版（1973 年）起，手册更名为：*Lange's Handbook of Chemistry*（《兰氏化学手册》），改由 John A. Dean 主编。该手册包括数学、综合数据和换算表、原子和分子结构、无机化学、分析化学、电化学、有机化学、光谱学以及热力学性质等。该手册第 13 版（1985 年）已由尚久方等译成中文版《兰氏化学手册》，由科学出版社于 1991 年出版。

5. *Taschenbuch für Chemiker und Physiker*（化学家和物理学家手册）

1983—1992 年，D'Ans Lax 编。

6. *Handbook of Organic Structure Analysis*（有机结构分析手册）

Y. Yukawa 等编（1965 年）。该书内容有紫外、红外、旋光色散光谱，等张比容，质子碰共振和核四极矩共振，抗磁性，介电常数，偶极矩，原子间距、键角，键解离能，燃烧焓、热化学数据，分子体积，胺及酸解离常数，氧化还原电势，聚合常数。

7. *Chemical Engineers' Handbook*（化学工程师手册）

第 5 版，R. H. Perry 和 C. H. Chilton 主编（1973 年），为化学工程技术人员编辑的参考手册，附有各种物理化学数据，可供查阅参考。

8. *Handbook of Data on Organic Compounds*（有机化合物数据手册）

第 2 版，R. C. Weast 等编（1989 年）。

9. *Journal of Physical and Chemical Reference Data*（物理和化学参考资料杂志）

该刊自 1972 年开始，由美国化学会和美国物理协会负责出版。

10. *Journal of Chemical and Engineering Data*（化学和工程数据杂志）

1956 年开始刊行，每年一卷共 4 本，每季度出 1 本。后改为双月刊。每本后面有 New Data Compilation（新资料编纂），介绍各种新出版的资料、数据手册和期刊。

11. *Tables of Physical and Chemical Constants*（物理和化学常数表）

Kaye 和 Laby 编（1966 年）。

12. *Handbook of Chemical Data*（化学数据手册）

F. W. Atack 编（1957 年）。这是一本袖珍手册，内容简明，介绍了无机和有机化合物的一些主要物理常数以及定性和定量分析部分，可供一般查阅。

13.《物理化学简明手册》

印永嘉主编，高等教育出版社（1988 年）。该手册汇集了气体和液体性质、热效应和化学平衡、溶液和相平衡、电化学、化学动力学、物质的界面性质、原子和分子的性质、分子光谱、晶体学等 9 部分，简明实用。

二、专用手册

1. 热力学及热化学

（1）*Selected Values of Chemical Thermodynamic Properties*（化学热力学性质的数据选编），D. D. Wagman 等编（1981 年）。

（2）*Handbook of the Thermodynamics of Organic Compounds*（有机化合物热力学手册），R. M. Stephenson 编（1987 年）。

（3）*Thermochemical Data of Pure Substances*（纯物质的热化学数据），Ihsan Barin 编（1989 年）。

（4）*Thermodynamic Data for Pure Compounds*（纯化合物热力学数据），Smith Buford 等编（1986 年）。

（5）*Selected Values for the Thermodynamc Properties of Metals and Alloys*（金属和合金热力学性质的数据选编），Ralph Hultgren 等编（1963 年）。

（6）*The Chemical Thermodynamics of Organic Compounds*（有机化合物的化学热力学），D. R. Stull 等编（1970 年）。

（7）*Thermochemistry of Organic and Organometallic Compounds*（有机和有机金属化合物的热化学），J. D. Cox 和 G. Pilcher 编（1970 年）。

2. 平衡常数

（1）*Dissociation Constants of Organic Acids in Aqueous Solution*（水溶液中有机酸的解离常数），G. Kortiuem 等编（1961 年）。

（2）*Dissociation Constants of Organic Bases in Aqueous Solution*（水溶液中有机碱的解离常数），D. D. Perrin 等编（1965 年）。

（3）*Stability Constants of Metal-Ion Complex*（金属络合物的稳定常数）（1964 年），该手册分为两部分：第一部分：无机配位体，由 L G. Sillen 编。第二部分：有机配位体，由 A. E. Martell 编。

（4）*Instability Constants of Complex Compounds*（络合物不稳定常数），Yatsimirskii 编（1960 年）。

（5）*Ionization Constants of Acids and Bases*（酸和碱的解离常数），A. Albert 编（1962 年）。

3. 溶液、溶解度数据

（1）*Solubility Data Series*（溶解度数据丛书），A. S. Kerters 主编，IUPAC 数据出版系列中的一套丛书，包括各种气体、液体、固体在各种溶液中的溶解度，篇幅大，数据可靠，至 1990 年已出版 42 卷。

（2）*Physicochemical Constants of Binary System in Concentrated Solutions*（浓溶液中二元体系的物理化学常数），共四卷，J. Timmermans 编（1959—1960 年）。

（3）*Solubilities of Inorganic and Metalorganic Compounds*（无机和金属有机化合物的溶解度）第 4 版，W. F. Links 编。

（4）*Solubilities of Inorganic and Organic Compounds*（无机和有机化合物的溶解度），H. Stephen 等编。卷 I：Binary system（二元体系），1963 年。卷 II：Ternary and Multi-component Systems（三元和多组分体系），1964 年。

（5）*Solvents Guide*（溶剂手册），第 2 版，C. Marsden 编。

4. 气压、气-液平衡

（1）*Vapor Pressure of Organic Compounds*（有机化合物蒸气压），J. Earl Jordan 编（1954 年）。

（2）*Vapor-Liquid Equilibrium Data*（气-液平衡数据），Ju Chin Chu 编（1956 年）。

（3）*Azeotropic Data*（恒沸数据），Lee H. Horsely 编（1962 年）。

（4）*The Vapor Pressure of Pure Substances*（纯物质的蒸气压），Boublik Tomas 编

（1984 年）。

（5）*Vapor-Liquid Equilibrium Data Collection*（气-液平衡数据汇编），J. Gmehling 等编（1977 年），为 Chemistry Data Series（化学数据丛书）的第一卷。

5. 二元合金

（1）*Constitution of Binary Alloys*（二元合金组成），第 2 版，Hansen 等编（1958 年）。

（2）*Binary Alloy Phase Diagrams*（二组分合金相图），T. B. Mascalski 等编（1987 年）。

6. 电化学

（1）*Electrochemical Data*（电化学数据），D. Dobes 编（1975 年），另外，Meites Louis 等人于 1974 年出版了 Electrochemical Data。

（2）*Handbook of Electrochemical Constants*（电化学常数手册），Pago 编（1959 年）。

（3）*Selected Constants of Oxidation－Reduction Potentials of Inorganic Substances in Aqueous Solutions*（水溶液中无机物的氧化还原电势常数选编），G. Charlot 编（1971 年）。

7. 化学动力学

（1）*Tables of Chemical Kinetics，Homogenous Reactions*（化学动力学表，均相反应）（1951 年）。续编 No. Ⅰ，1956 年；续编 No. Ⅱ，1960 年；续编 No. Ⅲ，1961 年。

（2）*Liquid-Phase Reaction Rate Constants*（液相反应速率常数），E. T. Denisov 编（俄，1971 年），R. K. Johnston 译（英，1974 年）。

8. 色谱数据

（1）《气相色谱手册》，中国科学院化学研究所色谱组编（1977 年），该书附有有关色谱的参考资料。

（2）*Compilations of Gas Chromatographic Data*（气相色谱数据汇集），J. S. Lewis 编（1963 年），1971 年第 2 版补编Ⅰ。

（3）《气相色谱实用手册》，吉林化学工业公司研究院编（1980 年）。

（4）《分析化学手册》第四分册之上册，成都科学技术大学分析化学教研室编（1984 年）。

9. 谱学数据

（1）*Crystal Data*（晶体数据），第 3 版，G. Donmay 等编。

（2）*International Tables for x-Ray Crystallography*（X 射线结晶学国际表），K. Lonsdale 编。

（3）X 射线粉末衍射数据卡片，简称 P. D. F. 卡（即原 ASTM 卡片）。

（4）*Sadtler Standard Spectra Collections*（萨德勒标准谱图集），这是由美国 Sadtler Research Laboratories，Inc. 编纂出版的标准光谱图集，内容包括红外光谱、紫外光谱、核磁共振波谱、拉曼光谱等，该标准谱图集体积庞大，但采用活页本形式装订，时有补充或更新，备有多种索引，查阅十分方便。

（5）*Practical Handbook of Spectroscopy*（实用谱学手册），J. W. Robinson 编（1991 年）。

（6）*A Handbook of Nuclear Magnetic Magnetic Resonance*（核磁共振手册），Freeman Ray 编（1987 年）。

（7）*Raman/Infrared Atlas of Organic Compounds*（有机化合物的拉曼，红外谱集），

Bernhard Schrader 编（1989 年）。

（8）*Handbook of Infrared Standards*（红外手册），由 Guy Guelachvili，K. N. Rao 编（1986 年）。

10. 偶极矩

（1）*Tables of Experimental Dipole Moments*（实验偶极矩表），A. L McClellan 编（1963 年）。

（2）*Selected Values of Electric Dipole Moments for Molecules in the Gas Phase*（气相中分子电偶极矩数据选编），美国国家标准局编，1967 年出版。

三、重要的数据中心

（1）National Institute of Standards and Technology

（2）Thermodynamics Research Center

（3）Design Institute for Physical Property Data

（4）Dortmund Data Bank

（5）Cambridge Crystallographic Data Centre

（6）FIZ Karlsruhe

（7）International Centre forDiffraction Data

（8）Research Collaboratory for Structural Bioinformatics

（9）Toth Information Systems

（10）Atomic Mass Data Center

（11）Particle Data Group

（12）National Nuclear Data Center

（13）International Union of Pure and Applied Chemistry

四、重要化学数据库

1. 美国化学学会（ACS）数据库

美国化学学会 ACS（American Chemical Society）成立于 1876 年，现已成为世界上最大的科技协会之一，其会员数超过 16 万。多年以来，ACS 一直致力于为全球化学研究机构、企业及个人提供高品质的文献资讯及服务，在科学、教育、政策等领域提供了多方位的专业支持，成为享誉全球的科技出版机构。ACS 的期刊被 ISI 的 Journal Citation Report（JCR）评为：化学领域中被引用次数最多的化学期刊。

ACS 出版 34 种期刊，内容涵盖以下领域：生化研究方法、药物化学、有机化学、普通化学、环境科学、材料学、植物学、毒物学、食品科学、物理化学、环境工程、工程化学、应用化学、分子生物化学、分析化学、无机与原子能化学、资料系统计算机科学、学科应用、科学训练、燃料与能源、药理与制药学、微生物应用生物科技、聚合物、农业学。

网站除具有索引与全文浏览功能外，还具有强大的搜索功能，查阅文献非常方便。

美国化学学会（ACS）数据库包括以下杂志。

Accounts of Chemical Research

Analytical Chemistry

Biochemistry

Bioconjugate Chemistry

Biomacromolecules

Biotechnology Progress

Chemical & Engineering News

Chemical Research in Toxicology

Chemical Reviews

Chemistry of Materials

Crystal Growth & Design

Energy & Fuels

Environmental Science & Technology

Inorganic Chemistry

Journal of Agricultural and Food Chemistry

Journal of the American Chemical Society

Journal of Chemical & Engineering Data

Journal of Chemical Information and Computer Sciences

Journal of Chemical Theory and Computation 将于 2005 年开始发行

Journal of Combinatorial Chemistry

Journal of Medicinal Chemistry

Journal of Natural Products

The Journal of Organic Chemistry

The Journal of Physical Chemistry A

The Journal of Physical Chemistry B

Journal of Proteome Research

Langmuir

Macromolecules

Modern Drug Discovery

Molecular Pharmaceutics

Nano Letters

Organic Letters

Organic Process Research & Development

Organometallics

2. sciencedirect

Elsevier Science 公司出版的期刊是国际公认的高水平的学术期刊，大多数都被 SCI、EI 所收录，属国际核心期刊。该数据库涉及数学、物理 、化学、天文学、医学、生命科学、商业及经济管理、计算机科学、工程技术、能源科学、环境科学、材料科学等。

3. ISI Web of Knowledge

ISI Web of Knowledge 是美国科学情报研究所（ISI）提供的数据库平台。ISI Web of Knowledge 依照与用户的数字图书环境协同工作的原则而设计。产品有 ISI Web of Science、ISI Proceedings、ISI Citation Reports。

（1）ISI Web of Science 是 SCI（引文索引）的网络版。

（2）ISI Proceedings（ISTP-Index to Scientific & Technical Proceedings & ISSHP-Index to Social Science & Humunities Proceedings），ISTP 科学技术会议录索引和 ISSHP 科学及人文科学会议录索引都是美国 ISI 编辑出版的各种会议录的网络数据库。

（3）ISI Citation Report（Journal Citation Report）是美国 ISI 编辑出版的查阅各种学科核心期刊以及各种核心期刊的影响因子、引用次数、半衰期等数据的网络数据库。

4. Kluwer Online

荷兰 Kluwer Academic Publisher 是具有国际性声誉的学术出版商，它出版的图书、期刊一向品质较高，备受专家和学者的信赖和赞誉。Kluwer Online 是 Kluwer 出版的 600 余种期刊的网络版，专门基于互联网提供 Kluwer 电子期刊的查询、阅览服务。涵盖学科有：材料科学、地球科学、电气电子工程、法学、工程、工商管理、化学、环境科学、计算机与信息科学、教育、经济学、考古学、人文科学、社会科学、生物学、数学、天文学、心理学、医学、艺术、语言学、哲学等 24 个学科。

5. Nature

英国著名杂志 Nature 是世界上最早的国际性科技期刊，自从 1869 年创刊以来，始终如一地报道和评论全球科技领域里最重要的突破。

6. Royal Society of Chemistry

英国皇家化学学会（Royal Society of Chemistry，RSC）是一个国际权威的学术机构，是化学信息的一个主要传播机构和出版商。出版的期刊及数据库一向是化学领域的核心期刊和权威性数据库，与有机化学有关的期刊如下。

Chemical Communications

Chemical Society Reviews

J. Chem. Soc.，Dalton Transactions

J. Chem. Soc.，Perkin Transactions 1

J. Chem. Soc.，Perkin Transactions 2

Journal of Materials Chemistry

Natural Product Reports

New Journal of Chemistry

Pesticide Outlook

Photochemical & Photobiological Sciences

数据库 Methods in Organic Synthesis（MOS）提供有机合成方面最重要进展的通告服务，提供反应图解，涵盖新反应、新方法，包括新反应和试剂、官能团转化、酶和生物转化等内容，只收录在有机合成方法上具新颖性特征的条目。数据库 Natural Product Updates（NPU）收录有关天然产物化学方面最新发展的文摘，内容选自 100 多种主要期刊，包括分离研究、生物合成、新天然产物以及来自新来源的已知化合物等的结构测定、新特性和生物活性研究等。

7. Science

《科学》杂志电子版是"科学在线"最主要部分。电子版除了有印刷版上的全部内容外，还为读者提供了印刷版不可能有的功能，比如用关键字或作者名来检索 1995 年 10 月以来的期刊，浏览过刊，或浏览按主题分类的论文集合。

8. Springer

Springer 是世界上著名的德国施普林格科技出版集团出版的全文电子期刊，是科研人员的重要信息源，按学科分为生命科学、医学、数学、化学、计算机科学、经济、法律、工程学、环境科学、地球科学、物理学和天文学。

9. http：//www.onlinelibrary.wiley.com

John Wiley Publisher 是世界著名学术出版商，目前 John Wiley 出版的电子期刊有 1600 余种，其学科范围以科学、技术与医学为主。该出版社期刊的学术质量很高，是相关学科的核心资料。学科范围包括：生命科学与医学、数学统计学、物理、化学、地球科学、计算机科学、工程学等。

10. World Scientific

由世界科学出版社（World Scientific Publishing）委托 EBSCO/MetaPress 公司在清华大学图书馆建立的世界科学出版社全文电子期刊镜像站。WorldSciNet 为新加坡 World Scientific Publishing 电子期刊发行网站，目前提供 44 种全文电子期刊，涵盖数学、物理 、化学、生物、医学、材料、环境、计算机、工程、经济、社会科学等领域。

11. IPDL

欧洲各国知识产权数字图书馆（IPDL）：由世界知识产权组织（WIPO）于 1988 年建立，旨在推动世界各国的知识产权组织进行知识产权信息交流，为世界各国提供知识产权数据库检索服务。内容包括：PCT 电子公报（PCTE Electronic Gazette）、马德里商标快报数据库（Madrid Express Database）和 JOPAL 数据库（JOPAL Database）。IPDL 工程提供自 1998 年 4 月以来的 PCT 全文特征检索。

12. Reaxys 数据库

Reaxys 数据库由荷兰爱思唯尔（Elsevier）公司出品，将贝尔斯坦（Beilstein）、盖墨林（Gmelin）和专利化学数据库（Patent）的内容整合。收录超过 1 亿种化合物、4600 万种反应、5 亿条经过试验验证的实验数据、5300 万条文摘记录。涵盖全球 7 大专利局和 16000 种期刊 16 个学科中与化合物性质检测、鉴定和合成方法相关的所有信息。其文献涵盖历史可追溯到 1771 年。

13. CNKI 数据库

中文学术期刊全文数据库。收录自 1915 年至今出版的期刊，部分期刊回溯至创刊。收录国内学术期刊 8500 余种，全文文献总量 6110 余万篇。分为十大专辑：基础科学、工程科技Ⅰ、工程科技Ⅱ、农业科技、医药卫生科技、哲学与人文科学、社会科学Ⅰ、社会科学Ⅱ、信息科技、经济与管理科学。十大专辑下分为 168 个专题。

14. SIOC Journals

中国化学、有机化学、化学学报联合网站。提供中国化学（Chinese Journal of Chemistry）、有机化学、化学学报 2000 年至今发表的论文全文和相关检索服务。

15. 美国专利商标局数据库

该数据库用于检索美国授权专利和专利申请，免费提供 1790 年至今的图像格式的美国专利说明书全文，1976 年以来的专利还可以看到 HTML 格式的说明书全文。专利类型包括：发明专利、外观设计专利、再公告专利、植物专利等。该系统检索功能强大，可以免费获得美国专利全文。

17. 加拿大专利数据库
18. 欧洲专利网
19. 日本专利数据库
20. 中国国家知识产权局

参 考 文 献

1. 肖明跃. 误差理论与应用 [M]. 北京：计量出版社，1985.
2. Garland C W，Nibler J W，Shoemaker D P. Experiments in physical chemistry. 7th ed. New York：McGraw-Hill，2003：69-80.
3. 顾月姝. 基础化学实验（Ⅲ）——物理化学实验 [M]. 北京：化学工业出版社，2004.
4. 雷群芳. 中级化学实验 [M]. 北京：科学出版社，2005.

第二章

实 验 部 分

第一节 基础实验

实验一 溶解焓的测定

【实验目的】

1. 学会用量热法测定盐类的积分溶解焓。
2. 掌握作图外推法求真实温差的原理和方法。
3. 熟悉数字贝克曼温度计的使用方法。
4. 测定 NH_4Cl 的积分溶解焓。

理论讲解
操作演示

【实验原理】

　　盐类的溶解通常包含两个同时进行的过程：一是晶格的破坏，为吸热过程；二是离子的溶剂化，即离子的水合作用，为放热过程。溶解焓则是这两个过程热效应的总和，因此，盐类的溶解过程最终是吸热还是放热，是由这两个热效应的相对大小所决定的。

　　影响溶解焓的主要因素有：温度、压力、溶质和溶剂的性质和用量等。溶解焓分为积分溶解焓和微分溶解焓。摩尔积分溶解焓（简称积分溶解焓）是指在一定温度、压力下，将 1mol 溶质溶解于一定量溶剂中形成一定浓度的溶液时，所吸收或放出的热量。微分溶解焓是指在温度、压力及溶液组成不变的条件下，向溶液中加入溶质后的热效应；或者可以理解为将 1mol 溶质溶解于无限大量的某一溶液中所产生的热效应，此时溶液的浓度没有发生变化。积分溶解焓和微分溶解焓的单位都是 $J \cdot mol^{-1}$，但是在溶解过程中，前者的溶液浓度是连续变化的，而后者只有微小的变化或者可以视为不变，故积分溶解焓又称变浓溶解焓，微分溶解焓又称为定浓溶解焓。

　　积分溶解焓可以由实验测定。在绝热容器中测定积分溶解焓的方法一般有两种：一是先用标准物质测出热量计的热容，然后测定待测物质溶解过程的温度变化，从而求出待测物质的积分溶解焓；二是测定溶解过程中温度的降低，然后由电热法使该体系恢复到起始温度，根据所耗电能计算出热效应。本实验采用第一种方法。

　　量热法测定积分溶解焓，通常是在具有良好绝热层的热量计中进行的。溶解过程的温度变化用数字贝克曼温度计测定。在恒压条件下，由于热量计是绝热系统，溶解过程中系统和环境之间没有热量的交换，故 $Q=0$。溶解过程中所吸收或放出的热全部由系统温度变化反映出来。在热量计内，将某种盐类溶解于一定量的水中时，若测得溶解过程的温度变化 ΔT，则有

$$n\Delta_{sol}H_m+[(m_1C_1+m_2C_2)+C]\Delta T=0 \tag{1}$$

该物质的溶解焓为

$$\Delta_{sol}H_m=-[(m_1C_1+m_2C_2)+C]\frac{\Delta TM}{m_2} \tag{2}$$

式中，n 为溶质的物质的量，mol；$\Delta_{sol}H_m$ 为盐在溶液温度及浓度下的积分溶解焓，$J\cdot mol^{-1}$；m_1、m_2 分别为溶剂水和溶质的质量，kg；M 为溶质的摩尔质量，$kg\cdot mol^{-1}$；C_1、C_2 分别为溶剂水、溶质的比热容，$J\cdot kg^{-1}\cdot K^{-1}$；$\Delta T$ 为溶解过程的真实温差，K；C 为热量计的热容（指除溶液外，使体系温度每升高 1K 所需的热量），$J\cdot K^{-1}$，也称热量计的能当量。本实验通过测定已知积分溶解焓的标准物质 KCl 的 ΔT，标定出 C 值。

由于实验中所用系统并非严格的绝热系统，因此在盐类的溶解过程中，难免与环境有微小的热交换。为了消除这些影响，求出溶解前后系统的真实温度变化 ΔT，常采用作图外推法求真实温差。

根据实验数据作温度-时间曲线，如图 2-1 中的曲线 $PABQ$ 所示。A 点相当于热效应开始之点，B 点相当于热效应结束之点，AB 称为主期，主期以前的 PA 段称为前期，主期以后的 BQ 段称为后期。通过 T_A、T_B 两点的中点 C，作平行于横坐标轴的直线，交实验曲线 AB 于 D 点。通过 D 点作横坐标轴的垂线，分别与 PA、QB 的延长线交于 E、F 点，则 EF 线段所代表的温差即为校正后的真实温差 $\Delta T=T_F-T_E$。

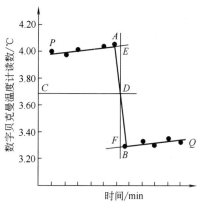

图 2-1　求真实温差的作图外推法

【仪器与试剂】

精密数字贝克曼温度计 1 台；300mL 简单热量计 1 只；电磁搅拌器 1 台；200mL 容量瓶 1 个；秒表 1 只；电子天平 1 台（公用）。

分析纯 KCl、NH_4Cl；去离子水。

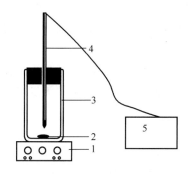

图 2-2　溶解焓测定装置
1—磁力搅拌器；2—搅拌子；3—热量计；
4—传感器；5—数字贝克曼温度计

【实验步骤】

1. 热量计热容 C 的测定

（1）将适量 KCl 放入研钵中磨细并用电子天平精确称量 4.14g 备用。

（2）溶解焓测定装置如图 2-2 所示。打开数字贝克曼温度计（参见第三章第一节中贝克曼温度计）的电源开关，预热。

（3）将热量计擦干，用容量瓶量取 200mL 室温下的去离子水，装入热量计，然后将数字贝克曼温度计感应器插入热量计中。打开搅拌器并保持一定的搅拌速度，读取水的温度，作为 T_1。

（4）根据 T_1 值，选择合适的基温，然后将温度计调整到"温差"测量挡上，待读数稳定后，启动秒表进行温差值（即贝克曼温度）记录，每 1min 记录 1 次温差值，共读 8 次。记录第 8 次数据后，打开量热计，将称好的 4.14g KCl 迅速倒入热量计中，然后每 0.5min 读 1 次温差，共读 2 次。接着改为每隔 1 分钟读数 1 次，再读 8 次即可停止。

（5）在温度测量挡上测出热量计中溶液的温度，记作 T_2。计算 T_1、T_2 的平均值，作为体系的温度。倒掉溶液，取出搅拌子，用去离子水洗净热量计。

2. NH_4Cl 溶解焓的测定

用电子天平称取 2.97g NH_4Cl，代替 KCl 重复上述操作。实验结束后，倒掉废液，用去离子水洗净热量计。

【注意事项】

1. 试剂称量前要进行研磨，否则可能会因为试剂颗粒过大而影响溶解速率。为保证研磨效果和避免浪费，所取试样要适量。

2. 倒掉废液时注意先把搅拌子拿出来，以防丢失。

3. 不要开电磁搅拌器的加热开关，搅拌速度调节适当。

4. 往量热计中倒药品时，要确保药品全部加入水中，不要沾到杯壁上。

5. 实验过程中，时间要连续记录，切勿中途将秒表按停读数。

【数据记录与处理】

1. 记录系统的温度及实验过程中系统贝克曼温度随时间的变化。

2. 用作图外推法求出 KCl 溶解过程的真实温差 $\Delta T_{真1}$，计算热量计热容 C 值。

3. 用作图外推法求出 NH_4Cl 溶解过程的真实温差 $\Delta T_{真2}$，计算其摩尔积分溶解焓。

【附注】

1. KCl 和 NH_4Cl 固体在 20℃附近的比热容分别为 $0.67J \cdot g^{-1} \cdot K^{-1}$ 和 $1.55J \cdot g^{-1} \cdot K^{-1}$。

2. 不同温度下，1mol KCl 溶于 200mol 水中的溶解焓参见附录表 17。

3. SWC-Ⅱ型数字贝克曼温度计的使用方法

（1）打开电源开关，将温度计的传感器插入待测液中，预热 10min。

（2）按"测量/保持"按键，使仪器处于测量状态（"测量"指示灯亮）。

（3）按"温度-温差"按键，使仪器处于温度测量状态，此时温度计显示的温度值为待测液的实际温度（数值后有℃符号）。读取该温度作为溶解前水的温度 T_1。

（4）根据 T_1 值，调节"基温选择"旋钮于适当的挡位。

（5）按"温度-温差"按键，使仪器处于温差测量状态，此时温度计显示的温度值为贝克曼温度（即实际温度与基温的差值，此时显示屏上数值后为符号"°"），在此条件下可进行温差测量。

（6）为方便记录数据，可使用"保持"功能。按"测量/保持"按键，使仪器处于保持状态（"保持"指示灯亮），仪器显示按键时刻的温度值，记录数据后，再按下"测量/保持"按键，使仪器恢复到测量状态（"测量"指示灯亮）。

4. ZT-2C 型精密数字温差测量仪的使用方法

（1）打开电源开关，将温度计的传感器插入待测液中，预热 10min。

（2）时间设定。按"时间设定"按键，调整计时时间（仪器默认计时时间为 30s，每按键 1 次，计时时间增加 1s），单位为"秒（s）"。

（3）温度计上显示的温度值为待测液的实际温度，按"基温设定"按键，仪器自动将当前温度设为基温。

（4）按动"显示切换"按键，显示数值在"基温"和"温差值"之间切换。基温为固定值，设定后，恒定不变；温差值为实时测量值，数值会不断变化。

（5）温差测定结束后，如需要再测待测液的实际温度，可按如下方法操作。

① 按动"显示切换"按键，使仪器显示"基温"。

② 按动"基温设定"按键，则仪器显示的基温值为当前实际温度。

注意：使用 ZT-2C 型精密数字温差测量仪时，在测定温差过程中不可再按"基温设定"按键，否则会使已设定基温发生变化，造成测定结果出现错误。

【思考题】

1. 本实验误差产生的原因有哪些？

2. 温度对积分溶解焓有无影响？

3. 本实验中称取的 KCl 的质量必须为 4.14g 吗？为什么？

4. 本实验中如果称取 5.35g NH_4Cl 进行测定，所得 NH_4Cl 的积分溶解焓会发生变化吗？为什么？

5. 贝克曼温度计与一般温度计有何不同？

6. 在本实验中，为什么要用作图外推法求溶解过程的真实温差？

实验二　燃烧热的测定

【实验目的】

1. 掌握数显氧弹式热量计测定物质燃烧热的热力学原理及方法。
2. 了解数显氧弹式热量计的构造并掌握其使用方法。
3. 测定奶粉的燃烧热。

理论讲解
操作演示

【实验原理】

1mol 指定相态的物质与氧气完全氧化时的反应热称为燃烧热，等压燃烧热称为摩尔燃烧焓，用 $\Delta_c H_m$（B，T）表示，等容燃烧热称为摩尔燃烧热力学能变，用 $\Delta_c U_m$（B，T）表示。在适当条件下，很多有机物都能在氧气中迅速地完全氧化，从而可以利用燃烧法快速准确地测定其燃烧热。

燃烧热通常用热量计测定。用氧弹式热量计（如图 2-3）测得的是等容燃烧热 $\Delta_c U_m$。若把参与反应的气体视为理想气体，并忽略压力对燃烧焓的影响，则可按下式将等容燃烧热换算成摩尔燃烧焓：

$$\Delta_c H_m(B,T) = \Delta_c U_m(B,T) + \sum_B \nu_{B(g)} RT \qquad (1)$$

式中，$\nu_{B(g)}$ 为参加反应的气体物质的化学计量数，对反应物 $\nu_{B(g)}$ 取负号，而对产物 $\nu_{B(g)}$ 取正号。

用氧弹式热量计测定燃烧热时，要尽可能在接近绝热的条件下进行。实验时，氧弹放置在装有一定量水的内桶中，内桶外是空气隔热层，再外面是温度恒定的水夹套。整个热量计可看作一个等容绝热系统，燃烧过程中系统和环境之间交换的热量即系统总的热力学能变 ΔU 为零。ΔU 由四部分组成：样品在氧气中等容燃烧的热力学能变 $\Delta_c U$

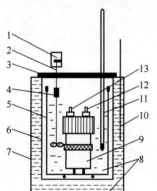

图 2-3　氧弹式热量计原理结构图
1—马达；2—搅拌器轴；3—外套盖；4—绝热轴；5—量热内桶；6—外套内壁；7—热量计外套；8—水；9—氧弹；10—水银温度计；11—数字贝克曼温度计感应器；12—氧弹进气阀；13—氧弹放气阀

（B）；引燃丝燃烧的热力学能变 $\Delta_c U$（引燃丝）；氧弹中微量氮气氧化成硝酸的等容生成热力学能变 $\Delta_f U$（HNO_3）；热量计（包括氧弹、内桶、搅拌器和温度感应器等）的热力学能变 ΔU（热量计）。因此，ΔU 可表示为：

$$\Delta U = \Delta_c U(B) + \Delta U_c(\text{引燃丝}) + \Delta_f U(HNO_3) + \Delta U(\text{热量计}) = 0$$

式中，$\Delta_f U$（HNO_3）相对于样品的燃烧热值极小，而且氧弹中的微量氮气可通过反复充氧加以排除，因此可忽略不计，则上式变为：

$$\Delta U = \Delta_c U(B) + \Delta_c U(\text{引燃丝}) + \Delta U(\text{热量计}) = 0$$

如果已知物质的质量、等容燃烧热值及燃烧前后系统温度的变化 ΔT，则上式还可以写为更实用的形式：

$$m(B) \cdot Q_V(B) + m_2 Q_2 + C\Delta T = 0 \qquad (2)$$

式中，m（B）为样品的质量，g；Q_V（B）为样品的等容燃烧热值，$J \cdot g^{-1}$；m_2 为燃烧掉的引燃丝的质量，g；Q_2 为引燃丝的燃烧热值，$J \cdot g^{-1}$；C 为热量计的热容，即热量计温度每升高1K所需吸收的热量，$J \cdot K^{-1}$；ΔT 为修正后的内桶中水的真实温差，℃。$m(B)$ 和 m_2 的数值可直接由实验测得，而真实温差 ΔT 可由对实测温差进行修正获得。实验测得热容 C 后，可根据式（2）计算 $Q_V(B)$，进而换算为样品的燃烧热力学能变 $\Delta_c U_m(B, T)$。再根据式（1）可计算样品的摩尔燃烧焓 $\Delta_c H_m(B, T)$。

下面分别介绍温差修正和热容 C 的测定。

1. 温差修正

式（2）是在绝热的条件下导出的。实际上，氧弹热量计并非严格的绝热系统，而且受传热速度的限制，样品燃烧后由初温达到末温需要一定的时间，在这段时间内，量热系统与环境间不可避免地要发生热交换。因此，由温度计直接测得的温差不是体系真实的温差 ΔT，必须对其进行修正。温差修正有经验公式法和作图法等，下面仅介绍经验公式法。

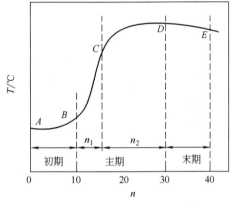

图 2-4　升温曲线

经验公式法原理可用图 2-4 简略说明。设实验时每隔30s读取一次系统的温度数值，若将实测温度读数 T 对温度读数次数 n 作图，可得如图 2-4 所示的升温曲线。曲线 AB 段代表点火前热量计系统的初期温度变化规律。DE 段为点火后，量热系统达到最高温度后的末期温度变化曲线。BC 段和 CD 段合称主期，分别代表点火后温度上升很快（$\Delta T \geqslant 0.3℃/30s$）和上升缓慢（$\Delta T < 0.3℃/30s$）的两个燃烧阶段，其温度读数次数分别为 n_1 和 n_2。

此时反应初期系统温度的变化率（℃/30s）可表示为：

$$V_0 = \frac{T_0 - T_{10}}{10} \tag{3}$$

反应末期系统温度的变化率（℃/30s）可表示为：

$$V_n = \frac{T_高 - T_{高+10}}{10} \tag{4}$$

式中，T_0 为开始记录时系统的温度；30s后系统的温度为 T_1，则 T_{10} 为第10次记录的温度值；$T_低$ 为主期初温（$T_低 = T_{10}$），即点火温度；$T_高$ 为主期末温，即主期温度达到的最高温度读数；V_0 可视为反应初期条件下由于系统与环境之间的热量交换而造成的系统温度的变化率；V_n 为反应末期条件下由于系统与环境之间的热量交换而造成的系统温度的变化率。

如果把整个升温过程（即曲线 BC 段和 CD 段）当作燃烧过程的主期，考虑到 CD 段的温度读数次数 n_2 比 BC 段的 n_1 大得多，而 CD 段又接近末期温度，所以主期内系统与环境之间的热量交换状况与末期阶段（DE 段）基本相同，那么主期升温过程的热交换所引起的温度修正 $\Delta\theta$ 可表示为：

$$\Delta\theta = (n_1 + n_2)V_n = nV_n \tag{5}$$

式中，n 为主期的温度读数次数。这种修正方法比较简便，但由于过于粗略，因此误差比较大。若把主期升温过程分为 BC 和 CD 两个阶段来考虑，则更接近实际情况。量热系统在 CD 段仍按末期温度变化率 $n_2 V_n$ 进行修正，而 BC 段介于低温和高温之间，可按初期和末期温度变化率的平均值 $(V_0+V_n)n_1/2$ 加以修正。因此，整个主期由于热量交换所引起的温度修正值为：

$$\Delta\theta_{校} = \frac{(V_0+V_n)n_1}{2} + n_2 V_n \tag{6}$$

修正后的真实温差为：

$$\Delta T = T_{高} - T_{低} + \Delta\theta_{校} \tag{7}$$

与式（5）相比，式（6）所得结果相对精确些，故本实验采用式（6）计算 $\Delta\theta_{校}$，利用式（7）计算体系的真实温差 ΔT。

2. 标准物质法标定热量计热容 C

测定热量计热容的方法是在相同的条件下，将一定量（质量为 m_1）的已知燃烧热值的标准物质进行燃烧，将所测得的实测数据代入式（6）、式（7）和式（2），可得热量计的热容 C。

【仪器与试剂】

XRY-1A 型数显氧弹式热量计全套［含氧弹（其结构见图 2-5）、搅拌器及数字贝克曼温度计］；10mL 移液管 1 支；2000mL 和 1000mL 量筒各 1 个。

公用仪器：压片机 2 台；专用放氧阀 1 个；氧气瓶及减压阀 1 套；充氧器 1 台；电子天平 1 台；托盘天平 1 台；万用表 1 个。

分析纯苯甲酸；镍铬引燃丝（约 10cm）；奶粉。

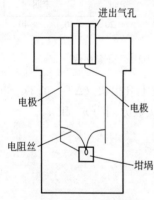

图 2-5 氧弹结构示意图

【实验步骤】

1. 热容 C 的测定

（1）用电子天平准确称量（精确度在 ±0.1mg 内）10cm 的引燃丝，然后将引燃丝中部绕成环状。

（2）苯甲酸预先在烘箱（50～60℃下）内烘 30min，放在干燥器中冷却至室温，称取 1.0～1.2g 苯甲酸，将引燃丝环状部分与苯甲酸一起压片。将压好的样品先在干净的称量纸上敲击 2～3 次，以除去没有压紧的部分，再在分析天平上准确称量。

（3）拧开氧弹盖放在专用支架上，将弹内洗净，擦干，用移液管取 10mL 去离子水加入氧弹中（精度要求不高时此步骤可省略）。分别将引燃丝两端固定在氧弹内两电极柱上（药片要悬于不锈钢坩埚上方，但不要使引燃丝与坩埚接触，以免短路导致点火失败），盖上氧弹盖并拧紧。

（4）打开氧气瓶阀门，调节减压阀（详见第三章第二节中气体钢瓶及其使用部分相关内容），使压力达到 1.0～1.5MPa。将氧弹置于充氧器底座上，使进气口对准充氧器的出气口。按下充氧器的手柄充氧至充氧器压力表值为 1.0～1.5MPa（听不到充气声时可视为充满氧气），用放气阀将氧弹中的氧气放出（赶出氧弹内的空气），反复 2 次，然后再次将氧弹充满氧气。用万用表测量氧弹盖两极处是否有电流通过（通路时可听到"嘀"声）。

（5）将充有氧气的氧弹放入内桶底座上，并调整合适的位置，检查搅拌叶片是否正常工作。用量筒量取 2000mL 去离子水倒入内桶中，然后接好点火电极的导线，再量取 1000mL

32

去离子水倒入内桶中盖上热量计盖。将数字贝克曼温度计的传感器竖直插入热量计盖上的孔中，其末端应处于氧弹高度的 1/2 处。打开控制箱的电源开关，按下"搅拌"键，仪表开始显示内桶水温，每隔半分钟蜂鸣表报时一次。

（6）5～10min 后，当系统温度变化速度达到恒定时，开始计时，并记录初期温度 T_0，每隔 30s 蜂鸣表发出"嘟"的一声，立即读数一次。当读第 10 次时，同时按点火键，点火指示灯闪亮马上又熄灭，表示点火完成（当点火后数据变化明显加快时说明点火成功）。此时测量次数自动复零，仍每隔 30s 读一次主期温度读数，共存储测量数据 31 个。当主期温度升至最大值时，再读取 10 次末期温度读数。所有温度读数均精确到 0.001℃。当测温次数达到 31 次后，测温次数就自动复零，表示实验结束（若末期温度读数不满 10 次，需人工记录几次）。

（7）停止搅拌，取出温度计传感器，拔掉点火电极的导线，取出氧弹并擦干其外壳，用放气阀放掉氧弹内的氧气，打开氧弹盖，检查燃烧是否完全。若坩埚或氧弹内有积碳，则说明此实验失败，需重做；若坩埚或氧弹无积碳，则说明实验成功。取出未烧完的引燃丝，用电子天平准确称量其质量。

（8）洗净并擦干氧弹内外壁，将内桶去离子水倒入储水桶，擦干全部设备。待氧弹及内桶和搅拌器温度与室温平衡后再做下一步实验。

2. 奶粉燃烧热值的测定

用奶粉代替苯甲酸重复上述操作。

【注意事项】

1. 将奶粉压片时要加一张称量纸隔开奶粉和压片机轴，防止样品与压片机轴粘连。

2. 充氧前一定要旋紧氧弹的盖子。

3. 实验开始之前应先检查搅拌器的工作状态是否正常。

4. 压片和退片时应用手扶好压片机的调压板，否则不好出片，且压奶粉片时应注意控制力度，若用力过大易造成奶粉熔化。

5. 做完试样放氧气时，应先将氧弹擦干再放气。

6. 坩埚和氧弹使用完后应洗净擦干，防止结垢或生锈。

【数据记录与处理】

1. 可参考表 2-1 和表 2-2 形式记录实验数据。例如，在测定热容 C 时，可将数据分别记录于表 2-1 和表 2-2。

表 2-1 苯甲酸和引燃丝的质量

项　　目	实 验 数 据	项　　目	实 验 数 据
苯甲酸的燃烧热值/J·g^{-1} 苯甲酸的质量 m(B)/g 引燃丝的燃烧热值/J·g^{-1}		引燃丝的质量/g 燃烧后剩余引燃丝的质量/g 燃烧掉的引燃丝质量/g	

表 2-2 苯甲酸燃烧过程的温度变化

室温：_____ ℃　大气压：_____ Pa

读温次数	初期温度/℃	主期温度/℃	末期温度/℃	备　　注

2. 根据初期、主期和末期温度确定 $T_高$、$T_低$、n_1 和 n_2，计算 V_0 和 V_n，并分别按式（6）和式（7）计算温差修正值 $\Delta\theta$ 和真实温差 ΔT。

3. 根据式（2）计算热量计的热容 C。

4. 再根据式（2）计算奶粉的等容燃烧热值 Q_V（奶粉）。

【附注】

1. 镍铬丝的等容燃烧热值为 -1.400×10^3 J·g^{-1}；铁丝的等容燃烧热值为 -6.699×10^3 J·g^{-1}；苯甲酸的等容燃烧热值为 -2.640×10^4 J·g^{-1}。

2. 由于空气中含有大量的氮气，充入氧弹内的气体中会残留少量的氮气，在燃烧的条件下，氮气与水作用生成 HNO_3，可将燃烧后氧弹内的液体用 0.100mol·L^{-1} 的 NaOH 滴定确定生成 HNO_3 的量。氮气燃烧放出的热量 $Q_V=-5.98V$（J·g^{-1}），其中 V 是滴定所消耗的 0.100mol·L^{-1} NaOH 的体积（mL）（这项校正可忽略）。

【思考题】

1. 用氧弹式热量计测定燃烧热的装置中哪些是系统，哪些是环境？系统和环境之间通过哪些可能的途径进行热交换？如何修正这些热交换对测定的影响？

2. 内桶中加入的去离子水，为什么要准确量取其体积？

3. 如何识别氧气钢瓶？如何正确使用氧气瓶和减压阀？

4. 实验时在氧弹中加入 10mL 去离子水的目的是什么？

5. 如何保证药品燃烧完全？

6. 氧气瓶应如何开关？

实验三 液体饱和蒸气压的测定

【实验目的】

1. 明确液体饱和蒸气压的定义，了解纯液体的饱和蒸气压与温度的关系以及克劳修斯-克拉佩龙（Clausius-Clapeyron）方程的意义。

理论讲解
操作演示

2. 掌握用静态法测定液体饱和蒸气压的方法，学会用图解法求被测液体在实验温度范围内的平均摩尔蒸发焓。

3. 初步掌握真空实验技术，了解恒温槽及真空压力计的使用方法。

4. 测定乙醇的饱和蒸气压并计算其摩尔蒸发焓。

【实验原理】

通常温度下（距离临界温度较远时），在一真空的密闭容器中，液体很快和它的蒸气建立动态平衡——气液两相平衡，即蒸气分子向液面凝结和液体分子从表面逃逸的速率相等。此时液面上的蒸气压力就是液体在此温度时的饱和蒸气压（简称蒸气压）。液体的蒸气压与温度有关。温度升高，分子运动加剧，单位时间内从液面逸出的分子数增多，蒸气压增大；反之，温度降低时，蒸气压减小。当蒸气压等于外界压力时，液体便沸腾，此时的温度称为沸点。外压不同时，液体沸点将相应改变。当外压为 1atm（101.325kPa）时，液体的沸点称为该液体的正常沸点。

液体的饱和蒸气压与温度的关系用克拉佩龙方程式表示：

$$\frac{\mathrm{d}p}{\mathrm{d}T}=\frac{\Delta_{\mathrm{vap}}H_{\mathrm{m}}^{*}}{T\Delta V_{\mathrm{m}}} \tag{1}$$

式中，T 为热力学温度；$\Delta_{\mathrm{vap}}H_{\mathrm{m}}^{*}$ 为在温度 T 时纯液体的摩尔蒸发焓（即温度 T 下，1mol 液体经过可逆相变转化为气体所吸收的热量）；$\Delta V_{\mathrm{m}}=V_{\mathrm{m}}(\mathrm{g})-V_{\mathrm{m}}(\mathrm{l})$。对于包括气相的纯物质两相平衡系统，由于 $V_{\mathrm{m}}(\mathrm{g})$ 远远大于 $V_{\mathrm{m}}(\mathrm{l})$，故 $\Delta V_{\mathrm{m}}\approx V_{\mathrm{m}}(\mathrm{g})$。将气体视为理想气体，则可得到克劳修斯-克拉佩龙方程式：

$$\frac{\mathrm{d}p}{\mathrm{d}T}=\frac{p\Delta_{\mathrm{vap}}H_{\mathrm{m}}^{*}}{RT^{2}} \tag{2}$$

式中，R 为摩尔气体常数。假定 $\Delta_{\mathrm{vap}}H_{\mathrm{m}}^{*}$ 与温度无关，或因温度范围较小，$\Delta_{\mathrm{vap}}H_{\mathrm{m}}^{*}$ 可以近似视为常数，积分上式，得

$$\ln\frac{p}{[p]}=\frac{-\Delta_{\mathrm{vap}}H_{\mathrm{m}}^{*}}{RT}+C \tag{3}$$

式中，p 为液体在温度 T 时的蒸气压；C 为积分常数。由此式可以看出，测定不同温度 T 下液体的蒸气压 p，以 $\ln(p/[p])$ 对 $1/T$ 作图，应为一直线，直线的斜率为 $-\dfrac{\Delta_{\mathrm{vap}}H_{\mathrm{m}}^{*}}{R}$，由斜率可求算液体的 $\Delta_{\mathrm{vap}}H_{\mathrm{m}}^{*}$。

测定液体饱和蒸气压的方法有静态法、动态法、饱和气流法三种。本实验采用静态法，利用等压计测定乙醇在不同温

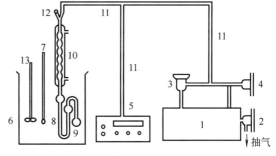

图 2-6 蒸气压测定装置

1—不锈钢真空包；2—抽气阀；3—真空包抽气阀；4—进气阀；
5—数字压力计；6—玻璃恒温水浴；7—温度计；8—等压计；
9—试样球；10—冷凝管；11—真空橡皮管；12—加样口；
13—搅拌杆

度下的饱和蒸气压。

如图 2-6 所示，试样球 9 中盛装的是被测样品，U 形管内用样品本身作液封。在某一温度下若试样球液面上方仅有被测物质的蒸气，那么在等压计 U 形管右支液面上所受到的压力就是其蒸气压。当这个压力与 U 形管左支液面上的空气的压力相平衡（U 形管两臂液面齐平）时，就可从与等压计相接的压力计测出待测样品在此温度下的饱和蒸气压。

【仪器与试剂】

恒温水浴；等压计；数字压力计；真空泵及附件。

无水乙醇。

【实验步骤】

1. 装样：将乙醇溶液通过等压计的加样口 12 装入，使试样球 9 内的乙醇约占试样球体积的 2/3，同时保证 U 形管内含有一定量的乙醇，然后按图 2-6 安装各部分。

2. 打开阀门 4，使系统与大气相通；打开数字压力计电源开关，预热 5 min 后将"压力单位"调至"mmHg"，在通大气的状态下（此时真空泵未开启，系统压力为常压）按下"采零"键，使压力计示数为零。

3. 系统气密性检查：关闭阀口 4，打开阀门 2、3 和真空泵（使用方法参见第三章第二节中真空技术部分相关内容），抽真空 2～3min，关闭阀门 2，此时若数字压力计上的数字基本不变，则说明系统不漏气。否则应逐段检查，排除漏点。

4. 将恒温水浴的温度设置为 25℃。温度恒定后打开阀门 2，继续抽真空，这时试样球与 U 型管之间的空气呈气泡状通过 U 型管中的液体逸出。当发现气泡成串逸出，出现沸腾状态时，应密切观察压力计，当压力计上的数字绝对值不再明显增大时，迅速关闭抽气阀门 3（若沸腾不能停止，可缓缓打开进气阀 4，使少许空气进入系统使溶液达到平稳状态），2～5min 后关闭抽气阀门 2。

5. 慢慢打开真空包抽气阀 3，使等压计内的溶液缓缓沸腾 1min 左右，关闭抽气阀 3。缓缓打开进气阀 4，使少许空气进入。待等压计左右支管中液面相平时，迅速关闭阀门 4，同时记录压力计示数 $p_{表值}$、大气压 p_0 和温度。计算出所测温度下的饱和蒸气压 p（$p = p_0 + p_{表值}$ 或 $p = p_0 - |p_{表值}|$），并与标准数据比较，误差较大时，重复此步骤。

6. 每次升温 2～3℃，重复上述操作，测定乙醇在不同温度下的蒸气压（至少做 5 组数据）。

7. 实验结束后，关闭阀门 2，打开阀门 3、4，关闭数字压力计、恒温水浴的开关。将系统排空，然后关闭真空泵。

【注意事项】

1. 实验过程中，最重要的是排净等压计试样球上面的空气，使液面上空只含待测液体的蒸气分子（如果数据偏差在正常误差范围内，可认为空气已排净）。但要注意抽气速度不要过快，以防止液封溶液被抽干。

2. 等压计有溶液的部分必须放置于恒温水浴液面以下，否则所测溶液温度与水浴温度不同。

3. 待等压计左右支管中液面调平时，一定要迅速关闭阀门 4，严防空气倒灌影响实验的进行。

4. 在关闭真空泵前一定要先将系统排空，然后关闭真空泵。

【数据记录与处理】

1. 自行设计实验数据记录表，记录原始数据并计算 $\ln(p/[p])$ 和 $1/T$。

2. 以 $\ln(p/[p])$ 对 $1/T$ 作图，由直线的斜率求出 $\Delta_{vap}H_m^*$。

【思考题】

1. 本实验产生误差的因素有哪些？

2. 数字压力计中所读数值是否就是纯液体的饱和蒸气压？

3. 为什么实验完毕后必须使体系和真空泵与大气相通才能关闭真空泵？

4. 为什么等压计中的 U 形管内要用样品本身作液封？

5. 本实验所运用的公式中的三个基本假设是什么？

6. 本实验中使用真空泵抽气的主要作用是什么？

7. 本实验方法是否可用于测定溶液的饱和蒸气压？为什么？

8. 如果实验中沸腾过于剧烈可发生什么状况？应如何处理？

9. 实验过程中如果进气过多会出现什么情况？应如何处理？

10. 实验过程中发现大气压发生了变化，应如何计算所测蒸气压，为什么？

实验四　偏摩尔体积的测定

【实验目的】

1. 掌握测定二组分溶液偏摩尔体积的方法。
2. 加深对偏摩尔量概念的认识。
3. 测量一定条件下水和氯化钠的偏摩尔体积。

【实验原理】

恒温恒压下，由 A、B 两物质形成二组分溶液，其物质的量分别为 n_A 和 n_B。该溶液的任何容量性质 Y 的全微分可表示为：

$$dY = \left(\frac{\partial Y}{\partial n_A}\right)_{T,p,n_B} dn_A + \left(\frac{\partial Y}{\partial n_B}\right)_{T,p,n_A} dn_B \tag{1}$$

如果定义 $Y_A \equiv \left(\frac{\partial Y}{\partial n_A}\right)_{T,p,n_B}$ 和 $Y_B \equiv \left(\frac{\partial Y}{\partial n_B}\right)_{T,p,n_A}$ ，则

$$dY = Y_A dn_A + Y_B dn_B \tag{2}$$

式中，Y_A 和 Y_B 分别为物质 A 和 B 的某种容量性质 Y 的偏摩尔量。

若溶液的容量性质为体积 V，则 V_A、V_B 分别为 A 和 B 的偏摩尔体积，定义为：

$$V_A = \left(\frac{\partial V}{\partial n_A}\right)_{T,p,n_B} \qquad V_B = \left(\frac{\partial V}{\partial n_B}\right)_{T,p,n_A} \tag{3}$$

于是有

$$dV = V_A dn_A + V_B dn_B \tag{4}$$

溶液总体积 V 与 n_A、n_B、T、p 有关，即

$$V = V(n_A, n_B, T, p) \tag{5}$$

当 T、p 一定时，有

$$V = n_A \left(\frac{\partial V}{\partial n_A}\right)_{T,p,n_B} + n_B \left(\frac{\partial V}{\partial n_B}\right)_{T,p,n_A} \tag{6}$$

对式（6）微分，得

$$dV = n_A dV_A + V_A dn_A + n_B dV_B + V_B dn_B \tag{7}$$

将式（7）与式（4）比较、整理后得到

$$n_A dV_A + n_B dV_B = 0 \tag{8}$$

$$\frac{dV_A}{dV_B} = -\frac{n_B}{n_A} = -\frac{x_B}{x_A} = \frac{x_B}{x_B - 1} \tag{9}$$

式中，x_A 和 x_B 分别为组分 A 和 B 的摩尔分数。

式（8）为吉布斯-杜亥姆公式。由式（9）可见，V_A 和 V_B 间存在着函数关系，V_A 和 V_B 彼此不是独立的。V_A 的变化将引起 V_B 的变化，若 V_A 不变，V_B 也保持不变，当 x_B 为一定值，即溶液浓度一定时，dV_A 一定，dV_B 也就一定了。

偏摩尔体积的物理意义可从两个角度理解：一是在温度、压力及溶液浓度一定的情况下，在一定量的溶液中加入极少量的 A（由于加入 A 的量极少，可以认为溶液浓度没有发生变化），此时，系统体积的改变量与所加入 A 的物质的量之比即为该温度、压力及溶液浓

度下 A 的偏摩尔体积；二是在一定温度、压力及溶液浓度的情况下，将 1mol A 加入到大量的溶液中（由于溶液量大，可以认为加入 1mol A，溶液浓度没有发生改变），此时，溶液体积改变量则为该温度、压力及溶液浓度下 A 的偏摩尔体积。偏摩尔体积与纯组分的摩尔体积 $V_{m,A}^*$ 不同。因为 $V_{m,A}^*$ 只涉及 A 分子本身之间的作用力，而 V_A 则不仅涉及 A 分子本身之间的作用力，还有 B 分子之间以及 A 与 B 分子之间的作用力。而且这三种作用力对溶液总体积的影响将随溶液中 A、B 分子的比例而变，亦即随溶液浓度而变。定量地描述这些分子间的相互作用力是十分困难的，在大多数情况下，可简单地用 $V_{m,A}^*$ 和 V_A 进行比较，以作定性的说明。

实验中，利用 V_A 和 V_B 与一些实验直接测定量的关系，经过数据处理，求算 V_A 和 V_B。下面介绍用 $Q\text{-}\sqrt{b}$ 图求偏摩尔体积的方法。

由式（3）和式（6）可得

$$V = n_A V_A + n_B V_B \tag{10}$$

式（10）可改写为：

$$V = n_A V_{m,A}^* + n_B Q \tag{11}$$

式中，Q 定义为 B 的表观摩尔体积；$V_{m,A}^*$ 为纯 A 的摩尔体积。由式（11）可得

$$Q = \frac{V - n_A V_{m,A}^*}{n_B} \tag{12}$$

由物质的量分别为 n_A 和 n_B 的物质 A 和 B 配成溶液，其体积质量为 ρ，则溶液的体积

$$V = \frac{n_A M_A + n_B M_B}{\rho}$$

式中，M_A 和 M_B 分别为物质 A 和 B 的摩尔质量，$g \cdot mol^{-1}$。把此关系式代入式（12），得

$$Q = \frac{1}{n_B}\left(\frac{n_A M_A + n_B M_B}{\rho} - n_A V_{m,A}^*\right) \tag{13}$$

当溶液组成用质量摩尔浓度 b_B 表示时，式中 $n_A = \dfrac{1000}{M_A}$，$n_B = b_B$，则

$$Q = \frac{1}{b_B}\left(\frac{1000 + b_B M_B}{\rho} - \frac{1000}{M_A/V_{m,A}^*}\right)$$

因为 $\dfrac{M_A}{V_{m,A}^*} = \rho_A$，$\rho_A$ 为纯 A 的体积质量，所以

$$Q = \frac{1}{b_B}\left(\frac{1000 + b_B M_B}{\rho} - \frac{1000}{\rho_A}\right)$$

$$Q = \frac{1000}{b_B \rho \rho_A}(\rho_A - \rho) + \frac{M_B}{\rho} \tag{14}$$

由式（14）可知，与 Q 有关的量 b_B、ρ_A、ρ 都可实验测得，所以 Q 可由这些测量值计算而得。进而只要找到 V_A、V_B 与 Q 的关系，则偏摩尔体积可求。为此，先将式（11）对

n_B 求导，得

$$V_B=\left(\frac{\partial V}{\partial n_B}\right)_{T,p,n_A}=Q+n_B\left(\frac{\partial Q}{\partial n_B}\right)_{T,p,n_A} \tag{15}$$

而

$$V_A=\frac{V-n_B V_B}{n_A} \tag{16}$$

将式（16）中的 V 和 V_B 分别用式（11）和式（15）的关系代入，得

$$V_A=\frac{1}{n_A}\left[n_A V_{m,A}^*-n_B^2\left(\frac{\partial Q}{\partial n_B}\right)_{T,p,n_A}\right] \tag{17}$$

从式（15）和式（17）可以看出，已知 n_A、n_B、Q、$\frac{\partial Q}{\partial n_B}$，便可求算 V_A、V_B。上述计算方法对于二组分溶液未加任何限制，所以原则上适用于所有的二组分溶液系统。

因为溶液组成用质量摩尔浓度表示，故

$$\left(\frac{\partial Q}{\partial n_B}\right)_{T,p,n_A}=\left(\frac{\partial Q}{\partial b_B}\right)_{T,p,n_A}=\left(\frac{\partial Q}{\partial\sqrt{b_B}}\times\frac{\partial\sqrt{b_B}}{\partial\sqrt{b_B}}\right)_{T,p,n_A} \tag{18}$$

将式（18）代入式（15），得

$$V_B=Q+\frac{\sqrt{b_B}}{2}\left(\frac{\partial Q}{\partial\sqrt{b_B}}\right)_{T,p,n_A} \tag{19}$$

因为

$$n_A=\frac{1000}{M(H_2O)}=\frac{1000}{18.016}=55.51$$

所以

$$V_A=V_{m,A}^*-\frac{b_B^2}{55.51}\left(\frac{1}{2\sqrt{b_B}}\times\frac{\partial Q}{\partial\sqrt{b_B}}\right) \tag{20}$$

对于强电解质稀薄水溶液，德拜-休克尔理论证明了其表观摩尔体积 Q 与 $\sqrt{b_B}$ 呈线性关系，如图 2-7 所示。对于 Q-$\sqrt{b_B}$ 线上的任一点 $P(\sqrt{b_B}, Q)$，有 $\frac{Q-Q^0}{\sqrt{b_B}}=\frac{\partial Q}{\partial\sqrt{b_B}}$，则

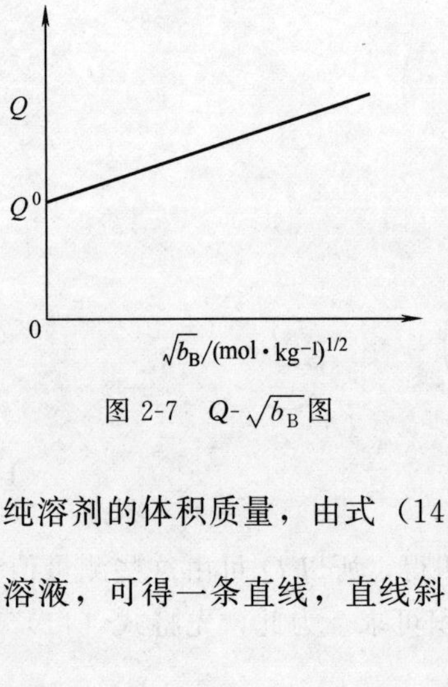

$$Q=Q^0+\sqrt{b_B}\frac{\partial Q}{\partial\sqrt{b_B}}$$

即

$$V_B=Q^0+\frac{3}{2}\sqrt{b_B}\left(\frac{\partial Q}{\partial\sqrt{b_B}}\right)_{T,p,n_A} \tag{21}$$

图 2-7 Q-$\sqrt{b_B}$ 图

综上所述，为求偏摩尔体积，在实验时要先配制一系列不同质量摩尔浓度的溶液，在恒温恒压下测定每一溶液及纯溶剂的体积质量，由式（14）计算每一溶液的 Q 值，作 Q-$\sqrt{b_B}$ 图。若是强电解质稀薄水溶液，可得一条直线，直线斜率为 $\frac{\partial Q}{\partial\sqrt{b_B}}$，由式（20）和式（21）计算 V_A 和 V_B。对于其

他二组分溶液，作 Q-$\sqrt{b_B}$ 图，曲线上各点的斜率为 $\dfrac{\partial Q}{\partial\sqrt{b_B}}$，再由式（19）和式（20）计算 V_A 和 V_B。

【仪器与试剂】

分析天平 1 台（公用）；玻璃恒温水浴全套（公用）；密度瓶 1 个；100mL 烧杯 5 个；50mL 烧杯 1 个；50mL 称量瓶 1 个。

NaCl（分析纯）；去离子水。

【实验步骤】

1. 打开电子天平，预热 30min 以上。调节恒温槽温度为（30.00±0.10）℃。

2. 称取约 5.0g NaCl 固体于称量瓶中，放入 110～120℃的烘箱中烘约 2h，然后取出放入干燥器中，冷却后称重，计算出 NaCl 的水分含量。

3. 将洗净烘干的密度瓶从干燥器中取出，放到电子天平上准确称量其质量为 m_1。

4. 用称量法配制质量摩尔浓度为 0.4 mol·kg^{-1} 的 NaCl 水溶液 100mL。

5. 用配好的溶液润洗密度瓶 3 次（注意同时润洗毛细管），然后装满，盖上带有毛细管的磨口塞，使瓶内的水从毛细管口溢出（瓶内及毛细管中均不能有气泡存在）。将密度瓶放入小烧杯中，向烧杯中加水至瓶颈以下，放入恒温槽恒温 15min。此时恒温槽中的水位要略高于烧杯中的水位，以保证烧杯中水的温度能与恒温槽中的水温相同。

6. 将密度瓶从恒温槽中取出（只可拿瓶颈处），迅速用滤纸刮去毛细管口的液体并将密度瓶的瓶壁擦干，再准确称量得到 m_3。

7. 配制质量摩尔浓度为 0.6mol·kg^{-1}、0.8mol·kg^{-1}、1.0mol·kg^{-1}、1.2mol·kg^{-1} 的 NaCl 水溶液各 100mL，用步骤 5、6 所述方法获得各浓度溶液装满密度瓶并恒温后的质量。

8. 用自来水洗净密度瓶，再用去离子水反复润洗至完全洁净，装满去离子水，恒温后称取其质量得到 m_2。

【注意事项】

1. 拿密度瓶时手不接触瓶颈外的其他部位，避免瓶中的水溶液体积发生变化。

2. 配制溶液时先将 100mL 的空烧杯去皮，然后称量一定质量的 NaCl 固体，再将水加到烧杯的 100mL 刻度线上称重，然后计算出质量摩尔浓度。

$$b_B=\frac{m_{NaCl}}{M_{NaCl}m_水}\times1000$$

3. 按下式计算 NaCl 溶液在温度 t 时的体积质量：

$$\rho(t)=\frac{m_3-m_1}{m_2-m_1}\rho(H_2O,t)$$

4. 恒温过程中毛细管里始终充满液体。

5. 在一种溶液恒温的过程中进行其他溶液配制的工作，以节约实验时间。

【数据记录与处理】

1. 列出原始数据。

2. 计算出每一溶液的 b_B、$\sqrt{b_B}$、ρ 和 Q 值。

3. 作 $Q\text{-}\sqrt{b_B}$ 图，由图求 $\dfrac{\partial Q}{\partial \sqrt{b_B}}$ 及 Q^0 值。

4. 计算 30℃ 及实验压力下，$b_B = 0.500\text{mol} \cdot \text{kg}^{-1}$ 和 $b_B = 1.000\text{mol} \cdot \text{kg}^{-1}$ 时水和 NaCl 的偏摩尔体积。

【思考题】

1. 在什么条件下，表观摩尔体积 Q 与 $\sqrt{b_B}$ 呈线性关系？

2. 为什么纯物质的摩尔体积与其在混合体系中的偏摩尔体积不同？

实验五 完全互溶双液系统相图的绘制

理论讲解
操作演示

【实验目的】

1. 掌握阿贝折射仪的使用方法，通过测定混合物的折射率确定其组成。

2. 学习常压下完全互溶双液系统相图的测绘方法，加深对相律、恒沸点的理解。

3. 绘制常压下乙醇-环己烷双液系统的 T-x_B 图，并找出最低恒沸点和恒沸物的组成。

【实验原理】

相图是描述相平衡系统温度、压力、组成之间关系的图形，可以通过实验测定相平衡系统的相关参数来绘制。

由液态物质混合而成的二组分系统称为双液系统。若两液体能以任意比例互溶，称其为完全互溶双液系统；若两液体只能部分互溶，称其为部分互溶双液系统。当纯液体或液态混合物的蒸气压与外压相等时，液体就会沸腾，此时气-液两相呈平衡，所对应的温度就为沸点。双液系统的沸点不仅取决于压力，还与液体的组成有关。表示定压下双液系气-液两相平衡时温度与组成关系的图称为 T-x_B 图或沸点-组成图。

定压下完全互溶双液系统的沸点-组成图可分为三类：①各组分对拉乌尔定律的偏差不大，溶液的沸点介于两纯液体的沸点之间，如乙醇与正丙醇系统，其 T-x_B 图如图 2-8（a）所示；②各组分对拉乌尔定律有较大负偏差，其溶液有最高沸点，如丙酮与氯仿系统，其 T-x_B 图如图 2-8（b）所示；③各组分对拉乌尔定律有较大正偏差，其溶液有最低沸点，如乙醇与环己烷系统，其 T-x_B 图如图 2-8（c）所示。

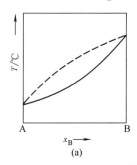
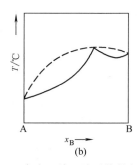
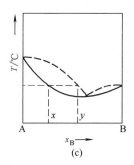

图 2-8 完全互溶双液系统的相图

在最高沸点和最低沸点处，气相线与液相线相交，对应于此点组成的溶液，达到气-液两相平衡时，气相与液相组成相同，沸腾的结果只使气相量增加、液相量减少，沸腾过程中温度保持不变，这时的温度叫恒沸点，相应的组成叫恒沸组成。压力不同，同一双液系统的相图不同，恒沸点及恒沸组成也不同。

本实验采用回流冷凝的方法绘制乙醇-环己烷体系的 T-x_B 图。其方法是分别在沸点仪中加热组成不同的混合溶液，在其沸点温度下将混合溶液分成气相和液相两部分，用阿贝折射仪测定气相、液相的折射率，再从折射率-组成工作曲线上查得相应的组成，然后绘制 T-x_B 图。

【仪器与试剂】

沸点仪 1 套；超级恒温水浴 1 台；阿贝折射仪 1 台；1mL、2mL 移液管各 1 支；5mL、25mL 移液管各 2 支；电加热套 1 台；长、短吸管若干。

10mL 移液管 2 支（公用，用于配制标准液）、小滴瓶 11 个（公用，用于配制标准液）。环己烷（分析纯）；无水乙醇（分析纯）。

【实验步骤】

1. 配制标准溶液。将 11 个小滴瓶编号。分别测量并记录环己烷、无水乙醇液体的温度后，依次移入 0、1.00mL、2.00mL、…、9.00mL、10.00mL 的环己烷，然后依次移入 10.00mL、9.00mL、8.00mL、…、1.00mL、0 的无水乙醇，轻轻摇动，混合均匀，配成 11 份已知浓度的溶液（公用）。

2. 将阿贝折射仪与超级恒温水浴相连，打开恒温水浴电源开关，调节水浴温度至实验要求值。

3. 测定折射率与组成的关系，绘制工作曲线。参照阿贝折射仪使用方法（参见第三章第五节中阿贝折射仪），待折射仪温度达到实验要求温度后，从 1 号瓶中取 2～3 滴溶液滴至阿贝折射仪中，通过目镜进行观察，旋转"色散调节"手轮，使视野中圆形部分呈现明暗交界面，旋转"折射率调节"手轮，明暗交界面的界线会上下移动，当此"交界线"与圆形视野中的十字线中点相交时（如图⊘所示），读数，即为溶液的折射率。以折射率对溶液组成（以环己烷的摩尔分数表示溶液组成）作图，即可得到工作曲线。

4. 测定乙醇-环己烷体系的沸点与组成的关系。如图 2-9 所示，安装好沸点仪，打开冷却水，由进样口加入待测溶液，用电加热套供热，使沸点仪中溶液沸腾，并通过调整沸点仪与电加热套的距离控制适宜的回流高度（一般为 1.5cm 左右）。最初冷凝管下端袋状部的冷凝液不能代表平衡时的气相组成。将袋状部的最初冷凝液体倾回蒸馏器，并反复 2～3 次，待溶液沸腾且回流正常，温度读数基本恒定后，记录溶液沸点。

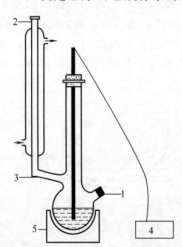

图 2-9 沸点测定装置示意图
1—进样口；2—气相冷凝液取样口；
3—气相冷凝液；4—数字温度计；
5—电加热套

5. 将沸点仪从电加热套上移开，用长吸管从气相冷凝液取样口吸取气相样品，把所取的样品迅速滴入阿贝折射仪中，测其折射率，即气相组分折射率 n_g。

6. 将阿贝折射仪镜面用洗耳球吹干，用另一支短吸管从沸点仪进样口吸取少量溶液，测其折射率，即液相组分折射率 n_l。

7. 相图的绘制：本实验是以恒沸点为界，把相图分成左右两支进行绘制的。具体方法如下：

（1）左半支沸点-组成关系的测定 取 20mL 无水乙醇加入沸点仪中，加热并记录其沸点，然后依次加入环己烷 1.5mL、1.5mL、2.0mL、4.0mL、14.0mL。按步骤 4、5、6 分别测定溶液沸点及气相组分折射率 n_g、液相组分折射率 n_l。

（2）右半支沸点-组成关系的测定 取 25mL 环己烷加入干燥的沸点仪中，加热并记录其沸点，然后依次加入无水乙醇 0.3mL、0.3mL、0.4mL、1.0mL、5.0mL，用前述方法分别测定溶液沸点及气相组分折射率 n_g、液相组分折射率 n_l。

（3）实验完毕，将溶液倒入回收瓶中，并烘干沸点仪。

【注意事项】

1. 实验中可通过调整沸点仪距离加热套的高度控制回流速度的快慢，一般控制回流高度在 1.5cm 左右。

2. 在每一份样品的蒸馏过程中，由于整个体系的组成不可能保持恒定，因此平衡温度会略有变化，特别是当溶液中两种组成的量相差较大时，变化更为明显。为此每加入一次样品，待溶液沸腾后，控制好回流高度，再回流 2～3min 后，即可取样测定，不宜等待时间过长。

3. 每次取样量不宜过多，取样时吸管一定要干燥，不能留有上次的残液，气相部分的样品要取干净。

4. 烘干沸点仪时注意温度指示，温度达 100℃前将沸点仪从电加热套上移开，防止温度过高而损坏温度计。

5. 使用阿贝折射仪时，棱镜不能被硬物（如吸管头）触及，每次用完后应用洗耳球吹干棱镜。

6. 对于本实验系统，全部组成的折射率介于纯的乙醇和环己烷之间，故调整折射仪时，数据应在 1.35～1.43 之间调试，以便较快得到正确的读数。

【数据记录与处理】

1. 根据所取纯组分的体积及其密度计算标准溶液的摩尔分数，设计表格，将实验中测得的折射率-组成（摩尔分数）数据列表，并绘制成工作曲线。

2. 将实验获得的数据及从工作曲线上查得所测样品的气、液相组成填入下表。

序　号	加入样品	T（沸点）/℃	液　相		气　相	
			n_1	$x_环$	n_g	$x_环$

3. 绘制乙醇-环己烷体系的 T-x_B 图，注明各区域的相态，并由图中求得最低恒沸点和恒沸组成。

【思考题】

1. 该实验中，测定工作曲线时，折射仪的恒温温度与测定样品时折射仪的恒温温度是否需要保持一致？为什么？

2. 如果测定工件曲线时所用的环己烷中混有少量乙醇，会对实验产生什么影响？为什么？

3. 在连续测定法实验中，样品的加入量必须十分精确吗？为什么？

4. 实验绘制标准曲线的目的是什么？

5. 沸点仪中放入沸石的目的是什么？

6. 超级恒温水浴的温度调节是否必须在 25℃或 30℃？

实验六　三组分系统相图的绘制

【实验目的】

1. 熟悉相律，掌握等边三角形坐标的使用方法。
2. 学会用溶解度法绘制三组分系统的相图。
3. 绘制乙醇-甲苯-水三组分系统相图。

理论讲解

操作演示

【实验原理】

根据相律，等温等压下三组分系统 $f_{max}=C-P=2$，即最多有两个独立的浓度变量，因此用平面图可表示体系状态和组成间的关系，通常是用等边三角形坐标表示，称之为三元相图。A、B、C 三组分系统的三元相图如图 2-10 所示。等边三角形的三个顶点分别代表 A、B、C 三种纯物质。AB、BC、CA 三条边分别表示 A 与 B、B 与 C、C 与 A 二组分系统的组成。三角形内的任一点则代表三组分系统的组成。如图 2-10 中 O 点所代表的系统组成为 $x_A=0.3$，$x_B=0.5$，$x_C=0.2$（或质量分数 $w_A=30\%$，$w_B=50\%$，$w_C=20\%$）。

用平面等边三角形法表示三组分系统组成具有如下特点。

（1）等含量规则　一组三组分系统，如果其组成位于平行于三角形某一边的直线上，则在这一组系统中，与此线相对的顶点所代表组分的含量相等。如图 2-11 中，EF 线上各点所代表的三组分系统中组分 A 的质量分数（或摩尔分数）相同。

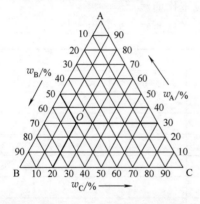

图 2-10　三组分系统相图表示

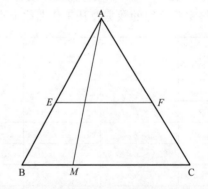

图 2-11　三组分系统性质

（2）等比例规则　过顶点到对边的任一直线上的三组分系统中，对边两顶点所代表组分的含量比相等。如图 2-11 中 AM 线上各点所代表的三组分系统中，B、C 两组分含量的比值保持不变。

（3）直线规则　由两个三组分系统构成的新三组分系统的组成必然位于原来两个三组分系统点的连线上。如图 2-12 中，由 D、E 两个三组分系统混合构成的新三组分系统的系统点为 O。若 D、E 所代表的三组分系统的质量分别为 m_1 和 m_2，则根据杠杆规则有

$$\frac{m_1}{m_2}=\frac{\overline{OE}}{\overline{OD}}=\frac{\overline{oe}}{\overline{od}}$$

三组分系统有多种类型，本实验研究的是具有一对共轭溶液的乙醇（A）-甲苯（B）-水（C）三组分系统。在该三组分系统中 A 和 B、A 和 C 完全互溶，而 B 和 C 只能部分互溶，在甲苯-水系统中加入乙醇则可促使苯与水的互溶，其相图如图 2-13 所示。图中 $BadfhjbC$ 为

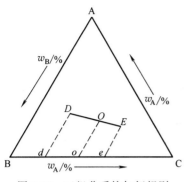

图 2-12 三组分系统杠杆规则

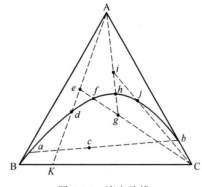

图 2-13 滴定路线

溶解度曲线。曲线外为单相区；曲线内为两相区，一相为 C 在 B 中的饱和溶液，另一相为 B 在 C 中的饱和溶液，这对溶液称为共轭溶液。

本实验是先配制部分互溶的 B、C 混合液，其系统点为 K，向该系统中滴加组分 A，则系统点沿 KA 线向 A 移动（甲苯-水比例保持不变）。到达 d 点以前，系统中存在不互溶的两共轭相，故振荡时为浊液。到 d 点，系统由两相区进入单相区，液体由浊变清。继续滴加 A 至系统点 e，改向系统中滴加 C，则系统点由 e 沿 eC 线向 C 变化，到 f 点，系统由单相区进入两相区，液体由清变浊。继续滴加 C 至系统点为 g，再向系统中滴加 A，系统点由 g 沿 gA 线向 A 变化，到 h 点，液体由浊变清。如此反复进行，可得到 d、f、h、j、…，连接各点即可得到溶解度曲线。

【仪器与试剂】

50mL 酸式滴定管（聚四氟乙烯活塞）2 支；2mL 移液管 1 支；1mL 移液管 1 支；250mL 锥形瓶 1 只。

甲苯（分析纯）；无水乙醇（分析纯）；去离子水。

【实验步骤】

1. 分别在 2 支洁净的滴定管内装无水乙醇和去离子水。

2. 准确移取 2mL 甲苯及 0.1mL 去离子水于干燥洁净的 250mL 锥形瓶中，然后用滴定管慢慢向其内滴加无水乙醇，且不停地振摇锥形瓶，记下液体由浊变清时所加乙醇的体积。再向此瓶中滴入 0.5mL 无水乙醇，改用水滴定，记下液体由清变浊时所加水的体积。

3. 按照表 2-4 中所列量继续加水，然后用无水乙醇滴定，如此反复进行。

【注意事项】

1. 滴加溶液时要一滴一滴地滴加，且不停地振摇锥形瓶，特别是在接近相转变点时要不断振摇，这时溶液接近饱和，溶解平衡需较长的时间。振摇后瓶壁不能挂液珠。

2. 如滴定超过终点，也可继续下面的实验，但应按照总量适当调整滴定到终点后需多加的无水乙醇或去离子水的量。

【数据记录与处理】

1. 从附录表中查出实验温度下三种纯组分的体积质量列入表 2-3，并根据滴定终点时系统中乙醇、甲苯、水的体积及其纯组分的体积质量计算出滴定终点时系统中乙醇、甲苯、水的质量及质量分数，并记录于表 2-4。

2. 根据各滴定终点时各组分的质量分数，绘于三角坐标纸上。将各点连成平滑曲线，并用虚线外延到三角形两个顶点（因为水与甲苯在室温下可以看成是完全不互溶的）。

表 2-3 纯组分的体积质量

室温/℃	大气压/kPa	体积质量/g·cm^{-3}		
		甲苯	乙醇	水

表 2-4 三组分系统溶解度曲线测定结果

室温：_____   大气压：_____

编号	体积/mL					质量/g				质量分数/%			终点记录
	甲苯	水		乙醇		甲苯	乙醇	水	合计	甲苯	乙醇	水	
		滴加	合计	滴加	合计								
1	2	0.1											清
2	2			0.5									浊
3	2	0.2											清
4	2			0.9									浊
5	2	0.6											清
6	2			1.5									浊
7	2	1.5											清
8	2			3.5									浊
9	2	4.5											清
10	2			7.5							·		浊

【思考题】

1. 为什么根据系统由清变浊的现象可绘出溶解度曲线？

2. 当体系总组成点在曲线内和曲线外时，相数有何不同？总组成点通过曲线时发生什么变化？

3. 使用的锥形瓶是否需要干燥？为什么？

4. 如果滴定时不小心超过了终点，是否需要重新开始实验？为什么？

5. 说明本实验所绘的相图中各区的自由度为多少？

实验七　Sn-Bi 二组分固-液相图的绘制

【实验目的】

1. 掌握热分析法绘制二组分固-液相图的原理及方法。
2. 了解纯物质与混合物步冷曲线的区别并掌握相变点温度的确定方法。
3. 了解简单二组分固-液相图的特点。
4. 掌握数字控温仪及 KWL-80 可控升温电炉的使用方法。

【实验原理】

压力对凝聚系统影响很小，因此通常讨论其相平衡时不考虑压力的影响，故根据相律，二组分凝聚系统最多有温度和组成两个独立变量，其相图为温度-组成图。

研究凝聚系统相平衡，绘制其相图常采用溶解度法和热分析法。

溶解度法是指在确定的温度下，直接测定固-液两相平衡时溶液的浓度，然后依据测得的温度和溶解度数据绘制成相图。此法适用于常温下易测定组成的系统，如水盐系统。

热分析法则是观察被研究系统温度变化与相变化的关系，这是绘制金属相图最常用的实验方法。其原理是将系统加热熔融，然后使其缓慢而均匀地冷却，每隔一定时间记录一次温度，绘制温度与时间关系曲线——步冷曲线。若系统在均匀冷却过程中无相变化，其温度将随时间均匀下降；若系统在均匀冷却过程中有相变化，由于体系产生的相变热与自然冷却时体系放出的热量相抵消，步冷曲线就会出现转折或水平线段，转折点所对应的温度，即为该组成体系的相变温度。

二组分系统相图有多种类型，其步冷曲线也各不相同，但对于简单二组分凝聚系统，其步冷曲线有三种类型，如图 2-14 所示。

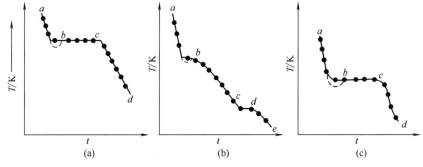

图 2-14　生成简单低共熔混合物的二组分系统

图 2-14（a）为纯物质的步冷曲线。冷却过程中无相变发生时，系统温度随时间均匀降低，至 b 点开始有固体析出，建立单组分两相平衡，$f=0$，温度不变，步冷曲线出现水平段 bc，直至液体全部凝固（c 点），温度又继续均匀下降。水平段所对应的温度为纯物质凝固点。

图 2-14（b）为二组分混合物的步冷曲线。冷却过程中无相变发生时，系统温度随时间均匀降低，至 b 点开始有一种固体析出，随着该固体析出，液相组成不断变化，凝固点逐渐降低，到 c 点，两种固体同时析出，固、液相组成不变，系统建立三相平衡，此时 $f=0$，温度不随时间变化，步冷曲线出现水平段 cd，当液体全部凝固（d 点）时，温度又继续均匀下降。水平段 cd 所对应的温度为二组分的低共熔点温度。

图 2-14（c）为二组分低共熔混合物的步冷曲线。冷却过程中无相变发生时，系统温度随时间均匀降低，至 b 点，两种固体按液相组成同时析出，系统建立三相平衡，$f = 0$，温度不随时间变化，步冷曲线出现水平段 bc，当液体全部凝固（c 点）时，温度又继续均匀下降。

由于冷却过程中常常发生过冷现象，其步冷曲线如图 2-14 虚线所示。轻微过冷有利于测量相变温度；严重过冷，却会使相变温度难以确定。

以横轴表示混合物的组成，纵轴表示温度，利用步冷曲线所得到的一系列组成和所对应的相变温度数据，就可绘出相图，如图 2-15 所示。

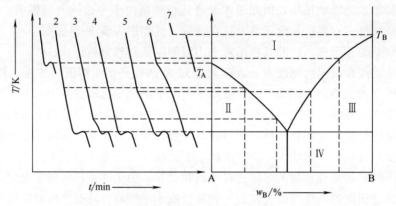

图 2-15　简单低共熔二组分系统步冷曲线及相图

【仪器与试剂】

SWKY 数字控温仪 1 台；KWL-08 可控升降温电炉 1 台；不锈钢样品管 1 支；炉膛保护筒 1 个；传感器 1 支。

纯 Bi；纯 Sn；石墨粉等。

【实验步骤】

1. 配制含铋分别为 0、20%、40%、70%、80%、100%（质量分数）的铋-锡混合物各 100g，分别装入不锈钢样品管中，再加入少许石墨粉覆盖试样，以防加热过程中试样接触空气而氧化。

2. 按图 2-16 连接 SWKY 数字控温仪与 KWL-08 可控升降温电炉，接通电源，将电炉置于外控状态。

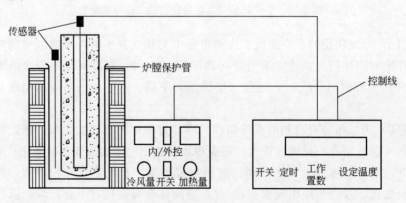

图 2-16　金属相图测定装置示意图

3. 将炉膛保护筒放进炉膛内，再将盛有试样的不锈钢样品管和传感器放入保护筒内。将电源开关置于"开"，仪器默认控温仪处于"置数"状态，"设定温度"默认为320℃。

4. 将控温仪调节到"工作"状态，系统开始升温，达到设定温度后，纯 Bi、纯 Sn 两试样保温 10min，其他试样保温 5min，使试样熔化。打开不锈钢管口，用玻璃棒将试样搅拌均匀，然后将管口盖好再将传感器放入样品管中心。

5. 将控温仪置于"置数"状态，调节"冷风量"旋钮，使体系冷却速度保持在 6℃/min 左右（电压 5V 以下）。

6. 设定控温仪的定时时间间隔，1min 记录一次温度，从 300℃开始记录，纯 Bi、纯 Sn 两试样冷却降温到 200℃，其他各样品应降温到 125℃。

7. 换其他试样，重复 3～6 步操作，依次测出所配试样的步冷曲线数据。

【注意事项】

1. 相图为平衡状态图，因此用热分析法测绘相图要尽量使被测系统接近平衡态，故要求冷却不能过快。为保证测定结果准确，还要注意使用纯度高的试样。传感器放入样品中的部位和深度要适当。

2. 实验中"设定温度"和"实验最高温度"不同，"实验最高温度"是实验过程中系统达到的温度最大值。由于仪器达到"设定温度"停止加热后，其加热电炉的余温会使系统温度继续上升，因此"实验最高温度"往往高于"设定温度"。

3. 熔融试样时要搅拌均匀，为确保试样熔融，温度稍高一些为好，但不可过高，以防样品氧化。搅拌时注意样品管不能离开加热炉。

4. 由于炉温较高，因此搅拌时要戴上手套，以防烫伤。

5. 由于过冷现象的存在，降温过程中会有升温，这是正常现象。

【数据记录与处理】

1. 设计表格记录各试样的步冷曲线数据，并根据所测数据，绘出相应的步冷曲线及 Sn-Bi 二组分固-液相图。

2. 标出相图中各区的相态。

3. 根据相图求出低共熔温度及低共熔混合物的组成。

【思考题】

1. 绘制二组分固-液相图常用哪些方法？

2. 对于不同组成的混合物的步冷曲线，其水平段对应的温度值是否相同？为什么？

3. 为什么要缓慢冷却合金作步冷曲线？

4. 步冷曲线各段的斜率及水平段的长短与哪些因素有关？

实验八　弱电解质溶液电离平衡常数的测定

【实验目的】

1. 掌握电导率法测定弱酸标准电离平衡常数的原理和方法。
2. 学会电导率仪的使用方法。
3. 测定一定温度下醋酸的电离平衡常数。

理论讲解
操作演示

【实验原理】

电解质溶液是第二类导体，是通过溶液中的正、负离子在电场中的定向移动而导电的。用于表征物质导电能力的物理量称为电导，通常用 G 表示，其数值为电阻的倒数。

$$G = \frac{1}{R} \tag{1}$$

电导的国际单位为西门子，用 S 表示。

电导率（以 κ 表示）表示单位长度、单位面积的导体所具有的电导。对电解质溶液而言，其电导率表示距离为单位距离的两极板间含有单位体积的电解质溶液时的电导。电导率的国际单位为 $S \cdot m^{-1}$。

将电解质溶液放入电导池内，溶液的电导 G 的大小与两电极之间的距离 l 成反比，与电极的面积 A 成正比，即

$$G = \kappa \frac{A}{l} \tag{2}$$

式中，l/A 为电导池常数（也称电极常数），以 K_{cell} 表示，国际单位 m^{-1}，则溶液的电导率为

$$\kappa = K_{cell} G \tag{3}$$

由于电极的 l 和 A 不易精确测量，因此实验中用已知电导率的溶液测定 K_{cell}，然后根据 K_{cell} 值测定其它溶液的电导率。

摩尔电导率表示单位浓度的电解质溶液的电导率，是指相距为单位距离（SI 单位用 1m）的两极板间含有 1mol 电解质时溶液的电导，以 Λ_m 表示。

$$\Lambda_m = \frac{\kappa}{c} \tag{4}$$

式中，c 为溶液的浓度，$mol \cdot m^{-3}$；摩尔电导率的国际单位为 $S \cdot m^2 \cdot mol^{-1}$。

醋酸属弱电解质，在水溶液中是部分电离的，可以建立如下电离平衡

$$CH_3COOH \rightleftharpoons CH_3COO^- + H^+$$

起始浓度	c	0	0
平衡浓度	$c(1-\alpha)$	$c\alpha$	$c\alpha$

当溶液中离子强度很小时，其电离平衡常数与物质的量浓度 c 及其电离度 α 符合下式关系：

$$K_c^{\ominus} = \frac{\alpha^2}{1-\alpha} \times \frac{c}{c^{\ominus}} \tag{5}$$

式中，$K_c^{\ominus}$ 为醋酸的标准电离平衡常数，在一定温度下 $K_c^{\ominus}$ 是常数，与溶液组成无关，因此可以通过测定醋酸在不同浓度时的 α 代入式（5）来求出 $K_c^{\ominus}$。因弱电解质部分电离，对电导有贡献的仅仅是已电离的部分，溶液中离子的浓度又很低，可以认为已电离出的离子

独立运动，当溶液无限稀薄时，弱电解质可视为全部电离，其摩尔电导率用 $\Lambda_{m,\infty}$ 表示，故近似有

$$\Lambda_m = \alpha\Lambda_{m,\infty}$$

即

$$\alpha = \frac{\Lambda_m}{\Lambda_{m,\infty}} \tag{6}$$

将式（6）代入式（5），得

$$K_c^{\ominus} = \frac{\Lambda_m^2}{\Lambda_{m,\infty}(\Lambda_{m,\infty} - \Lambda_m)} \times \frac{c}{c^{\ominus}} \tag{7}$$

式（7）可改写为：

$$\frac{c\Lambda_m}{c^{\ominus}} = \frac{K_c^{\ominus}\Lambda_{m,\infty}^2}{\Lambda_m} - K_c^{\ominus}\Lambda_{m,\infty} \tag{8}$$

根据无限稀薄溶液中离子的独立运动定律，$\Lambda_{m,\infty}$ 可由离子的无限稀释摩尔电导率求算，即

$$\Lambda_{m,\infty}(CH_3COOH) = \Lambda_{m,\infty}(H^+) + \Lambda_{m,\infty}(CH_3COO^-) \tag{9}$$

任意温度 t（摄氏温度）下：

$$\Lambda_{m,\infty}(H^+) = 349.82 \times 10^{-4} \times [1 + 0.014(t-25)] \, S \cdot m^2 \cdot mol^{-1} \tag{10}$$

$$\Lambda_{m,\infty}(CHCOO^-) = 40.9 \times 10^{-4} \times [1 + 0.02(t-25)] \, S \cdot m^2 \cdot mol^{-1} \tag{11}$$

待测溶液中含有水和醋酸，因此所测得的电导率值 $\kappa_{测}$ 为水和醋酸的电导率之和，即

$$\kappa_{测} = \kappa_{水} + \kappa_{醋酸} \tag{12}$$

则有

$$\kappa_{醋酸} = \kappa_{测} - \kappa_{水} \tag{13}$$

测出水的电导率，利用式（13）求 $\kappa_{醋酸}$，代入式（4）可求不同浓度醋酸溶液的摩尔电导率 Λ_m。当求得醋酸的 $\Lambda_{m,\infty}$ 和不同浓度下的 Λ_m 后，根据式（8），以 $c\Lambda_m/c^{\ominus}$ 对 $1/\Lambda_m$ 作图可得一直线，由直线的斜率即可求算标准电离平衡常数 $K_c^{\ominus}$。

【仪器与试剂】

DDS-11A 电导率仪 1 台；DJS-1 型镀铂黑电极 1 支；恒温电导池（如图 2-17 所示）1 个；洗瓶 1 个；超级恒温槽 1 台（公用）；50mL 容量瓶 4 个；25mL 移液管 1 支。

0.0100mol · L^{-1} 的 KCl 溶液，0.10mol · L^{-1} 的标准醋酸溶液。

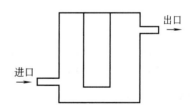

图 2-17 恒温电导池

【实验步骤】

1. 配制溶液。将 0.10mol · L^{-1} 的标准醋酸溶液稀释，分别配制 0.05mol · L^{-1}、0.03mol · L^{-1}、0.02mol · L^{-1}、0.01mol · L^{-1} 的醋酸溶液各 50mL。

2. 将超级恒温槽与恒温电导池接通，调节恒温槽水温至测定需要的温度。

3. 电极常数的测定

（1）用去离子水淌洗电导池和电导电极三次（注意不要直接冲洗电极，以保护铂黑），再用 0.0100mol · L^{-1} 的 KCl 溶液淌洗三次。往电导池中倒入适量 0.0100mol · L^{-1} 的 KCl 溶液，插入电导电极（使电极板全部浸入溶液中），至少恒温 15min。

（2）根据实验温度，查书后附录表 24（KCl 的电导率）得该温度下 0.0100mol · L^{-1} KCl 溶液的电导率 κ_{KCl}。

（3）打开电导率仪（电导率仪的工作原理及使用方法参见第三章第四节中 DDS－11A 型数显电导仪）的电源开关，将"温度补偿"旋钮调到"25℃"，"量程选择"旋钮扳到"2 mS·cm^{-1}"，"校正－测量"开关扳到"测量"位置，调节"常数校正"旋钮，将显示值调至与步骤 3 的（2）中所查数据一致。然后将"校正－测量"开关扳到"校正"位置上，显示屏上显示的数值即为该电极的电极常数。此时再将"校正－测量"开关扳到"测量"位置，若测量值发生变化，继续调节"常数校正"旋钮，至少反复操作 3 次，至测量值基本不变，将"校正－测量"开关扳到"校正"位置上，记录电极常数。

4. 电导率的测定

（1）换用 $0.01\text{mol}\cdot\text{L}^{-1}$ 的醋酸溶液重复步骤 3 中的（1）。

（2）将电导率仪"温度补偿"旋钮调到"25℃"，"量程选择"旋钮扳到最大测量挡，"校正－测量"开关扳到"校正"位置，调节"常数校正"旋钮使显示值为所测得的电极常数。

（3）将"校正－测量"开关扳到"测量"位置，调节"量程"旋钮，根据仪器显示数字的有效位数确定适当量程（有效数字位数最多的量程为最恰当量程），此时，仪器所显示的数值即为该溶液的电导率。

（4）将"校正－测量"开关扳到"校正"位置，倒掉电导池中的溶液。用下一个较浓的醋酸溶液（$0.02\text{mol}\cdot\text{L}^{-1}$）重复上述步骤测定其电导率。如此，按由稀到浓的顺序，测定其它浓度（$0.03\text{mol}\cdot\text{L}^{-1}$、$0.05\text{mol}\cdot\text{L}^{-1}$、$0.10\text{mol}\cdot\text{L}^{-1}$）醋酸溶液及水的电导率。

5. 测量结束后，把电极冲洗干净，浸泡在去离子水中。关闭电导率仪和超级恒温槽。

【注意事项】

1. 电导率仪不用时，应把铂黑电极浸在去离子水中，以免干燥致使表面发生改变。

2. 电导率仪的"温度补偿"旋钮始终置于"25℃"。电导率仪面板上"温度补偿"调节旋钮指向待测溶液的实际温度值时，测量得到的是待测溶液经过温度补偿后折算为 25℃ 下的电导率。将"温度补偿"调节旋钮指向"25℃"刻度线，那么测量的将是待测溶液在实验温度下未经补偿的原始电导率。

3. 实验中温度要恒定，测量必须在同一温度下进行。

4. 测定前，必须将电导电极及电导池洗涤干净，以免影响测定结果。

5. 电导率的国际单位应为 $\text{S}\cdot\text{m}^{-1}$，此种仪器面板上的单位为 $\mu\text{S}\cdot\text{cm}^{-1}$、$\text{mS}\cdot\text{cm}^{-1}$。

【数据记录与处理】

1. 列表记录所测得的醋酸溶液和水的电导率。

2. 计算 $\Lambda_{m,\infty}(\text{CH}_3\text{COOH})$、各浓度醋酸溶液的 $\Lambda_m(\text{CH}_3\text{COOH})$ 和 α。

3. 以 $c\Lambda_m/c^{\ominus}$ 对 $1/\Lambda_m$ 作图，从直线斜率求 $K_c^{\ominus}$。

4. 与文献值比较，求算相对误差。

【思考题】

1. 测定醋酸溶液的电导率时，为什么按由稀到浓的顺序进行？

2. 测电导时为什么要恒温？实验中进行常数校正和测溶液电导时，温度是否要一致？

3. 实验中为何用镀铂黑电极？使用时注意事项有哪些？

4. 测定醋酸溶液的电导率时，为什么要测纯水的电导率？

5. 电解质溶液的摩尔电导率随浓度减小如何变化？为什么？

6. 电解质溶液电导率的大小与什么因素有关？

【附注】

1. 温度升高 1℃电导平均增加 1.9％，即 $G_t = G_{25}\left[1 + \dfrac{1.3}{100}(t-25)\right]$。

2. 普通去离子水中常含有 CO_2 和氨等杂质，故存在一定电导。因此实验所测的电导率是待测电解质和水的电导率之和。

3. 铂电极镀铂黑的目的在于减少极化现象，且增加电极的表面积，使测定电导时有较高灵敏度。

实验九　电动势的测定

【实验目的】

1. 掌握对消法测量电动势的原理及电位差计的使用方法。

2. 测定下列电池的电动势。

理论讲解

(1) Hg（l），Hg_2Cl_2（s）｜KCl(饱和)‖$AgNO_3$($0.01mol \cdot L^{-1}$)｜Ag（s）

(2) Hg（l），Hg_2Cl_2（s）｜KCl(饱和)‖H^+($0.1mol \cdot L^{-1}$ HAc-$0.1mol \cdot L^{-1}$ NaAc)Q·H_2Q｜Pt

(3) Hg（l），Hg_2Cl_2（s）｜KCl(饱和)‖H^+(HAc-NaAc 未知溶液) Q·H_2Q｜Pt

3. 了解电动势法测定溶液 pH 值的原理，并计算 HAc-NaAc 缓冲溶液的 pH 值。

【实验原理】

可逆电池电动势（简称电池的电动势）是指通过电池两极间的电流趋于零时，两极间的电势差。它的测定在化学上占有重要的地位，应用也十分广泛。如平衡常数、活度系数、介电常数、溶解度、配合常数、离子活度以及某些热力学函数的改变量等均可以通过电池电动势的测定来求得。

电池的电动势不能直接用伏特计来测量。因为电池与伏特计接通后，必须有适量的电流通过才能使伏特计显示数值，而电流的通过一方面会使电池中发生化学反应，导致溶液浓度发生改变，另一方面会使电极极化，因而电动势就不能保持稳定。并且电池本身也有内阻，伏特计所得的数据只是两电极间的电势差，而不是电池的电动势，测量可逆电池的电动势必须在几乎没有电流通过的情况下进行。利用补偿法（对消法）可以使电池在无电流通过（或电流极小）时，测得两电极的电势差，即为电池的电动势。

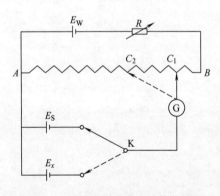

图 2-18　对消法测电池电动势的原理

补偿法（对消法）测电池电动势的原理如图 2-18 所示。图中，E_W 为工作电池；R 为可变电阻；AB 为均匀的滑线电阻；E_S 为标准电池，其电动势数值为 1.0000V；G 为高灵敏检流计；E_x 为待测电池；K 为双向开关；C 为可在 AB 上移动的接触点。

测定原理如下：先将 C 点移到与标准电池 E_S 电动势数值相应的刻度 C_1 处，将 K 与 E_S 接通，迅速调节可变电阻 R 直至 G 中无电流通过。此时标准电池 E_S 的电动势与 AC_1 的电势降数值相等但方向相反而对消，这样就校准了 AB 上电势降的标度。固定 R，将 K 与 E_x 接通，迅速调节 C 至 C_2 点，使

G 中无电流通过，此时待测电池的电动势就与 AC_2 的电势降等值反向而对消，C_2 点所标记的电势降数值即为待测电池的电动势。由于滑线电阻的电势降与其长度成正比，因此待测电池的电动势可以表示为：

$$\frac{E_x}{E_S} = \frac{\overline{AC_2}}{\overline{AC_1}} \tag{1}$$

当原电池存在两种电解质界面时，便产生一种称为液体接界电势的电动势，它干扰电池电动势的测定。减小液体接界电势的办法常用盐桥。盐桥是在 U 形玻璃管中趁热灌满盐桥的凝胶溶液，冷却后把管插入两个互相不接触的溶液中，使其导通。

一般盐桥溶液用正、负离子迁移数都接近于 0.5 的饱和盐溶液，如饱和氯化钾溶液等。这样当饱和盐溶液与另一种较稀溶液相接界时，主要是盐桥溶液向稀溶液扩散，从而减小了液接电势。

应注意盐桥溶液不能与两端电池溶液发生反应。如果实验中使用硝酸银溶液，则盐桥溶液就不能用氯化钾溶液，而选择硝酸钾溶液较为合适，因为硝酸钾中正、负离子的迁移速率比较接近。

本实验采用饱和甘汞电极和银电极测定电池（1）的电动势；以饱和甘汞电极为参比电极，用 Q·H$_2$Q 电极（Q·H$_2$Q 的酸性溶液＋Pt 电极）测定电池（2）、（3）的电动势，进而计算溶液的 pH 值。其计算原理如下。

按电池书写形式，左边为电池的阳极（发生的是氧化反应），即负极；右边为阴极（发生的是还原反应），即正极。电池的电动势 E 可表示为：

$$E＝E_右－E_左 \tag{2}$$

式中，$E_右$ 和 $E_左$ 分别表示右边和左边电极的电极电势。根据电极电势的能斯特方程：

$$E_{电极}＝E_{电极}^{\ominus}＋\frac{RT}{nF}\ln\frac{a（氧化态）}{a（还原态）} \tag{3}$$

式中，n 为电极反应转移的荷电荷数，a 为 B 组分的活度，即校正过的浓度，它与质量摩尔浓度之间的关系为：

$$a_B＝\gamma_B b_B/b^{\ominus} \tag{4}$$

式中，γ_B 为 B 组分的活度因子。

根据相应电极的标准电极电势及相应组分的活度即可求出电极电势，利用式（2）计算出电池的电动势。

由于醌氢醌电极的电极电势与溶液中氢离子的活度有关，故可以根据测得的电池电动势计算出醌氢醌电极的电极电势，进而计算出溶液的 pH 值。

本实验使用 SDC 数字电位差计测定电池的电动势。

【仪器与试剂】

SDC 数字电位差综合测试仪（见图 2-19）；213 型铂电极、232 型甘汞电极、216 型银电极各 1 支；50mL 烧杯 4 个（测定用）；100mL 烧杯 1 个（浸电极用）；U 形管 1 个。

公用仪器：250mL、800mL 烧杯各 1 个（做盐桥用）；电炉 1 台；1000mL 容量瓶 1 个；电子天平 1 台。

KNO$_3$（分析纯）；琼脂；去离子水；AgNO$_3$（0.01mol·L^{-1}）；KCl（饱和）；HAc（36%）；NaAc（分析纯）；未知液；醌氢醌。

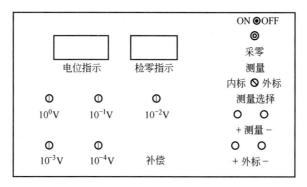

图 2-19　SDC 数字电位差综合测试仪

【实验步骤】

1. 配制已知液。用电子天平称量无水醋酸钠 8.204g，用少量去离子水溶解并移至 1000mL 容量瓶中，用移液管量取 16mL 醋酸（36%）置于上述容量瓶中，用去离子水稀释至刻度线，摇匀备用。

2. 制备盐桥。分别称取琼脂 3g、硝酸钾 40g、去离子水 100g，水浴加热至所有样品溶解，呈均匀液体，趁热将上述溶液灌入 U 形管中，冷却后使用。

3. 在 50mL 小烧杯中装入饱和 KCl 溶液约 1/2 杯，将饱和甘汞电极插入其中，另取一小烧杯，洗净后用数毫升 $0.01mol \cdot L^{-1}$ $AgNO_3$ 溶液连同银电极一起淌洗，然后装入 $0.01mol \cdot L^{-1}$ 的 $AgNO_3$ 溶液约 1/2 杯，插入银电极，用 KNO_3 盐桥连接两个小烧杯构成电池。

4. 打开电位差计电源开关，将"测量选择"钮置于内标，"10^0V"钮置"1"挡，此时"电位指示"显示"1.00000"。若"检零指示"不为零，则按"采零"钮，使其显示"0.0000"值。然后将"10^0V"钮回零。

5. 将"测量选择"钮置于"测量"挡，将两根测量连接导线分别插入测量孔中，并与所组成电池的相应电极相连，按从大到小的顺序依次调"10^0V"、"10^{-1}V"、"10^{-2}V"、"10^{-3}V"、"10^{-4}V"及"补偿"旋钮，使"检零指示"显示零值，此时"电位指示"所显示的数值即为所测电池的电动势。

6. 将已知液装入洗净的小烧杯中（约 1/2 杯），再加入少量的醌氢醌粉末，搅拌使之充分溶解达饱和，且保持溶液中含少量固体。然后插入光铂电极及甘汞电极组成电池，按步骤 5 测量其电动势。

7. 将步骤 6 中缓冲液换用未知溶液，按相同的方法测电池（3）的电动势。

8. 实验结束后，洗净所用玻璃仪器，其中 U 型管要加热清洗，电极清洗后甘汞电极用饱和 KCl 溶液浸泡，银电极和铂电极用去离子水浸泡。关闭电位差计电源开关。

【注意事项】

1. 制备盐桥时注意 U 形管中不能有气泡存在。

2. U 形盐桥的两端做好标记，使标记的一端始终放在 $AgNO_3$ 溶液中。

3. 电池与电位差计连接时应注意电极的极性，电池的正极与测量连接导线的正极相连，负极与测量连接导线的负极相连。

4. 组成电池（1）时，应先洗净盛 $AgNO_3$ 溶液的烧杯以及银电极，并用 $AgNO_3$ 溶液充分淌洗，以测定溶液不出现浑浊为标准。

5. 组成电池（2）、（3）时，注意醌氢醌加入量不能太少也不宜过多，应使其处于饱和状态，一般以溶液呈淡黄色、液面上有少量醌氢醌粉末为宜。

【数据记录与处理】

1. 记录电池（1）、（2）、（3）的电动势测量值及相应溶液温度。

2. 计算电池（1）、（2）的理论电动势、测量误差。

3. 计算未知溶液的 pH 值。

【思考题】

1. 在电池表达式中，左右两个电极哪个为正极，哪个为负极？哪个是阳极？哪个是阴极？

2. 测量电动势时应如何连接电位差计与待测电池？为什么？

3. 在配制已知溶液时，如果所用固体 NaAc 吸水，对所测电池的电动势及 pH 值有何影响？

4. 本实验所用盐桥内的电解质是什么？在制备盐桥时，电解质的选择应注意什么？

5. 在电池（2）、（3）中，铂电极的作用是什么？

【附注】

1. 甘汞电极常用作参比电极，其电极反应为：

$$Hg(l) + Cl^-(饱和) \longrightarrow \frac{1}{2}Hg_2Cl_2(s) + e^-$$

$$E_{甘汞} = E_{甘汞}^{\ominus} - \frac{RT}{F}\ln a_{Cl^-} \tag{5}$$

饱和甘汞电极的 Cl^- 浓度在一定温度下为定值，故其电极电势只与温度有关。

$$E_{甘汞}/V = 0.2415 - 0.00065(t/℃ - 25) \qquad (t \text{ 为溶液温度}) \tag{6}$$

2. 银电极作为还原电极时：

$$Ag^+ + e^- \longrightarrow Ag(s)$$

$$E(Ag^+/Ag)/V = E^{\ominus}(Ag^+/Ag) - \frac{RT}{F}\ln\frac{1}{a_{Ag^+}}$$

$$E^{\ominus}(Ag^+/Ag)/V = 0.799 - 0.00097(t/℃ - 25) \tag{7}$$

3. 醌氢醌（$Q \cdot H_2Q$）是由等分子的醌（Q）和氢醌（H_2Q）构成的分子化合物，它在水中溶解度很小，且易达到如下解离平衡：

$$C_6H_4O_2 \cdot C_6H_4(OH)_2 \rightleftharpoons C_6H_4O_2 + C_6H_4(OH)_2$$
$$Q \cdot H_2Q \qquad\qquad Q \qquad\qquad H_2Q$$

在含有 H^+ 的溶液中加入少许 $Q \cdot H_2Q$，插入惰性 Pt 电极即构成醌氢醌电极，其电极反应为：

$$Q + 2H^+ + 2e^- \rightleftharpoons H_2Q$$

电极电势为：

$$E(Q/H_2Q) = E^{\ominus}(Q/H_2Q) - \frac{RT}{2F}\ln\frac{a_{H_2Q}}{a_Q a_{H^+}^2} \tag{8}$$

由于醌氢醌的溶解度很小，其解离产物 Q 和 H_2Q 的活度因子均可视为 1，又由于两者浓度相等，故 $a(H_2Q)/a(Q) = 1$。所以

$$E(Q/H_2Q) = E^{\ominus}(Q/H_2Q) - \frac{2.303RT}{F}pH \tag{9}$$

$$E^{\ominus}(Q/H_2Q)/V = 0.6994 - 0.00074\,(t/℃ - 25) \qquad (t \text{ 为溶液温度}) \tag{10}$$

若测得电池的电动势为 E，则溶液的 pH 值可按下式计算：

$$pH = \left[\frac{E^{\ominus}(Q/H_2Q) - E_{甘汞} - E}{2.303RT}\right]F \tag{11}$$

4. 对已知浓度的 HAc-NaAc 缓冲溶液，为了计算其 pH 值，可将 HAc 的电离平衡常数

$$K_a = \frac{a_{H^+}a_{Ac^-}}{a_{HAc}}$$

两边取对数，有

$$\lg K_a = \lg a_{H^+} + \lg \frac{a_{Ac^-}}{a_{HAc}}$$

$$pH = -\lg K_a + \lg \frac{a_{Ac^-}}{a_{HAc}} \tag{12}$$

由于 HAc 浓度很稀，且 HAc 此时为分子状态，故可以认为其活度系数为 1。而 Ac^- 的活度系数可近似等于相同浓度 NaAc 的平均活度系数。

5. 本实验的相关数据

HAc 的电离平衡常数 $K_a = 1.75 \times 10^{-5}$；$0.1\,mol \cdot L^{-1}$ NaAc 溶液的 $\gamma(NaAc) = 0.79$；$0.01\,mol \cdot L^{-1}$ AgNO$_3$ 稀溶液的 $\gamma(Ag^+) \approx \gamma(AgNO_3) = 0.9$。

实验十 分解电压和超电势的测定

【实验目的】

1. 加深对分解电压和超电势概念的理解。

2. 掌握测定电解质水溶液分解电压的原理和方法。

3. 用不同电极测定电解质水溶液的分解电压。

【实验原理】

电流通过电解质溶液而引起化学变化的过程称为电解。实现电解过程的装置叫电解池。

电解是化工、冶金的重要生产手段之一。与电池反应相反，电解池中进行的是吉布斯函数增大的反应。例如在 H_2SO_4 水溶液中插入 Pt 电极，然后通直流电，会发生如下反应：

阴极 $$2H^+ + 2e^- \longrightarrow H_2(g, p)$$

阳极 $$H_2O \longrightarrow 2H^+ + \frac{1}{2}O_2(g, p) + 2e^-$$

这两个电极反应的总结果是：

$$H_2O \longrightarrow H_2(g, p) + \frac{1}{2}O_2(g, p) \tag{1}$$

即电解水制得 $H_2(g)$ 和 $O_2(g)$。该反应的电解产物可构成如下电池：

$$Pt \,|\, H_2(g, p) \,|\, H_2SO_4 \,|\, O_2(g, p) \,|\, Pt$$

该电池反应为反应（1）的逆反应。因此，要使电解反应发生，加在电解池两极上的外电压必须大于电解产物所形成的电池的最大电动势。使电解反应连续不断地进行所需的最小外电压称为分解电压。如果电解是在可逆条件下进行的，分解电压应等于电解产物构成的电池的最大电动势。但实际上电解进行时有电流通过，电解过程以一定的速率进行，即是在不可逆条件下进行的，因此所需的外电压大于电池的电动势。通常把电解产物构成的电池的最大电动势称为理论分解电压，实际分解电压超出理论分解电压的部分称为超电势，以 η 表示，即

$$\eta = E_{\text{实际}} - E_{\text{理论}} \tag{2}$$

产生超电势的原因有三个：一是电极、电解质溶液、导线及接触点有电阻，电流通过时要消耗一部分电压，称为电阻超电势；二是由浓差极化引起的，称为浓差超电势，可通过搅拌使之减小；三是由电化学极化引起的，称为活化超电势，当电极上有气体，特别是有氢气或氧气生成时更为显著。

综上所述，超电势可通过测定实际分解电压来确定。分解电压测定装置如图 2-20 所示。实验时逐渐加大外加电压，记录相应的电流值，并绘出 I-E 曲线，如图 2-21 所示。

开始增加电压时，在电极上几乎观察不到电解发生，所以只有因补充电极产物扩散而造成的微弱电流增加（图 2-21 中 1～2 段，由于电流表灵敏度低，实验中难以观察到这样弱的电流）。但当电压增加到某一数值时，电流突然直线上升（图 2-21 中 2～3 段），同时电极上不断有气泡逸出，表明外加电压大于分解电压，电解反应连续不断地发生了，那么该外加电压值即为该电解质溶液的实际分解电压。一般是将 I-E 曲线的直线部分反向延长至与电压轴相交，把交点所对应的电压确定为分解电压（如图 2-21 中的 $E_{\text{分解}}$）。虽然用该法不能很精确地确定分解电压，但所测得的分解电压却是很有实用价值的。

分解电压和超电势不仅取决于电解质的本质及浓度，还与温度、电流电极材料及其表面

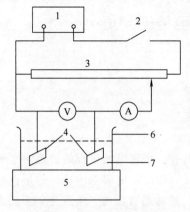

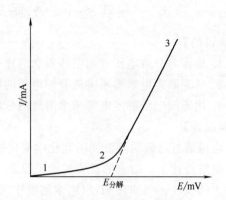

图 2-20　分解电压测定装置　　　　　　图 2-21　电流-电压曲线

1—直流稳压电源；2—电键；3—滑动电阻；

4—电极；5—磁力搅拌器；6—电解槽；7—电解液

结构等因素有关，这可以通过实验证实。

【仪器与试剂】

　　直流稳压电源 1 台；电键 1 个；变阻器 1 个；电压表（0～5V）1 个；电流表（100mA）1 个；烧杯 1 个；光亮 Pt 电极 2 支；Ag 电极、Cu 电极各 1 支。

　　$0.5mol \cdot L^{-1} H_2SO_4$ 溶液；$1mol \cdot L^{-1}$ NaOH 溶液。

【实验步骤】

　　1. 调整电压表及电流表使其指针指零，然后按图 2-20 安装分解电压测定装置。

　　2. 将 Pt 电极及作为电解槽的烧杯洗净，并向烧杯中加入 $0.5mol \cdot L^{-1}$ 的 H_2SO_4 溶液至浸没电极。

　　3. 将变阻器的滑动点置于输出最低处，即图 2-20 中变阻器的最左端，按下电键，使电路接通，此时电压表和电流表的指针应指在零。

　　4. 缓慢移动变阻器的滑动点，使电压值由零开始逐渐增加，每隔 0.1V 停顿 1min，记录相应电压下通过电解槽的电流值（即电流表的读数），待电流表读数突然上升后再测定 6 组数据，便可断开电路。

　　5. 以 Ag 电极代替 Pt 电极作阴极，重复 1～4 步操作。

　　6. 以 Cu 电极代替 Pt 电极作阴极，重复 1～4 步操作。

　　7. 以 $1mol \cdot L^{-1}$ NaOH 溶液代替 H_2SO_4 溶液，重复 1～4 步操作。

　　8. 实验结束后关闭各处电源开关，洗净电极及烧杯，放回原处，并记录室温及大气压。

【注意事项】

　　1. 电压表和电流表不要与电源的正负极接反。

　　2. 电极不要触及烧杯，也不要使两极接触，以免短路，烧坏直流稳压电源。

　　3. 调节滑动电阻时要小心，以免读数不准。

　　4. 每次待电流值稳定后再读数。

【数据记录与处理】

　　1. 参考表 2-5 记录实验数据。

实验日期：_____　　室温：_____　　气压：_____

表 2-5　不同电压下的电流密度

电　极	电解质溶液	不同电压下的电流 I/mA				
		0.1V	0.2V	0.3V	0.4V	...
Pt-Pt	H_2SO_4					
Pt-Ag	H_2SO_4					
Pt-Cu	H_2SO_4					
Pt-Pt	NaOH					

2. 根据测得的实验数据，以外加电压为横坐标，对应的电流为纵坐标，绘出 I-E 曲线，并确定 $E_{分解}$ 值，列入表 2-6。

表 2-6　分解电压及超电势

电　极	电解质溶液	$E_{实际}$/V	$E_{理论}$/V	η/V
Pt-Pt	H_2SO_4			
Pt-Ag	H_2SO_4			
Pt-Cu	H_2SO_4			
Pt-Pt	NaOH			

3. 根据触斯特公式计算电解质溶液的理论分解电压，求出超电势，列入表 2-6。

4. 比较电极及电解质种类对其水溶液分解电压的影响。

【思考题】

1. 外加电压小于电解产物构成的电池的电动势时，电解能否进行？

2. 为什么电解初期电流随电压增加缓慢，而当外加电压达到一定值时，电流又随电压增大直线上升？

3. 为什么测得的 $0.5\text{mol}\cdot\text{L}^{-1}$ H_2SO_4 溶液和 $1\text{mol}\cdot\text{L}^{-1}$ NaOH 溶液的分解电压相近？

4. 在槽电压很低未达到分解电压时，为什么通过电解池的电流不为零？

实验十一 极化曲线的测定

【实验目的】

1. 了解测定金属阳极极化曲线的意义，掌握测定金属阳极极化曲线的原理和方法。

2. 学会使用 CHI832b 电化学分析仪，掌握用线性扫描伏安法测定金属阳极极化曲线的方法。

3. 测定金属铁在 H_2SO_4 溶液中的阳极极化曲线，通过对极化曲线的分析加深对钝化过程及其应用的理解，求出维钝电流密度及维钝电势。

【实验原理】

将金属电极浸在电解质溶液中，在电极/溶液界面上就会产生电势，称之为该电极在该溶液中的电极电势。由于无电流通过时，电极处于平衡状态，其电极电势为平衡电势；有电流通过此电极时，电极处于不可逆状态，电极电势将偏离平衡电势。这种由于电流通过电极而导致电极电势偏离平衡值的现象称为电极的极化。若电极为阳极，则电极电势将向正方向偏移，称为阳极极化；若电极为阴极，则电极电势将向负方向偏移，称为阴极极化。描述电流密度与电极电势之间关系的曲线称作极化曲线，测定金属的阳极极化曲线对电镀及金属防腐具有重要的意义。

对以金属为阳极的电解池，通电至电极电势大于其热力学电极电势时会发生阳极的电化学溶解过程：

$$M \longrightarrow M^{z+} + z e^-$$

如阳极极化程度不大，阳极溶解速度随电势变正而逐渐增大，这是正常的阳极溶解。但在某些化学介质中，当阳极电势正移到某一数值时，其溶解速度随着电势变正反而大幅度降低，这种现象称为金属的钝化。

处在钝化状态的金属溶解速度很慢，这正是金属防腐所需要的；而作为电冶金和电镀的可溶性阳极时，则要避免钝化。要实现或避免阳极钝化，必须先确定阳极钝化区。而阳极钝化区通常是通过测定金属的阳极极化曲线来确定的。

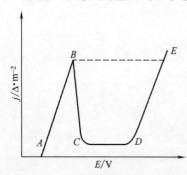

图 2-22 可钝化金属的阳极极化曲线

可钝化金属的阳极极化曲线如图 2-22 所示，图中 j 为电流密度，E 为电极电势。由 A 到 B，电流密度随阳极电势升高而增大，称此区域为金属的活性溶解区；由 B 到 C，电流密度随阳极电势升高而降低，表明金属阳极开始钝化，称此区域为金属的钝化过渡区，B 点所对应的电势称为致钝电势，记为 E_B，B 点所对应的电流密度称为致钝电流密度，记为 j_B；由 C 到 D，阳极电势升高，电流密度稳定在很小值不变，表明金属处在钝化状态，称此区域为金属的钝化稳定区，C 点所对应的电流为维钝电流密度，CD 线段所对应的电势为维钝电势；由 D 到 E，电流密度又随阳极电势升高而迅速增大，表明钝化了的金属又重新溶解，称为超钝化现象，这一区域称为金属的超钝化区。电流密度增大的原因可能是由于产生高价离子及氧气析出。

测定极化曲线时可以采用恒电流法或恒电势法。恒电流法是将研究电极的电流恒定在某定值下，测量其对应的电极电势，得到的极化曲线。恒电流法中，电流作自变量，电势作因变量，作不出图 2-22 中的 $BCDE$ 段。所以需要用恒电势法测定可钝化金属完整的阳极极化曲线。

恒电势法是将研究电极上的电势维持在所需要的值，然后测量该电势下的电流，得到极化曲线。恒电势法又分为静态法和动态法两种。

（1）静态法　将电极电势较长时间维持在某一恒定值，同时测量电流密度随时间的变化，直到电流密度基本上达到某一稳定值，如此逐点地测定各个电极电势下的稳定电流密度值，以获得完整的极化曲线。静态法测量结果较接近稳态值，但测量时间较长。

（2）动态法　控制电极电势以较慢的速度连续地改变（即扫描），测量对应电势下的瞬时电流密度，以瞬时电流密度与对应的电极电势作图，获得整个的极化曲线。与静态法相比，动态法的测量结果与稳态值相差略大，但测量时间较短，所以是实际工作中常采用的方法。

本实验用电势扫描法测量铁在 H_2SO_4 溶液中的极化曲线。

测定极化曲线常采用三电极系统（如图 2-23 所示），即工作电极（又称研究电极）、辅助电极（又称对电极）和参比电极。其中工作电极和辅助电极与电源一起组成电流通路，使研究电极处于极化状态；参比电极与工作电极之间构成电压测量回路，可确定研究电极的电势。恒电势法测定极化曲线的实验装置如图 2-24 所示。

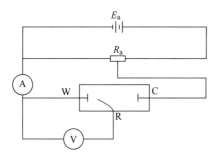
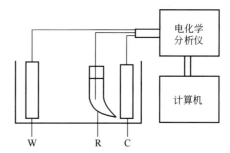

图 2-23　恒电势法测定极化曲线原理示意图

E_a—低压稳压电源；R_a—低压变阻器；A—电流表；V—电压表；W—工作电极；C—辅助电极；R—参比电极

图 2-24　恒电势法测定极化曲线的实验装置示意图

W—工作电极；C—辅助电极；R—参比电极

【仪器与试剂】

CHI832b 电化学分析仪 1 台；玻璃电解池 1 个；铂电极（辅助电极）1 支；铁工作电极 1 支；带盐桥及鲁金毛细管的饱和甘汞电极 1 支；金相砂纸 1 张。

$0.10mol \cdot L^{-1} H_2SO_4$ 溶液；$1mol \cdot L^{-1} H_2SO_4$ 溶液。

【实验步骤】

1. 电极的处理

（1）用金相砂纸打磨 1cm 宽的铁工作电极至表面平整光亮，并焊上直径为 1mm 的铜丝。

（2）保留 $1cm^2$ 的表面，其余部分用绝缘胶或石蜡密封。

（3）依次用去离子水、乙醇和丙酮清洗电极表面。

（4）用去离子水淌洗辅助电极和参比电极，并用滤纸吸干。

2. 测量极化曲线

（1）将电化学分析仪的工作、参比、辅助三个电极引线分别与电解池的工作、参比、辅助电极相连（绿色夹头夹工作电极，红色夹头夹辅助电极，白色夹头夹参比电极），然后用电极架固定。

（2）向电解池中加入适量 $1mol \cdot L^{-1}$ 的 H_2SO_4 溶液，然后调整电极架的高度，使电极浸入电解液中。

（3）依次开启 CHI832b 电化学分析仪、微机、显示器电源，然后，用鼠标双击桌面上的 "CHI nstr"。

（4）点击 "T（Technique）"，选中对话框中 "Open Circuit Potential-Time"，点击 "OK"。点击 "▨（parameters）"，选择参数（可用仪器默认值），点击 "OK"，再点击 "▶"，测定开路电位。

（5）开路电势稳定后再测 Fe 在 $1mol \cdot L^{-1}$ H_2SO_4 溶液中的阳极极化曲线，方法是点击 "T（Technique）"，选中对话框中 "Linear Sweep Voltammetry"，点击 "OK"。再点击 "▨（parameters）"，选择参数。初始电势（InitE）设为 $-0.6V$（开路电势），终态电势（Final E）设为 1.9V，扫描速率（Scan Rate）设为 "10mV/s"，灵敏度（Sensitivity）设为 "自动"，其他可用仪器默认值，点击 "OK"，再点击 "▶"，开始测定，并自动画出极化曲线。

（6）点击 "Graphics"，再点击对话框中 "Graph Options"，确定合适的图形显示格式后点击 "OK"，再点击 "File" 并选择 "Print" 打印极化曲线。

（7）换 $0.10mol \cdot L^{-1}$ 的 H_2SO_4 溶液、H_2O，重复以上操作。

（8）完成测定后记录室温，并倾出电解池中的电解液，洗净电解池及三支电极放回原处备用。

【注意事项】

1. 认真阅读电化学分析仪说明书，严格按照操作规程进行操作，电流挡应从高到低选择，否则实验数据会溢出。

2. 认真进行电极预处理，以获得可靠的实验结果。

3. 保证电极接触良好，更换或处理电极必须停止外加电势。

4. 工作电极必须尽可能靠近鲁金毛细管，以减小溶液电势降对测量的影响，但管口离电极表面的距离不能小于毛细管本身的直径，且每次测定时工作电极与鲁金毛细管之间的距离应保持一致。

【数据记录与处理】

1. 根据阳极极化曲线确定维钝电流密度和维钝电势范围。

2. 根据法拉第定律计算金属的腐蚀速度：

$$v = Mj/zF$$

式中，v 为腐蚀速度，$g \cdot m^{-2} \cdot s^{-1}$；$j$ 为维钝电流密度，$A \cdot m^{-2}$；M 为 Fe 的摩尔质量，$g \cdot mol^{-1}$；F 为法拉第常数，等于 $96485C \cdot mol^{-1}$；z 为发生 1mol 电极反应得失电子的物质的量。

3. 分析电解液的 pH 值对铁的钝化有何影响。

【思考题】

1. 何谓恒电势法？何谓恒电流法？测定钝化曲线时应采用哪种方法，为什么？

2. 测量极化曲线时，为什么要选用三电极电解池？能否选用二电极电解池测量极化曲线？为什么？

3. 如何判断阴极极化与阳极极化？

实验十二　液体黏度的测定

【实验目的】

1. 掌握恒温槽的使用，了解其控温原理。
2. 了解黏度的物理意义，掌握用奥氏黏度计测定溶液黏度的方法。
3. 用奥氏黏度计测定乙醇的黏度。

【实验原理】

1. 液体黏度的测定

当液体受到外力作用产生流动时，在流动着的液体层之间存在着切向的内部摩擦力。如果要使液体通过管道，必须消耗一部分功来克服这种流动的阻力。当流速低时，管道中的流体沿着与管壁平行的直线方向前进，最靠近管壁的液体实际上是静止的，与管壁距离愈远，运动的速度愈大，可以看作是一系列不同半径的同心圆筒分别以不同的速度向前移动。液层之间由于速度不同而表现出内摩擦现象，慢层以一定的阻力拖着快层。

液体内摩擦力 f 的大小与两液层的接触面积 A 和速度梯度 $\dfrac{\mathrm{d}v}{\mathrm{d}r}$ 成正比，即

$$f = \eta A \frac{\mathrm{d}v}{\mathrm{d}r} \tag{1}$$

式中，比例系数 η 称为黏度系数（或黏度）。可见，液体的黏度是内摩擦力的度量，在国际单位制中，黏度的单位为 $N \cdot m^{-2} \cdot s$，即 $Pa \cdot s$（帕·秒），习惯上常用 P（泊）或 cP（厘泊）来表示，它们的换算关系为：$1P = 10^{-1} Pa \cdot s = 100cP$。

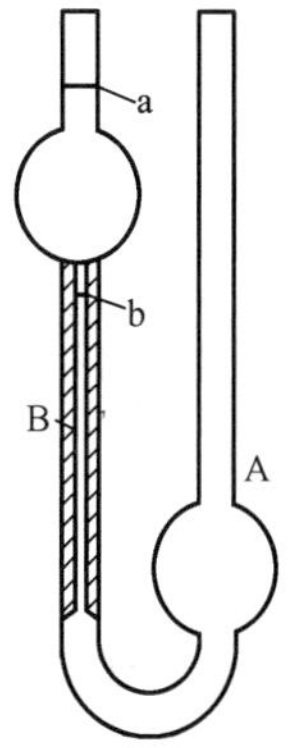

本实验利用毛细管法测定液体的黏度，其装置见图 2-25。其原理为：液体在毛细管内因重力而流出时遵从泊松（Poiseuille）公式，即

$$\eta = \frac{\pi r^4 p t}{8Vl} \tag{2}$$

式中，$p = \rho g h$，是液体的静压力；t 为流经毛细管的时间；r 为毛细管半径；l 为毛细管的长度；V 为时间 t 内流经毛细管的液体体积。

直接由实验测定液体的绝对黏度是比较困难的，通常采用测定液体对标准液体（如水）的相对黏度，通过已知标准液体的黏度就可以得出待测液体的绝对黏度。

图 2-25　奥氏黏度计

设待测液体 1 和标准液体 2 在重力作用下分别流经同一支毛细管，且维持流出的体积相等，则有

$$\eta_1 = \frac{\pi r^4 h g \rho_1 t_1}{8Vl} \qquad \eta_2 = \frac{\pi r^4 h g \rho_2 t_2}{8Vl}$$

从而得

$$\frac{\eta_1}{\eta_2} = \frac{\rho_1 t_1}{\rho_2 t_2} \tag{3}$$

若已知标准液体的黏度 η_2，再分别测定待测液体、标准液体流经毛细管黏度计的时间 t_1、t_2，并查表得到相应温度下的体积质量 ρ_1、ρ_2，则按式（3）即可计算待测液体的黏度 η_1。

本实验中标准液体为水，待测溶液为乙醇。

温度对液体的黏度有明显的影响，一般温度升高，液体的黏度会减小，故测定黏度必须

在恒温下进行。

2. 恒温槽的原理

恒温槽（其装置见图2-26）中温度控制装置是恒温槽控温的关键部分，其作用是控制加热器的工作状态。当恒温槽温度低于指定温度时，加热器开始加热，对恒温介质提供热量，而当恒温槽到达指定温度时则停止加热。目前普遍使用的控温装置是接触温度计（又称接点式温度计）和继电器。

接触温度计（见图2-27）的下部是一普通水银温度计，但水银球内有一导线引出，这是接触温度计的一个极。上半部分装有一根可随管外磁铁旋转的螺杆，螺杆上有一标铁，此标铁与插入下半部温度毛细管内的钨丝相连。当螺杆转动时，标铁能够上下移动，并带动钨丝上升或下降，由于钨丝插入下端毛细管内的位置与标铁标明的度数一致，故标铁标明的度数即指明了所要控制的温度（以标铁上沿为准，对使用很长时间的接触温度计，往往会发现标铁指明的度数和实际控制温度之间有差距）。螺杆的顶端另有一根导线引出，这是接触温度计的另一极，当温度升高时，温度计水银球中的水银会膨胀，并沿毛细管上升，到达设定温度时，与钨丝相接触，此时接触温度计导线的两极导通，使继电器线圈中的电流断开，加热器停止加热，反之则断路。所以接触温度计能够根据设定的温度和恒温槽的实际温度发出"通"和"断"的信号。

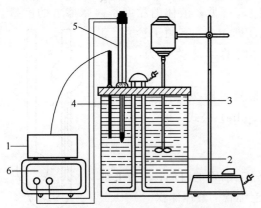

图 2-26 恒温槽装置示意图
1—数字温度计；2—加热器；3—槽体；4—传感器；
5—接触温度计；6—电子继电器

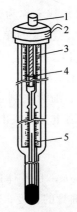

图 2-27 接触温度计
1—磁性螺旋调节器；2—电极引出线；
3—上标尺；4—可调电极；5—下标尺

恒温水浴品质的好坏，可以用恒温水浴灵敏度来衡量。通常以实测的最高温度值与最低温度值之差的一半数值来表示其灵敏度。

接触温度计的使用方法：先松开磁帽上的固定螺丝，转动调节磁帽，使螺杆转动，并带着标铁移动至所需温度，一般要先将标铁调至比目标温度低1℃左右的位置，此时加热器会加热，水银柱会上升，当与钨丝相接触时，加热器停止，此时温度比目标温度要低1℃左右（可以从精密温度计或数字温度计读出），然后继续将标铁稍稍上升至继电器上"通"的灯亮为止，温度继续上升，这样逐渐接近设定温度。最后使控温器面板上"加热"、"恒温"灯交替闪亮，并且精密温度计的读数在目标温度值上下浮动0.10℃，此时将磁帽上的螺丝固定，恒温槽的温度即调好。

更为详细的内容参见第三章第一节中电接点温度计温度控制部分相关内容。

【仪器与试剂】

恒温槽 1 套；数字温度计 1 台；奥氏黏度计 1 支；10mL 移液管 2 支；秒表 1 块；乳胶管 1 根。

无水乙醇（分析纯）；去离子水。

【实验步骤】

1. 调节恒温槽水浴温度为（25.00±0.10）℃，在实验过程中记录三组最高、最低温度。

2. 将乳胶管套在奥氏黏度计的毛细管一侧，然后将黏度计垂直夹在铁架台上，取 10mL 无水乙醇从宽口加入黏度计，最后放入恒温槽水浴中恒温 15min。

3. 用洗耳球通过乳胶管吸溶液至上刻度线以上，放开洗耳球使其自然下流。用秒表记录乙醇流经上刻度线到下刻度线的时间，如此重复操作 3 次，取其时间平均值，作为 t_1。

4. 取出黏度计，将乙醇回收，再将黏度计放入烘箱烘干。用水代替乙醇重复操作步骤 2、3，测出 t_2。

【注意事项】

1. 实验过程中要用同一支黏度计。

2. 重复操作三次时所记录的时间误差应不超过 0.3s。

3. 黏度计放置水中时，上刻度线要处在恒温槽水面以下。

4. 测量时黏度计必须垂直放置。

5. 数字温度计读数不稳时，可调低搅拌速度。

【数据记录与处理】

1. 恒温槽温度的测定

测量次数	最高温度/℃	最低温度/℃	平均温度/℃	温度波动/℃
1				
2				
3				
平均			—	—

2. 黏度测量

项 目	次 数	乙 醇	水
流经毛细管的时间/s	1		
	2		
	3		
时间平均值/s			
黏度 η/Pa·s			

【思考题】

1. 实验中哪些操作影响乙醇黏度测定的准确性？

2. 如何调试恒温槽？

3. 本实验中，所用乙醇和水的体积必须相同吗？为什么？

4. 本实验中可以用不同的黏度计分别进行乙醇和水的测定吗？

5. 实验中黏度计为什么必须垂直放置？

实验十三　黏度法测定高聚物的分子量

【实验目的】

1. 了解黏度法测定高聚物分子量的基本原理和方法。

2. 掌握用乌氏（Ubbelohde）黏度计测定高聚物溶液黏度的原理和方法。

3. 测定右旋糖酐的分子量（黏均分子量）。

【实验原理】

高聚物是由单体分子经加聚或缩聚过程得到的。在高聚物中，由于聚合度的不同，每个高聚物分子的大小并非都相同，致使高聚物的分子量大小不一，参差不齐，且没有一个确定的值。因此，高聚物的分子量是一个统计平均值。高聚物的分子量不仅反映了高聚物分子的大小，而且直接关系到它的物理性能，如拉伸强度、冲击强度及硬度、黏合强度等都与分子量有关。在研究聚合反应机理和聚合物性能与结构关系、控制聚合反应条件等方面，分子量数据亦十分重要。因而，该数据是高聚物研究和生产中必需的重要数据。

测定高聚物分子量的方法很多，例如渗透压、光散射及超速离心沉降平衡等方法。但是不同方法所得平均分子量也有所不同，比较起来，黏度法设备简单，操作方便，并有很好的实验精度，是常用的方法之一。用此法求得的分子量称为黏均分子量。

黏度是液体流动时内摩擦力大小的反映。高聚物溶液的特点是黏度特别大，原因在于其分子链长度远大于溶剂分子，加上溶剂化作用，使其在流动时受到较大的内摩擦力，黏性液体在流动过程中所受阻力的大小可用黏度系数 η（简称黏度）来表示。纯溶剂黏度反映了溶剂分子间的内摩擦力，高聚物溶液的黏度则是高聚物分子间的内摩擦力、高聚物分子与溶剂分子间的内摩擦力以及溶剂分子间内摩擦力三者之和。在相同温度下，通常高聚物溶液的黏度 η 大于纯溶剂黏度 η_0，即 $\eta > \eta_0$。为了比较这两种黏度，引入增比黏度的概念，以 η_{sp} 表示：

$$\eta_{sp} = \frac{\eta - \eta_0}{\eta_0} = \eta_r - 1 \tag{1}$$

式中，η_r 称为相对黏度，定义为溶液黏度与纯溶剂黏度的比值，即

$$\eta_r = \frac{\eta}{\eta_0} \tag{2}$$

η_r 反映的也是黏度行为，而 η_{sp} 则表示已扣除了溶剂分子间的内摩擦效应。

高聚物的增比黏度 η_{sp} 往往随质量浓度 c 的增加而增加。为了便于比较，将单位浓度所显示的增比黏度 η_{sp}/c 称为比浓黏度，而 $\dfrac{\ln\eta_r}{c}$ 称为比浓对数黏度。当溶液无限稀释时，高聚物分子彼此相隔甚远，它们之间的相互作用可以忽略，此时有关系式

$$\lim_{c \to 0} \frac{\eta_{sp}}{c} = [\eta] \tag{3}$$

式中，$[\eta]$ 称为特性黏度，它反映的是高聚物分子与溶剂分子之间的内摩擦力，其数值取决于溶剂的性质以及高聚物分子的大小和形态。由于 η_r 和 η_{sp} 均是无量纲量，因此 $[\eta]$ 的单位是浓度 c 单位的倒数。

另外，我们可推得如下关系：

$$\frac{\ln\eta_r}{c} = \frac{\ln(1+\eta_{sp})}{c} = \frac{\eta_{sp}}{c}\left(1 - \frac{1}{2}\eta_{sp} + \frac{1}{3}\eta_{sp}^2 \cdots\right) = \frac{\eta_{sp}}{c} - \frac{1}{2c}\eta_{sp}^2 + \frac{1}{3c}\eta_{sp}^3 - \cdots$$

当 $c \to 0$ 时，忽略高次项，可得：

$$\lim_{c \to 0} \frac{\ln\eta_r}{c} = \lim_{c \to 0} \frac{\eta_{sp}}{c} = [\eta] \tag{4}$$

在足够稀的高聚物溶液中，η_{sp}/c 与 c、$\frac{\ln\eta_r}{c}$ 与 c 之间分别符合下述经验关系式：

$$\eta_{sp}/c = [\eta] + \kappa[\eta]^2 c \tag{5}$$

$$\frac{\ln\eta_r}{c} = [\eta] - \beta[\eta]^2 c \tag{6}$$

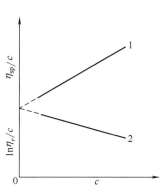

图 2-28　$\frac{\eta_{sp}}{c}$-c 图和 $\frac{\ln\eta_r}{c}$-c 图

$$1 — \frac{\eta_{sp}}{c}\text{-}c;\ 2 — \frac{\ln\eta_r}{c}\text{-}c$$

式中，κ 和 β 分别称为 Huggins 和 Kramer 常数。这是两个直线方程，通过 $\frac{\eta_{sp}}{c}$ 对 c、$\frac{\ln\eta_r}{c}$ 对 c 作图，外推至 $c \to 0$ 时所得的截距即为 $[\eta]$。显然，对于同一高聚物，由上面两个线性方程作图外推所得截距应交于同一点，如图 2-28 所示。

在一定温度和溶剂条件下，特性黏度 $[\eta]$ 和高聚物分子量 M 之间的关系通常用 Mark-Houwink 经验方程式来表示：

$$[\eta] = kM^\alpha \tag{7}$$

式中，M 是黏均分子量；k 和 α 是与温度、高聚物及溶剂性质有关的常数。k 值对温度较为敏感，α 值取决于高聚物分子链在溶剂中的舒展程度。

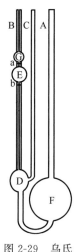

图 2-29　乌氏黏度计示意图

可以看出，高聚物分子量的测定最后归结为溶液特性黏度 $[\eta]$ 的测定。液体黏度的测定方法有三类：落球法、转筒法和毛细管法。前两种适用于高、中黏度的测定，毛细管法适用于较低黏度的测定。本实验采用毛细管法，用乌氏黏度计（如图 2-29 所示）进行测定。当液体在重力作用下流经毛细管时，遵守泊松（Poiseuille）定律：

$$\eta = \frac{\pi r^4 pt}{8Vl} = \frac{\pi h\rho g r^4 t}{8Vl} \tag{8}$$

式中，t 是体积为 V 的液体流经毛细管的时间；l 为毛细管的长度。用同一支黏度计在相同条件下测定两种液体的黏度时，它们的黏度之比就等于密度与流出时间乘积之比：

$$\frac{\eta_1}{\eta_2} = \frac{\rho_1 t_1}{\rho_2 t_2} \tag{9}$$

如果用已知黏度为 η_1 的液体作为参考液体，则待测液体的黏度 η_2 可通过式（9）求得。

在测定溶液和溶剂的相对黏度时，如果是稀溶液，溶液的密度与溶剂的密度可近似地看作相同，则相对黏度可以表示为：

$$\eta_r = \frac{\eta}{\eta_0} = \frac{t}{t_0} \tag{10}$$

式中，η、η_0 分别为溶液和纯溶剂的黏度；t 和 t_0 分别为溶液和纯溶剂的流出时间。

实验中，只要测出不同浓度下高聚物的相对黏度，即可求得 η_{sp}、η_{sp}/c 和 $\dfrac{\ln\eta_r}{c}$。作 η_{sp}/c 对 c、$\dfrac{\ln\eta_r}{c}$ 对 c 关系图，外推至 $c \to 0$ 时即可得 $[\eta]$，在已知 k、α 值条件下，可由式（7）计算出高聚物的分子量。

表 2-7 归纳总结了常用黏度术语的符号及物理意义，以便区别。

表 2-7　常用黏度术语的符号及物理意义

符号	名称与物理意义
η_0	纯溶剂的黏度。溶剂分子与溶剂分子间的内摩擦表现出来的黏度
η	溶液的黏度。溶剂分子与溶剂分子之间，高聚物分子与高聚物分子之间和高聚物分子与溶剂分子之间三者内摩擦的综合表现
η_r	相对黏度。$\eta_r = \dfrac{\eta}{\eta_0}$，溶液黏度对溶剂黏度的相对值
η_{sp}	增比黏度。$\eta_{sp} = \dfrac{\eta-\eta_0}{\eta_0} = \eta_r - 1$，反映高聚物分子与高聚物分子之间、纯溶剂与高聚物分子之间的内摩擦效应
η_{sp}/c	比浓黏度。单位浓度下所显示出的黏度
$[\eta]$	特性黏度。$\lim\limits_{c \to 0}\dfrac{\eta_{sp}}{c} = [\eta]$，反映高聚物分子与溶剂分子之间的内摩擦效应，其单位是浓度单位的倒数

【仪器与试剂】

玻璃恒温水浴 1 套；乌氏黏度计 1 支；10mL 移液管 1 支；5mL 移液管 1 支；乳胶管；铁架台；洗耳球；秒表 1 块。

公用仪器：3 号砂芯漏斗 1 个；抽滤瓶 1 个；循环水泵 1 台；250mL 容量瓶 1 个；电子天平 1 台；电炉 1 台；250mL 烧杯 1 个；10mL 移液管 4 支。

右旋糖酐；去离子水。

【实验步骤】

1. 配制 6％右旋糖酐溶液

（1）称取右旋糖酐 15g，加入约 200mL 去离子水，加热并搅拌至溶液呈透明状，冷却至室温。

（2）将上述溶液移至 250mL 容量瓶中，定容至 250mL。

（3）将定容后的溶液用 3 号砂芯漏斗过滤，得待测溶液（公用）。

2. 将玻璃恒温水浴调节至（25.00±0.10）℃，在黏度计的 B、C 两管上分别装上乳胶管。用移液管吸取 10mL 右旋糖酐溶液（浓度记为 c_1），由 A 口加入干燥的黏度计中，然后，将黏度计垂直安装在铁架台上并放入恒温水浴中，注意要将水面浸没 G 球，恒温 15min。

3. 用夹子夹住 C 管管口的乳胶管，使 C 管不通气，然后在 B 管的乳胶管上用洗耳球将 F 球中的溶液吸至 G 球中部，形成连续液柱。此时，放开 B、C 管通气，则 D 球内液体回落入 F 球，毛细管中液体悬空，自由下落。当液面落至 a 刻度线时开始计时，至 b 刻度线时计时结束，由此测得 a、b 之间液体流经毛细管所需的时间。重复测定三次，其时间相差不大于 0.3s，取平均值为 t_1。

4. 用移液管移取去离子水 5mL，由 A 管加入黏度计，浓度记为 c_2。由 C 管处用洗耳球吹气将溶液混合均匀，并多次抽洗黏度计的 E 球、G 球及毛细管部分，使黏度计各处的浓度相等，恒温后按步骤 3 测定其流经毛细管的时间 t_2（在恒温过程中应按测量方法润洗毛细管）。

5. 依次由 A 管用移液管加入蒸馏水 5mL、5mL、10mL，将溶液稀释，此时溶液浓度分别为 c_3、c_4、c_5，恒温后按步骤 4 测定每份溶液流经毛细管的时间 t_3、t_4、t_5。

6. 将黏度计用自来水洗净，然后放入盛有洁净去离子水的超声波清洗机中清洗 5min，最后用去离子水冲净。

7. 用移液管移取去离子水 10mL，加入洗好的黏度计中，恒温后按步骤 3 测定水流经毛细管的时间，记作 t_0。

8. 实验结束后，将黏度计中的水倒掉，用去离子水冲洗黏度计外部，然后放入烘箱烘干。

【注意事项】

1. 实验测定中要保证毛细管内的液体中无气泡，否则影响测定结果。

2. 液体黏度的温度系数较大，实验过程中应严格控制温度恒定，并保证足够的恒温时间，否则不易达到测定精度。

3. 本实验中溶液的稀释是直接在黏度计中进行的，因此每次加入去离子水后要充分混合，并抽洗黏度计的 E 球和 G 球，使黏度计各处的浓度相等。

4. 黏度计要垂直放置，实验过程中不要使其振动和拉动，否则影响实验结果。

5. 黏度测定中异常现象的近似处理：即使在严格操作的情况下，有时也会出现一些反常现象，目前不能清楚地解释其原因，只能作一些近似处理，因式 $\eta_{sp}/c = [\eta] + \kappa [\eta]^2 c$ 物理意义明确，而式 $\dfrac{\ln \eta_r}{c} = [\eta] - \beta [\eta]^2 c$ 则基本上是数学运算式，含意不明确，因此，图中出现异常现象时应该以 η_{sp}/c 与 c 的关系为准来求得高聚物溶液的特性黏度 $[\eta]$。

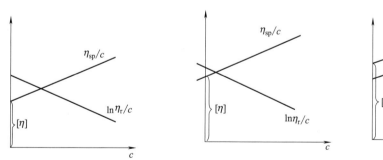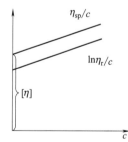

6. 由于作图外推直线的截距时可能离原点较远，可用计算机作图并拟合出直线方程，这样求的截距较为准确。

7. 实验结束一定要按要求清洗黏度计，否则将影响下组实验的进行。

【数据记录与处理】

1. 将所测实验数据及结果填入下表中。

2. 作 η_{sp}/c-c 及 $\ln \eta_r/c$-c 图，并外推到 $c \to 0$ 求得截距即得 $[\eta]$。

3. 由公式（7）计算右旋糖酐溶液的分子量 M，k、α 值查附录表 26。

原始液浓度 c_0：_____ g·cm^{-3}　恒温温度：_____℃

序号	0	1	2	3	4	5
t/s	t_0	t_1	t_2	t_3	t_4	t_5
$c/\text{g·cm}^{-3}$		c_1	c_2	c_3	c_4	c_5
η_r						
$\ln\eta_r$						
η_{sp}						
η_{sp}/c						
$\ln\eta_r/c$						

注：t 为实验中所测的平均流动时间。

【思考题】

1. 分析实验中产生误差的主要因素。

2. 实验过程中，当溶液吸至 G 小球时，发现毛细管中有气泡，对实验结果有无影响？

3. 本实验中，测定溶液黏度时如果黏度计未干燥，对实验结果有影响吗？

4. 本实验中，测水的黏度时，黏度计必须干燥吗？为什么？

5. 乌氏黏度计的 C 管有什么作用？除去 C 管是不是还可以测本次实验？

6. 本实验中，在完成溶液的黏度测定后，因所用黏度计破损没能测定水的黏度，此时需要重做全部实验吗？如果不需要，应如何完成该实验。

7. 本实验中，测水的黏度时，加入的水必须为 10mL 吗？为什么？

实验十四　凝固点降低法测定摩尔质量

【实验目的】

1. 了解凝固点降低法测定摩尔质量的原理，加深对稀溶液依数性的理解。
2. 学会用步冷曲线对溶液凝固点进行校正。
3. 测定尿素的摩尔质量。

【实验原理】

向溶剂中加入非电解质溶质形成稀溶液，如果溶质与溶剂不生成固溶体，则溶液的凝固点较纯溶剂的凝固点低，称之为溶液的凝固点降低。溶液的凝固点降低值仅取决于溶质的量，而与溶质的本性无关，这是稀溶液的依数性之一。溶液的凝固点降低值与溶质的量的关系为：

$$\Delta T_f = T_f^* - T_f = K_f b_B \tag{1}$$

将 $b_B = \dfrac{m_B}{m_A M_B}$ 代入式（1），得

$$M_B = \frac{K_f m_B}{(T_f^* - T_f) m_A} \tag{2}$$

式中，T_f^* 为纯溶剂的凝固点；T_f 为溶液的凝固点；b_B 为溶液的质量摩尔浓度；m_A 为溶液中溶剂的质量；m_B 为溶液中溶质的质量；M_B 为溶质的摩尔质量；K_f 为溶剂的凝固点下降常数，其值只与溶剂性质有关。

根据式（2），查得溶剂的 K_f 值，并准确测定纯溶剂及溶液的凝固点，即确定凝固点降低值 ΔT_f，就可以计算出溶质的摩尔质量。凝固点可通过测定冷却过程中系统温度 T 随时间 t 变化的冷却曲线来确定。

将纯溶剂冷却时，若无过冷现象发生，其冷却曲线如图 2-30 中曲线 a 所示，水平段所对应的温度即为纯溶剂的凝固点 T_f^*。但实际冷却过程中常常发生过冷现象，使其冷却曲线如图 2-30 中曲线 b 所示，此时凝固点按图示求算。

与纯溶剂不同，将溶液冷却到凝固点时，析出固态纯溶剂，使溶液的浓度相应增大，其凝固点随之不断下降，所以冷却曲线上得不到温度不变的水平线段，如图 2-30 中曲线 c 所示，转折点所对应的温度即为溶液的凝固点 T_f。若有轻微过冷现象发生，则其冷却曲线如图 2-30 中曲线 d 所示，此时可将温度回升的最高值近似为溶液的凝固点。若过冷现象严重，凝固的溶剂过多，溶液浓度变化过大，则其冷却曲线温度回升的最高值较凝固点低，如

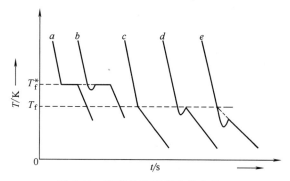

图 2-30　溶剂及溶液的冷却曲线

图 2-30 中曲线 e 所示。因此，测定过程中，应设法降低过冷程度，一般可通过在开始结晶时，加入少量晶种或加速搅拌等方法来实现。如无法避免严重过冷，其凝固点 T_f 应从冷却曲线外推而得。

【仪器与试剂】

FPD-4A 型凝固点降低（半导体降温）实验装置 1 套（如图 2-31）；25mL 移液管 1 支；洗耳球 1 个；分析天平 1 台（公用）。

去离子水；尿素（分析纯）。

【实验步骤】

1. 水凝固点的测定

（1）打开仪器电源开关，用移液管量取 25mL 去离子水加入清洁干燥的样品管中，安装搅拌棒并旋紧盖子。将样品管放入仪器冷浴中，然后将温度传感器插入样品管中。

（2）打开搅拌开关，适当调整样品管位置，使搅拌棒与样品管壁无摩擦，按启停键启动半导体制冷，设置冷浴目标温度 SV 为 −20℃，当样品温度降至 0℃ 附近时，开始记录温度随时间的变化情况（每 20s 记录 1 次温度）。当温度过冷回升后，其值随时间变化很小时再记录有 5～6 个温度数据，停止搅拌，得到水的粗略凝固点。

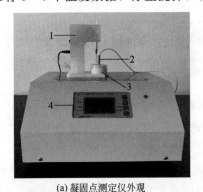

(a) 凝固点测定仪外观

1—搅拌器；2—温度传感器；
3—样品管（置于冷浴中）；4—操作面板

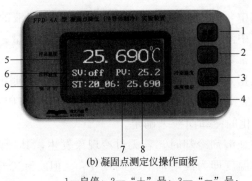

(b) 凝固点测定仪操作面板

1—启停；2—"＋"号；3—"−"号；
4—记录间隔；5—样品温度；6—目标温度；
7—冷浴温度；8—温度锁定；9—倒计时

图 2-31　凝固点测定仪

（3）将样品管取出，用手捂热使冰絮融化，按步骤（2）精测水的凝固点。精测时，当样品温度降至高于粗测凝固点 1℃ 左右时，迅速调节冷浴目标温度"SV"调节为"−8℃"，缓慢降温测量水的冷却情况。待冷浴温度"PV"降至"−8℃"时，开始记录系统温度随时间的变化（每 20s 记录 1 次温度），温度过冷回升后，再记录 10～15min 温度数据后，停止搅拌，利用步冷曲线得到水的精确凝固点。

2. 溶液凝固点的测定

（1）取出样品管，用手捂热使冰絮融化，将准确称量的 0.2g 左右尿素加入水中，充分溶解。然后按步骤 1 中的（2）测量得到溶液的粗略凝固点。

（2）取出样品管用手微微捂热，同时上下搅拌使结晶完全融化，按步骤（3）精测溶液的凝固点。

（3）实验结束，关闭搅拌和仪器电源开关，将样品内管清洗干净。

【注意事项】

1. 调整样品管底座位置，务必使搅拌装置调节到位，尽量降低摩擦。

2. 尿素不可称量过多，要求在 0.2g 左右（否则不符合稀溶液的公式），也不要称的过少，否则 ΔT_f 值很小，相对测量误差较大。

3. 将尿素小心倒入水中，不要让尿素粘到内管壁上，若少量尿素粘到内管壁上，可倾斜转动内管使之溶于水。

【数据记录处理】

1. 设计表格，记录水的体积、尿素的质量，水及溶液的凝固点测定数据。

2. 根据实验数据作步冷曲线，修正得到水和溶液的凝固点。

3. 计算尿素的摩尔质量，并与理论值比较，给出测量误差。

【思考题】

1. 凝固点降低公式在何种条件下适用？

2. 当溶质在溶液中有离解、缔合和生成配合物的情况时，对分子量的测定值有何影响？

3. 实验时根据什么原则考虑溶质的用量？太多或太少有何影响？

4. 测凝固点时，纯溶剂温度回升后有一恒定阶段，而溶液则没有，为什么？

实验十五　溶液表面张力的测定

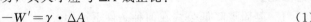

【实验目的】

1. 掌握最大气泡法测定液体表面张力的原理，了解影响表面张力测定的因素。

2. 测定正丁醇分子的截面积。

3. 掌握用计算机程序处理实验数据的方法。

理论讲解
操作演示

【实验原理】

1. 溶液中的表面吸附

从热力学观点来看，液体表面缩小是一个自发过程，是使体系总自由能减小的过程。欲使液体产生新的表面 ΔA，就需对其做功，其大小应与 ΔA 成正比：

$$-W' = \gamma \cdot \Delta A \tag{1}$$

γ 为作用在界面上每单位长度边缘上的力，称为表面张力，其单位是 $N \cdot m^{-1}$。在一定温度下，纯液体的表面张力为定值。当加入溶质形成溶液时，表面张力发生变化，其变化的大小决定于溶质的性质和加入量的多少。根据能量最低原理，溶质能降低溶剂的表面张力时，表面层中溶质的浓度比溶液内部高；反之，溶质使溶剂的表面张力升高时，它在表面层中的浓度比在内部的浓度低。这种表面浓度与内部浓度不同的现象叫做溶液的表面吸附。在指定的温度和压力下，稀溶液中，溶质在表层中的吸附量与溶液的表面张力及溶液的浓度之间的关系遵守吉布斯（Gibbs）吸附方程：

$$\Gamma = -\frac{c}{RT}\left(\frac{d\gamma}{dc}\right)_T \tag{2}$$

式中，Γ 为溶质在表层的吸附量，其单位为 $mol \cdot m^{-2}$；γ 为表面张力；c 为吸附达到平衡时溶质在介质中的浓度。当 $\left(\frac{d\gamma}{dc}\right)_T < 0$ 时，$\Gamma > 0$，称为正吸附；当 $\left(\frac{d\gamma}{dc}\right)_T > 0$ 时，$\Gamma < 0$，称为负吸附。式（2）又称吉布斯吸附等温式，其应用范围很广，但上述形式仅适用于稀溶液。

能使溶剂表面张力显著降低的物质称为表面活性物质。通常这类物质的分子中同时含有极性基团和非极性基团。在水溶液表面，表面活性物质分子的极性基团指向溶液内部，非极性基团指向空气。它们在溶液表面的排列情况，决定于它在液层中的浓度。浓度很小时，溶质分子近于躺在溶液表面上，如图 2-32 (a) 所示；浓度逐渐增大时，溶质分子在表面的排列如图 2-32 (b) 所示；当浓度足够大时，被吸附的溶质分子占据了所有表面，在溶液表面形成了饱和吸附的单分子层，如图 2-32 (c) 所示。随着表面活性物质的分子在界面上排列愈加紧密，此界面的表面张力也就逐渐减小。

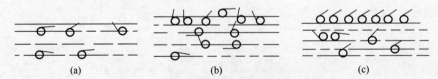

(a)　　　　　　　　(b)　　　　　　　　(c)

图 2-32　被吸附的分子在界面上的排列

在恒温下绘制曲线 $\gamma = f(c)$（表面张力等温线），当 c 增加时，γ 在开始时显著下降，而后下降逐渐缓慢下来，以致 γ 的变化很小，这时 γ 的数值恒定为某一常数（如图 2-33 所示）。利用图解法进行计算十分方便，如图 2-33 所示，经过切点 a 作平行于横坐标的直线，

交纵坐标于 b' 点。以 Z 表示切线和平行线在纵坐标上截距间的距离，显然 Z 的长度等于 $c\left(\dfrac{\mathrm{d}\gamma}{\mathrm{d}c}\right)_T$。

$$\left(\frac{\mathrm{d}\gamma}{\mathrm{d}c}\right)_T=-\frac{Z}{c}$$

$$Z=-c\left(\frac{\mathrm{d}\gamma}{\mathrm{d}c}\right)_T$$

$$\Gamma=-\frac{c}{RT}\left(\frac{\mathrm{d}\gamma}{\mathrm{d}c}\right)_T=\frac{Z}{RT} \tag{3}$$

以不同的浓度对其相应的 Γ 可作出曲线，称为吸附等温线。

根据朗格缪尔（Langmuir）公式：

$$\Gamma=\Gamma_\infty\frac{kc}{1+kc} \tag{4}$$

式中，Γ_∞ 为饱和吸附量，即表面被吸附物铺满一层分子时的 Γ，变形得：

$$\frac{c}{\Gamma}=\frac{kc+1}{k\Gamma_\infty}=\frac{c}{\Gamma_\infty}+\frac{1}{k\Gamma_\infty} \tag{5}$$

以 c/Γ 对 c 作图，得一直线，该直线的斜率为 $1/\Gamma_\infty$。

由所求得的 Γ_∞ 代入式（6），可求得被吸附分子的截面积 S_0。

$$S_0=1/\Gamma_\infty L \tag{6}$$

式中，L 为阿伏伽德罗常数。

2. 最大气泡法测定表面张力

测定液体表面张力的方法有许多种，如最大气泡法、拉环法、吊片法、滴体积法等。本实验采用最大气泡法，原理如下。

将待测表面张力的液体装于表面张力仪中（如图 2-34 所示），使 E 管的端面与液面相切。由于水溶液能润湿玻璃毛细管，因而液体在毛细管内会形成凹液面，并产生一个附加压力 Δp，液面即沿毛细管上升。若从毛细管口鼓出气泡，需要在毛细管内施加压力以克服附加压力 Δp。打开抽气瓶的活塞缓缓抽气，毛细管内液面上受到一个比 A 瓶中液面上大的压

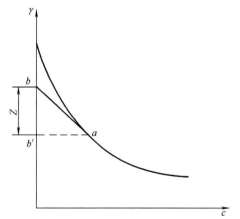

图 2-33 表面张力和浓度关系图

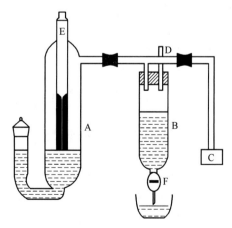

图 2-34 表面张力测定装置示意图

A—支管试管；B—充满水的抽气瓶；C—精密数字（微压差）压力计；D—通气管；E—毛细管；F—滴水阀

力，当此压力差 $p_{大气} - p_{系统}$ 在毛细管端面上产生的作用力稍大于毛细管口液体的附加压力 Δp 时，气泡就从毛细管口脱出。此附加压力与表面张力成正比，与气泡的曲率半径成反比，其关系式为：

$$\Delta p = \frac{2\gamma}{R} \tag{7}$$

式中，Δp 为附加压力；γ 为表面张力；R 为气泡的曲率半径。

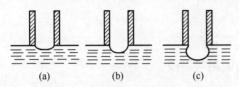

图 2-35　毛细管口气泡的形成

如果毛细管半径很小，则形成的气泡基本上是球形的（如图 2-35 所示）。当气泡开始形成时，液面较平，可视为曲率半径较大的球面。随着气泡的形成，曲率半径逐渐变小，直到形成半球形。此时曲率半径 R 和毛细管半径 r 相等，曲率半径达最小值。根据式（7），这时附加压力达最大值。气泡进一步长大，R 变大，附加压力则变小，直到气泡逸出。

根据式（7），$R = r$ 时的最大附加压力为：

$$\Delta p_{最大} = \frac{2\gamma}{r} \quad 或 \quad \gamma = \frac{r}{2}\Delta p_{最大} \tag{8}$$

实际测量时，使毛细管端刚与液面接触，则可忽略气泡鼓泡所需克服的静压力，这样就可直接用式（8）进行计算。

对于同一毛细管，其 $\frac{r}{2}$ 为一常数，用 k 表示，则表面张力 γ 可按式（9）计算：

$$\gamma = k\Delta p_{最大} \tag{9}$$

其中 k 值可根据实验，通过测定一已知表面张力的物质的 $\Delta p_{最大}$ 来确定。本实验选择的已知物为水，则

$$k = \frac{\gamma(水)}{\Delta p_{最大}(水)} \tag{10}$$

本实验利用如图 2-34 所示的实验装置，用最大气泡法测定水及不同浓度正丁醇溶液产生气泡时的最大附加压力 $\Delta p_{最大}$，根据式（10）和式（9）利用计算机处理实验数据，并绘制正丁醇溶液表面张力与浓度的关系曲线。根据式（5），以 c/Γ 对 c 作图，由直线的斜率求得 $1/\Gamma_\infty$，再用式（6）计算被吸附分子（正丁醇）的截面积 S_0。

【仪器与试剂】

最大气泡法表面张力仪 1 套；精密数字（微压差）压力计 1 台；恒温水浴 1 套；洗耳球 1 个；100mL 容量瓶 8 个；0.5mL、1mL、2mL、5mL 移液管各 1 支；计算机 1 台（公用）；打印机 1 台（公用）。

正丁醇（分析纯）；去离子水。

【实验步骤】

1. 仪器常数 k 值的测定

（1）将实验仪器按图 2-34 连接好，打开精密数字压力计电源开关，预热 10min。将压力计单位调至 mmH_2O（$1mmH_2O = 9.80665Pa$）或 Pa，在通大气的条件下对仪器进行采零。

（2）在表面张力仪的支管试管（A 管）中装入适量的去离子水，插入已洗净的毛细管，调整液面高度，使毛细管端面与液面刚好相切，盖上支管活塞。在抽气瓶 B 中加满水。

(3) 将支管试管置于 25.00℃ 的恒温水浴中，恒温 10min。

(4) 恒温 10min 后，用止水夹将通气管 D 上的胶管夹好，打开抽气瓶的滴水活塞 F，使水缓缓滴出，调整滴速，使气泡从毛细管端尽可能缓慢而且均匀鼓出，约 5～10s 鼓出一个气泡。待数字压力计示数稳定后，读取数字压力计的最大示数（绝对值），即为 $\Delta p_{最大}$ 值，重复读取 3 次，取平均值。

2. 待测正丁醇溶液的配制

测量纯的正丁醇液体的温度。打开计算机，点击桌面上"正丁醇溶液体积计算"的 Excel 文件，输入纯正丁醇液体的温度，按照表 2-8 及式（11），利用 Excel 表格计算出配制 100mL 不同浓度正丁醇水溶液所需纯正丁醇液体的体积 V。

$$V = \frac{Mc_B}{10\rho} \tag{11}$$

式中，M 为正丁醇的摩尔质量，$kg \cdot mol^{-1}$；c_B 为欲配制正丁醇溶液的浓度，$mol \cdot L^{-1}$；ρ 为正丁醇的密度（可由附录查出），$kg \cdot L^{-1}$。

3. 待测正丁醇溶液表面张力的测定

(1) 洗净支管试管及毛细管并用少量待测溶液涮洗。在支管试管中加入适量的待测溶液，按浓度从低到高的顺序依次测定其表面张力。方法同步骤 1。

(2) 实验结束后，分别用自来水和去离子水仔细将毛细管和支管试管冲洗 2～3 次。再将毛细管用洗液浸泡，支管试管放回各组的白瓷盘中备用。

(3) 将实验数据输入计算机处理程序中进行数据处理。

表 2-8　正丁醇溶液的配制

编　号	溶液浓度 $c/mol \cdot L^{-1}$	正丁醇体积 V/mL
1	0.02	
2	0.04	
3	0.06	
4	0.08	
5	0.12	
6	0.16	
7	0.20	
8	0.24	

【注意事项】

1. 在整个实验过程中所用毛细管必须干净，并保持垂直，其管口应平整且刚好与液面相切。

2. 读取压力计的压差时，应取气泡单个逸出时的最大压力差。

3. 测完一个样品后，要先将系统排空再换用下一个溶液进行测定。

【数据记录与处理】

1. 记录不同浓度正丁醇水溶液及水的最大附加压力，记录实验温度。

2. 打开计算机，点击"表面张力数据处理"图标，进入数据处理界面（界面中字母"L"代表表面吸附量"Γ"）。

3. 将实验测得的水及各样品的最大附加压力填入相应的数据栏中，点击"实验数据绘图"，程序自动绘出曲线，并给出一组相应的 c、Γ、c/Γ 值。

4. 点击"打印"，则可打印出相应的实验曲线。

5. 利用计算机给出的数据，绘制 c/Γ-c 图，由斜率求 Γ_∞ 并计算被吸附分子的截面积 S_0。

6. 本实验使用的数据处理程序中最大压差的单位是 cmH_2O，原则上测得的压差值应换算成以 cmH_2O 为单位的数值，然后输入程序进行运算，但根据式（9）和式（10），溶液的表面张力 $\gamma = \frac{\gamma_{(水)} \Delta p_{最大}}{\Delta p_{最大(水)}}$，只要所测压差的单位相同，不影响表面张力的计算结果，因此所测压差值不进行单位换算也可，但要保证所有数值单位相同，并且应在输出的数据图中注明所使用的单位。

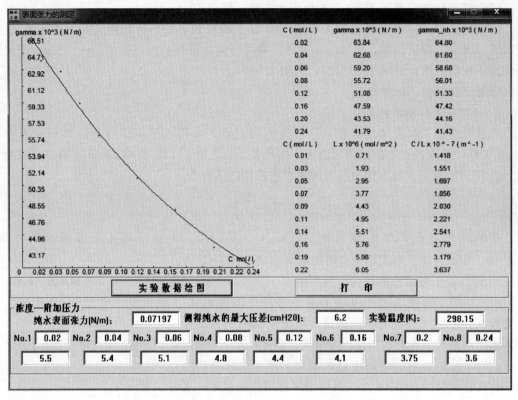

表面张力的测定			

C (mol / L)	gamma x 10^3 (N / m)	gamma_nh x 10^3 (N / m)
0.02	63.84	64.80
0.04	62.68	61.60
0.06	59.20	58.68
0.08	55.72	56.01
0.12	51.08	51.33
0.16	47.59	47.42
0.20	43.53	44.16
0.24	41.79	41.43

C (mol / L)	L x 10^6 (mol / m^2)	C / L x 10^ - 7 (m^ -1)
0.01	0.71	1.418
0.03	1.93	1.551
0.05	2.95	1.697
0.07	3.77	1.856
0.09	4.43	2.030
0.11	4.95	2.221
0.14	5.51	2.541
0.16	5.76	2.779
0.19	5.98	3.179
0.22	6.05	3.637

实验数据绘图 **打 印**

浓度—附加压力
纯水表面张力(N/m)： 0.07197　　测得纯水的最大压差(cmH2O)： 6.2　　实验温度(K)： 298.15

No.1	0.02	No.2	0.04	No.3	0.06	No.4	0.08	No.5	0.12	No.6	0.16	No.7	0.2	No.8	0.24

5.5	5.4	5.1	4.8	4.4	4.1	3.75	3.6

【思考题】

1. 毛细管端面为何必须调节得恰与液面相切？否则对实验有何影响？

2. 最大气泡法测定表面张力时为什么要读最大压力差？如果气泡逸出得很快，或几个气泡一齐出，对实验结果有无影响？

3. 本实验中若毛细管不清洁会不会影响测定结果？

4. 本实验中全部实验为什么必须使用同一支毛细管？如果其中的一组数据是用另一支毛细管测定的，应如何对数据进行修正？

5. 本实验为什么要进行恒温操作？

实验十六　溶胶的制备及性质

【实验目的】

1. 了解溶胶的性质及制备方法。

2. 制备 AgI 正溶胶和负溶胶。

3. 探究胶体的重要性质——丁达尔效应，学会用简单的方法鉴别胶体和溶液。

4. 测定溶胶的聚沉值，判断溶胶的电性。

【实验原理】

将一种或几种物质分散在另一种物质中就构成分散系统。在分散系统中被分散的物质叫分散相，另一种物质叫分散介质或连续相。按分散相粒子的大小，常把分散系统分为分子（或离子）分散系统（即溶液，粒子半径 $r<1nm$）、胶体分散系统（$1nm<r<100nm$）和粗分散系统（$r>100nm$）。

研究表明胶体系统至少包含了性质颇不相同的两大类：一是由难溶物分散在分散介质中所形成的憎液溶胶（简称溶胶），其中的粒子都是由很大数目的分子的聚集体构成。二是大（高）分子化合物溶液，其分子的大小已经达到胶体的范围，因此具有胶体的一些特性，但它却是分子分散的真溶液。本实验研究的系统为憎液溶胶（简称溶胶）。

溶胶的基本特征有三个：是多相体系，相界面很大；胶粒大小在几个纳米至一百纳米间；是热力学不稳定体系（要依靠稳定剂使其形成离子或分子吸附层，才能得到暂时的稳定）。

1. 溶胶的制备

溶胶的制备方法可分为以下两类。

（1）分散法　把较大物质颗粒变为胶体大小的质点。常用的分散法有机械作用法、电弧法、超声波法和胶溶作用。

（2）凝聚法　把物质的分子或离子聚合成胶体的质点。常用的凝聚法有物理凝聚法和化学凝聚法。

① 物理凝聚法：利用适当的物理过程（如蒸气骤冷、改换溶剂等）可以使某些物质凝聚成胶体粒子的大小。

② 化学凝聚法：通过化学反应（如复分解反应、水解反应、氧化或还原反应等）使生成物呈过饱和状态，然后粒子再结合成溶胶。

本实验采用化学凝聚法来制备溶胶。

化学凝聚法制备溶胶时，为了溶胶能相对稳定存在，在制备过程中除了分散相及分散介质外，还必须有稳定剂存在，这种稳定剂可以是外加的第三种物质，也可以是系统内已有的物质。一般而言，先令化学反应在稀溶液中进行，其目的是使晶粒的增长速度变慢，此时得到的是细小的粒子，即粒子直径为 $1\sim100nm$，使粒子的沉降稳定性得到保证。其次，让一种反应物过量（或反应物本身进行水解的产物），使其在胶粒表面形成双电层，以阻止胶粒的聚集。例如：$AgNO_3+KI\longrightarrow KNO_3+AgI\downarrow$ 过量的 KI 作稳定剂。

2. 胶团的形成

（1）m 个难溶物分子聚结形成聚集体。

（2）聚集体选择性地吸附 n 个稳定剂中的离子（通常是与难溶物分子中相同元素的某种离子），形成胶核。

（3）由于正、负电荷相吸，胶核紧密吸附部分 $(n-x)$ 个反离子（与胶核荷电相反的离子）形成了带与胶核相同电荷的胶粒。

（4）胶粒与扩散层中的反离子形成一个电中性的胶团。

（5）胶团的结构表达式：

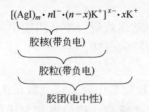

3. 丁达尔（Tyndall）效应

判断溶胶的最简单的方法是利用其丁达尔效应。

1869 年丁达尔发现，若令一束会聚光通过溶胶，从侧面（即与光束垂直的方向）可以看到一个发光的圆锥体，这就是丁达尔效应（如图 2-36）。丁达尔效应的另一特点是，不同方向观察到的光柱有不同的颜色。

图 2-36　丁达尔效应

4. 电解质对溶胶的聚沉作用

胶体稳定的原因是胶粒表面带有电荷以及胶粒表面溶剂化层的存在。憎水胶体的稳定性主要决定于胶粒表面电荷的多少，因此加入电解质后就能使溶胶聚沉。表征电解质对溶胶聚沉作用的物理量是聚沉值和聚沉能力。在一定的条件下，能使某溶胶发生聚沉作用所需电解质的最低浓度称为该电解质对该溶胶的聚沉值，其单位为 $mol \cdot L^{-1}$。聚沉能力用聚沉值的倒数表示。

在溶胶中起聚沉作用的主要是与胶粒荷电相反的粒子。一般来说，反离子的价数越高，聚沉能力越强，一、二、三价离子的聚沉能力之比约为 $1 : 2^6 : 3^6$。

【仪器与试剂】

250mL 锥形瓶 2 个；100mL 锥形瓶 3 个；50mL 容量瓶 2 个；50mL 量筒 2 个；碱式滴定管 3 支；10mL 试管 2 个；搅拌磁子 1 个；磁力搅拌器 1 台；手电筒 1 支。

$AgNO_3$ 溶液（$0.01 mol \cdot L^{-1}$）；KI 溶液（$0.01 mol \cdot L^{-1}$）；KCl 溶液（$1 mol \cdot L^{-1}$）；K_2SO_4 溶液（$0.5 mol \cdot L^{-1}$）；K_3PO_4 溶液（$0.3 mol \cdot L^{-1}$）。

【实验步骤】

1. 碘化银（AgI）胶体溶液的制备

（1）用量筒量取 50mL 0.01mol·L^{-1} 的 KI 溶液移至 250mL 锥形瓶中，加入搅拌磁子，并放到磁力搅拌器上，启动搅拌。

（2）量取 45mL 0.01mol·L^{-1} 的 AgNO$_3$ 溶液，用滴管滴加到上述溶液中，制得溶胶 I 。

（3）按步骤（1）、（2）的方法将 45mL 0.01mol·L^{-1} 的 KI 溶液滴加到 50mL 0.01 mol·L^{-1} 的 AgNO$_3$ 溶液中制得溶胶 II 。

2. 观察溶胶的丁达尔效应

将 5mL 左右的两种溶胶分别置于 2 个试管中，用手电筒照射溶胶，从入射光的垂直方向观察现象，并记录。

3. 溶胶的聚沉作用

（1）配制溶液：分别将 K$_2$SO$_4$（0.5mol·L^{-1}）、K$_3$PO$_4$（0.3mol·L^{-1}）溶液稀释，配制 0.01mol·L^{-1} 的 K$_2$SO$_4$ 溶液、0.001mol·L^{-1} 的 K$_3$PO$_4$ 溶液各 50mL。

（2）在 3 个干燥的锥形瓶中各加入 10mL 溶胶 I ，用滴定管分别将 1mol·L^{-1} 的 KCl 溶液、0.5mol·L^{-1} 的 K$_2$SO$_4$ 溶液和 0.3mol·L^{-1} 的 K$_3$PO$_4$ 溶液滴加到 3 个锥形瓶中，并不断摇动，在开始有明显聚沉物出现时，即停止加入电解质，记下每次所用的溶液体积。

（3）在 3 个干燥的锥形瓶中各加入 20mL 溶胶 II ，用滴定管分别将 1mol·L^{-1} 的 KCl 溶液、0.01mol·L^{-1} 的 K$_2$SO$_4$ 溶液和 0.001mol·L^{-1} 的 K$_3$PO$_4$ 溶液滴加到 3 个锥形瓶中，并不断摇动，在开始有明显聚沉物出现时，即停止加入电解质，记下每次所用的溶液体积。

【数据记录与处理】

1. 记录制备两种溶胶所用试剂的量，写出两种溶胶的结构式。

2. 记录丁达尔效应。

3. 记录使溶胶聚沉的各电解质用量，计算聚沉值和聚沉能力，并根据计算结果判断溶胶 I 和溶胶 II 的电性，并与其结构式对比。

【思考题】

1. 本实验制备的胶体 I 和胶体 II 中，充当稳定剂的物质是什么？

2. 指出本实验制备的 2 种胶体中的胶核、胶粒、胶团，并说明它们是否带电，电性如何？

3. 将实验制备的 2 种胶体进行电泳实验，胶粒的移动方向如何？

4. 除加入电解质外，还哪些方法可以使胶体聚沉？

实验十七　微电泳法测定蒙脱土的动电势

【实验目的】

1. 掌握微电泳法测定动电势的原理和方法。
2. 了解电视显微电泳仪的结构和原理。
3. 测定蒙脱土的动电势。

【实验原理】

分散于液相介质中的固体颗粒，因水解、吸附、电离或晶格取代等作用，其表面是带电的。在静电引力作用下，固体颗粒周围就会形成一带相反电荷的离子层，这样微粒表面的电荷与其周围的离子就构成了双电层。与固体表面离子带相反电荷的离子称为反离子。

Gouy 和 Stern 等人建立的双电层理论认为，由于离子的热运动，反离子并不是全部整齐地排列在一个面上，而是随着距界面的远近，有一定的浓度分布。取溶胶中胶粒的一部分为例，其电荷分布的情况如图 2-37 所示。在靠近粒子表面的一层，负离子有较大的浓度，随着与界面距离的增大，过剩的负离子浓度逐渐减小，直到距界面为 D 处，过剩负离子的浓度等于零，即正负离子的浓度相等。

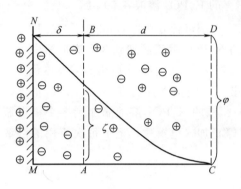

图 2-37　扩散双电层示意图

双电层可分为两部分。一部分为紧靠固体表面的不流动层，称为紧密层。其中包含了被吸附的离子和部分过剩的异电离子，其厚度为 δ，即由固体表面至虚线 AB 处。另一部分包括从 AB 到距表面为 D 处的范围，称为扩散层。在这层中过剩的反离子逐渐减少而至零，这一层是可以流动的。由这两部分所形成的双电层，称为扩散双电层（简称双电层）。

双电层中与固体表面不同距离处的电势，如图 2-37 中曲线所示。在 CD 液层中，过剩反离子浓度为 0，固体表面 MN 吸附一定量的离子，其电势相对于 CD 处为 φ，或者说 MN 与 CD 间的电势差为 φ，称为热力学电势。固体表面（包括紧密层）AB 处的电势，其数值（相对于 CD 面）为 ζ，即指 AB 与 CD 间的电势差。由于紧密层中有部分反离子抵消固体表面所带电荷，故 ζ 电势的绝对值 $|\zeta|$ 小于热力学电势的绝对值 $|\varphi|$。$|\zeta|$ 的大小与反离子在双电层中的分布情况有关，一般来说，反离子分布在紧密层越多，相应地在扩散层就越少，则 $|\zeta|$ 越小。

ζ 电势为双电层的电势，只有在胶粒和分散介质作反向移动时，才能显示出来，故称为动电势或 ζ 电势。ζ 电势的正负则根据吸附离子的电荷符号来决定，胶粒表面吸附正离子，则 ζ 电势为正；表面吸附负离子，则 ζ 电势为负。

测定分散系统动电势的方法很多，目前应用最广泛、最方便的是利用电泳现象来测定。电泳的基本原理是：分散系统中分散相与分散介质接触时，在扩散双电层的滑动面上存在动电势，当在外加电场作用下，悬浮在液相介质中的微粒将向其所带电荷符号相反的电极方向移动。动电势和电泳速度呈正比，所以可以通过测定粒子的电泳速度来研究其动电势及其他物理化学性能。

电泳法测定动电势，又可分为宏观法和微观法。宏观法一般用来观察微粒与另一不含此微粒的导电液体的界面在电场中的移动速度，故称界面移动法；而微观法则是直接观察单个粒子在电场中的泳动速度。本实验采用微观法。

利用微观法测定分散系统的动电势，是将分散相粒子在电场作用下的泳动通过显微镜放大，直接观测溶液中被测粒子的定向运动（也可放大成像在投影屏上），读出在一定的距离内多次换向泳动的时间和次数，求其平均值，从而得到电泳速度。

电泳速度与动电势的关系可用亥姆霍兹-斯莫鲁霍夫斯基（Helmholtz-Smoluchowski）公式表示：

$$\zeta = \frac{4\pi\eta}{10\varepsilon} \times \frac{v}{E} \times 300^2 \tag{1}$$

式中，ζ 为动电势，V；v 为电泳速度，$cm \cdot s^{-1}$；E 为电势梯度，等于电泳池的端电压除以电极距离，本仪器的端电压由电压表读出，电极距离 11cm；v/E 为电泳淌度，$cm \cdot s^{-1}/(V \cdot cm^{-1})$；$\eta$ 为液体的黏度系数，$Pa \cdot s$；ε 为液体的介电常数。

令 $K = \frac{4\pi\eta}{10\varepsilon} \times 300^2$，此值可由表 2-9 查得。则动电势为：

$$\zeta = K\frac{v}{E} \tag{2}$$

由式（2）可知，只要测得粒子的电泳速度 v，即可得到动电势 ζ。

表 2-9　不同温度下动电势ζ与电泳淌度v/E 的比值（液相为水或水溶液）

$t/℃$	$\frac{\zeta}{(v/E)} \times 10^{-5}/(V^2 \cdot m^{-2} \cdot s)$	$t/℃$	$\frac{\zeta}{(v/E)} \times 10^{-5}/(V^2 \cdot m^{-2} \cdot s)$
0	22.99	26	12.62
1	22.34	27	12.40
2	21.70	28	12.18
3	21.11	29	11.98
4	20.54	30	11.78
5	20.00	31	11.58
6	19.47	32	11.40
7	18.97	33	11.22
8	18.50	34	11.04
9	18.05	35	10.87
10	17.61	36	10.70
11	17.20	37	10.54
12	16.79	38	10.37
13	16.42	39	10.24
14	16.04	40	10.09
15	15.70	41	9.952
16	15.36	42	9.815
17	15.04	43	9.628
18	14.72	44	9.551
19	14.42	45	9.426
20	14.13	46	9.305
21	13.56	47	9.185
22	13.59	48	9.070
23	13.33	49	8.958
24	13.09	50	8.850
25	12.85		

电泳槽是测定电泳速度的关键部分。电泳速度是在密封的石英毛细管内测定的。当对管内胶体施加直流电场时，可同时产生两种电动现象，其中胶粒对溶液的相对运动称为电泳，溶液对毛细管壁的相对运动称为电渗。当带负电荷的胶粒向正极方向迁移时，溶液则沿毛细管壁向负极方向移动，到达毛细管端面处汇合，形成液体回流。所以，在靠近管壁处的胶粒电泳方向与液体电渗方向相反，电泳速度缓慢；而处于毛细管中心的胶粒，其电泳方向与液体的电渗方向一致，电泳速度加快。在液体流动转移过程中，某液层是处于相对不流动的，此处电渗速度为零，在这一环层上测定的速度，就是电泳速度，此环层称为

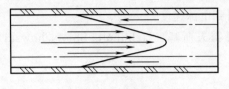

图 2-38　电渗流示意图

"静止层"（见图 2-38 中点划线）。故通过寻找"静止层"，即可测得粒子的电泳速度，进而利用式（2）计算动电势。若电泳池上下两夹板间距离为 h，静止层深度为 S，则 $S=0.194h$。

DXD-2 型电视显微电泳仪的总体结构如图 2-39 所示，其光学系统图如图 2-40 所示。DXD-2 型电视显微电泳仪的工作原理如下。

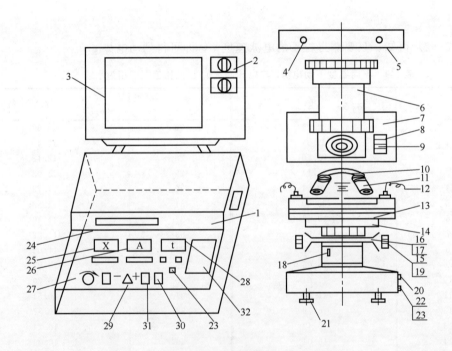

图 2-39　DXD-2 型电视显微电泳仪的总体结构

1—控制器；2—视频电缆；3—监视器；4—快门线；5—摄影机；6—摄影目镜；7—摄像机；8—光路切换钮；9—目镜；10—物镜转换器；11—物镜；12—电泳池电源线；13—电泳池；14—工作台；15—粗调手轮；16—聚光镜；17—可变光栏；18—聚光镜架手轮；19—微调手轮；20—亮度调节钮；21—可调地脚螺钉；22—灯座；23—光源开关；24—数字显示屏；25—电压表；26—电流表；27—操作器；28—温度表；29—变向开关；30—操作器开关；31—计时开关；32—计算器

光源在通过聚光镜、反光镜和前后两片隔热玻璃后照射电泳池，经过调焦，在目镜中就可看到液体中被测的微粒。当给电泳池两极施加一定电压后，则可看到粒子的定向运动。目

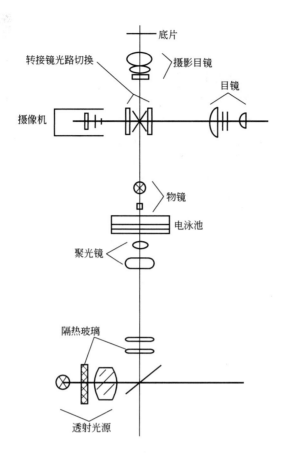

图 2-40　DXD-2 型电视显微电泳仪的光学系统

镜中摄像机靶面处和摄影镜中都放置了特制的正方网格板，三种观察方法显示网格格值大小都不一样（见表 2-10）。操作者可根据需要任选一种或临时变换观察方法。

表 2-10　网格格值标准

观　察　方　式		10 倍目镜	2 倍摄影目镜	电视监视
网格格值/μm	物镜 4×	450	250	250
	物镜 10×	140	100	100
	物镜 20×	70	70	70

【仪器与试剂】

　　DXD-2 型电视显微电泳仪。

　　蒙脱土；去离子水。

【实验步骤】

　　1. 称取 0.1g 蒙脱土粉末，分散于 250mL 蒸馏水中，配成待测悬浮体试液。

　　2. 清洗电泳池。

　　3. 接通电源线，打开电源开关及光源开关。显微镜开启光源前，光源亮度滑键应放在最小，开启后由小逐步开大至合适度。摄像机和监视器均需经过预热 10min。

4. 样品加入电泳池后，要保证连通部、电极室都没有气泡，若有气泡必须排除。样品加满后塞紧橡皮塞，保证测试工作在封闭系统中进行，擦干电泳池外壁。

5. 将电泳池有定位孔的一面向里，放置在显微镜工作台上，与水准泡定位座的定位销对位，向前平推贴紧，插上电泳池电源线。

6. 确定静止层时，先用粗调手轮升降工作台，通过监视器或目镜可逐步地分辨出四层板面，四层板面上均留有特殊条纹，可辨认板面位置，准确地找到第二层或第三层。再用微调手轮测量电泳池连通部的总厚度（实际上为第二层和第三层面板间的间距，即 h）。微调手轮测量值在 $1200 \sim 1280\mu m$（1 圈 $= 200\mu m$）时，静止层深度为 S 值。$S = 0.194h$（$250\mu m$）。若在第二层板面上，则微调手轮按顺时针方向转动 S 值；若在第三层板面上，则微调手轮按逆时针方向转动 S 值。此时在监视器上或目镜中观察到的即为静止层。

7. 打开操作器开关，并用电压旋钮给电泳池加一电压，这时即可观察到微粒的运动，电压值的大小以控制微粒在 $8\sim12s$ 内通过一格为宜，操作器上的正反开关可改变粒子的运动方向。

8. 随机选 $10\sim20$ 颗不同的粒子，连续改变方向，用计时开关累积计时，显示屏上即显示出测定的次数和时间的累积值，清零键可清除显示。

9. 利用式（2）和表 2-9 根据测量数据计算 ζ 值，并计算 ζ(20℃)。

$$\zeta(20℃) = \zeta(测)[1 - 0.02(t/℃ - 20)] \tag{3}$$

式中，t 为样品的温度，℃；ζ(测) 为样品在温度为 t 时测得的 ζ 值；ζ(20℃) 为 20℃ 时 ζ 的标准值。

【数据记录与处理】

1. 根据粒子运动的次数和时间求出平均时间和平均泳动速度。

2. 利用式（2）和表 2-9 计算 ζ 值：

$$\zeta = 表 2\text{-}9 所示 \zeta 值（温度 t 时）\times (v/E) \tag{4}$$

式中，ζ 为动电势，V；v/E 为电泳淌度，$m \cdot s^{-1}/(V \cdot m^{-1})$。

3. 根据式（3）计算 ζ(20℃)。

【思考题】

1. 电泳的基本原理是什么？

2. 为什么可以通过测定粒子的电泳速度来研究其动电势？

实验十八 乳状液的制备和鉴别

【实验目的】

1. 了解乳状液的制备原理。
2. 制备不同类型的乳状液。
3. 掌握乳状液的鉴别方法。

【实验原理】

乳状液是指一种液体分散在另一种与它不相溶的液体中所形成的分散体系。乳状液有两种类型，即水包油型（O/W）和油包水型（W/O），如图 2-41。只有两种不相溶的液体是不能形成稳定乳状液的，还必须有乳化剂的存在，一般的乳化剂大多为表面活性剂。

表面活性剂主要通过降低表面能，在液珠表面形成保护膜，或使液珠带电来稳定乳状液。

乳化剂也分为两类，即水包油型乳化剂和油包水型乳化剂。可以根据乳化剂的亲水亲油平衡值（HLB 值）来判断其类型。一般 HLB 值在 2~6 为油包水型乳化剂，HLB 值在 12~18 为水包油型乳化剂。通常，一价金属的脂肪酸皂类（如油酸钠）由于亲水性大于亲油性，为水包油型乳化剂，而二价或三价脂肪酸皂类（如油酸镁）的亲油性大于亲水性，为油包水型乳化剂。

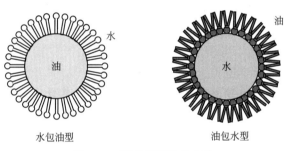

图 2-41 两种类型的乳状液

两种类型的乳状液可用以下三种方法鉴别。

（1）稀释法 加一滴乳状液于水中，如果立即散开，即说明乳状液的分散介质为水，故乳状液属水包油型；如不立即散开，即为油包水型。

（2）电导法 水相中一般都含有离子，故其导电能力比油相大得多。当水为分散介质（即连续相）时乳状液的导电能力强；反之，油为连续相，水为分散相，水滴不连续，乳状液导电能力弱。

（3）染色法 选择一种仅溶于油但不溶于水或仅溶于水不溶于油的染料，加入乳状液。若染料溶于分散相，则在乳状液中出现一个个染色的小液滴。若染料溶于连续相，则乳状液内呈现均匀的染料颜色。因此，根据染料的分散情况可以判断乳状液的类型。

【仪器与试剂】

100mL 具塞锥形瓶 2 个；20 mL 量筒 4 个；100mL 烧杯 2 个；50mL 容量瓶 2 个；胶头滴管 2 支；小试管 4 支；电导率仪 1 台（公用）。

植物油；油酸钠（化学纯）；司盘 80；$0.01 mol \cdot L^{-1}$ 的 KCl 水溶液；苏丹Ⅲ溶液；亚甲基蓝溶液。

【实验步骤】

1. 配制溶液

配制1%（质量分数）的油酸钠水溶液50mL，1%（质量分数）的司盘80植物油溶液50mL。

2. 乳状液的制备

在具塞锥形瓶中加入15mL的1%（质量分数）油酸钠水溶液，然后分次加10mL植物油（每次约加入1mL），每次加植物油后剧烈摇动，直至看不到分层的油相，得Ⅰ型乳状液。

在另一具塞锥形瓶中加入15mL 1%（质量分数）司盘80的植物油溶液，然后分次加10mL的0.01mol·L^{-1}的KCl水溶液（每次约加入1mL），每次加KCl水溶液后剧烈摇动，直至看不到分层的油相，得Ⅱ型乳状液。

3. 乳状液的鉴别

（1）稀释法　分别用小滴管将几滴Ⅰ型和Ⅱ型乳状液滴入盛有去离子水的烧杯中观察现象。

（2）染色法　取两支干净的试管，分别加入1～2mL的Ⅰ型和Ⅱ型乳状液，向每支试管中加入1滴苏丹Ⅲ溶液，振荡，观察现象。同样操作加1滴亚甲基蓝溶液，振荡，观察现象。

（3）电导法　分别取适量Ⅰ型、Ⅱ型乳状液、1%（质量分数）油酸钠水溶液和0.01mol·L^{-1}的KCl水溶液，分别测定其电导率并进行比较。

【数据记录与处理】

1. 记录实验现象及电导率值。

2. 分析实验现象，比较电导率值，判断两种乳状液的类型。

【思考题】

1. 如果想破坏乳状液有什么方法？

2. 有人说水量大于油量可形成水包油乳状液，反之为油包水，对吗？

实验十九 蔗糖水解反应速率常数的测定

理论讲解
操作演示

【实验目的】

1. 测定蔗糖水解反应的速率常数和半衰期。

2. 掌握旋光仪的使用方法。

3. 理解通过测定某特征物理量来跟踪化学反应进程的方法。

【实验原理】

蔗糖水溶液在酸性介质存在下，按下式发生水解反应：

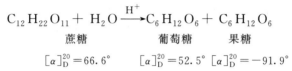

$$C_{12}H_{22}O_{11} + H_2O \xrightarrow{H^+} C_6H_{12}O_6 + C_6H_{12}O_6$$

蔗糖   葡萄糖 果糖

$$[\alpha]_D^{20} = 66.6° \qquad [\alpha]_D^{20} = 52.5° \quad [\alpha]_D^{20} = -91.9°$$

上述反应为二级反应，反应速率方程为：

$$-\frac{dc_{蔗}}{dt} = k' c_{蔗} c_{水} \tag{1}$$

当溶液浓度较稀时，反应物水是大量的，尽管有部分水参与反应，但可以近似认为在整个反应过程中水的浓度基本是恒定的。H^+ 是催化剂，其浓度也保持不变。因此反应可以看作是准一级反应，其速率方程为：

$$-\frac{dc_{蔗}}{dt} = k c_{蔗} \tag{2}$$

将式（2）移项积分，得

$$\ln \frac{c_0}{c_t} = kt \tag{3}$$

式中，c_0 为蔗糖的初始浓度；c_t 为 t 时刻时蔗糖的浓度；k 为速率常数，时间$^{-1}$；t 为反应时间。

反应物浓度消耗一半所用的时间称为半衰期，即当 $c_t = \frac{1}{2}c_0$ 时所用的时间，用 $t_{1/2}$ 表示。由式（3）可得

$$t_{1/2} = \frac{\ln 2}{k} = \frac{0.693}{k} \tag{4}$$

测定 c_t 的方法有化学方法和物理方法。

（1）化学方法 在反应过程中每过若干时间，取出一部分反应混合物，并使取出的反应物迅速停止反应（可采用降温、加阻化剂、稀释等），记录时间，然后分析此时反应物的浓度（多用容量法）。但要使反应迅速停止是有困难的，故误差较大。

（2）物理方法 根据反应物和生成物的某一物理性质（如电导、折射率、旋光度、吸收光谱、体积、压力等）与反应物浓度呈单值对应关系的特点，通过测定反应体系中物理性质的变化跟踪反应进程。随着反应的进行，该物理量将不断改变，在不同时间测定该物理量，就可以计算出反应物浓度的改变。此法的优点是不需停止反应而可连续地进行分析。

本实验是通过测定体系的旋光度来跟踪反应进程的。当一束平面偏振光通过某些物质时，其振动方向会发生改变，此时光的振动面旋转一定的角度，这种现象称为物质的旋光现象。这个角度称为旋光度，以 α 表示。物质的这种使偏振光的振动面旋转的性质叫做物质的旋光性。凡有旋光性的物质称为旋光物质。蔗糖及其水解产物都有旋光性，但各自的旋光能力是不同的，故可以利用体系在水解过程中旋光度的变化来衡量反应的进程。溶液的旋光度与溶液中所含旋光物质的种类、浓度、溶剂的性质、液层厚度、光源波长及温度等因素有关。

为了比较各种物质的旋光能力，引入比旋光度（比旋光本领）$[\alpha]_\lambda^t$ 的概念。其物理意义为：当波长为 λ 的偏振光通过 0.1m 长、每立方米含 1kg 旋光性物质的溶液后所产生的旋光角。实验室一般用 D 线（钠黄光 589.6nm）光源进行测定，所得比旋光度用 $[\alpha]_D^t$ 表示。溶液的旋光度 α 与比旋光度 $[\alpha]_D^t$ 的关系可以用下式表示：

$$\alpha = [\alpha]_D^t \cdot c \cdot l \tag{5}$$

式中，t 为实验温度，℃；D 为光源波长，本实验中采用钠黄光，波长为 589.6nm；l 为测量溶液的液层厚度，m；c 为溶液的浓度，$kg \cdot m^{-3}$。由式（5）可知，当其他条件不变时，旋光度 α 与浓度 c 成正比，即

$$\alpha = Kc \tag{6}$$

式中，K 是一个与物质旋光能力、液层厚度、溶剂性质、光源波长、温度等因素有关的常数。

实验中，把一定浓度的蔗糖水溶液与一定浓度的盐酸等体积混合，用旋光仪测定旋光度随时间的变化关系，然后推算蔗糖的水解程度。在此水解反应中，反应物蔗糖是右旋性物质，其比旋光度 $[\alpha]_D^{20} = 66.6°$；水解产生的葡萄糖也为右旋性物质，其比旋光度 $[\alpha]_D^{20} = 52.5°$；而产物中的果糖则是左旋性物质，其比旋光度 $[\alpha]_D^{20} = -91.9°$。由于果糖的左旋性比较大，因此随着水解反应的进行，右旋角不断减小，最后经过零点变成左旋。旋光度与浓度成正比，并且溶液的旋光度为各组分的旋光度之和。若反应时间为 0、t、∞ 时的旋光度分别用 α_0、α_t、α_∞ 表示，则

$$\alpha_0 = K_反 c_0 \tag{7}$$

$$\alpha_\infty = K_产 c_0 \tag{8}$$

$$\alpha_t = K_反 c_t + K_产(c_0 - c_t) \tag{9}$$

式中，α_0 为蔗糖未水解时的旋光度；α_∞ 为蔗糖全部水解后的旋光度；α_t 为蔗糖水溶液水解到 t 时刻时体系的旋光度；式（7）～式（9）中的 $K_反$ 和 $K_产$ 分别为反应物与产物的比例常数。由式（7）、式（8）、式（9）联立可以解得

$$c_0 = \frac{\alpha_0 - \alpha_\infty}{K_反 - K_产} = K'(\alpha_0 - \alpha_\infty) \tag{10}$$

$$c_t = \frac{\alpha_t - \alpha_\infty}{K_反 - K_产} = K'(\alpha_t - \alpha_\infty) \tag{11}$$

将式（10）、式（11）代入式（3），得

$$\ln(\alpha_t - \alpha_\infty) = -kt + \ln(\alpha_0 - \alpha_\infty) \tag{12}$$

以 $\ln(\alpha_t - \alpha_\infty) \sim t$ 作图为一直线，由该直线的斜率即可求得蔗糖水解反应的速率常数 k，从而可以进一步求得反应的半衰期 $t_{1/2}$。

通常有两种方法测定 α_∞：一种方法是将反应液放置 48h 以上，使其反应完全后测 α_∞；另一种方法是将反应液在 50～60℃水浴中加热 30min 以上再冷却到实验温度测 α_∞。前一种方法时间太长；而后一种方法应注意温度的控制，否则容易产生副反应。本实验采用后一种方法。

【仪器与试剂】

WZZ-3 自动旋光仪 1 套；烧杯（600mL）1 个；量筒（50mL）2 个；具塞三角瓶（150mL）1 个；温度计 1 支；玻璃恒温水浴 1 套（公用）；台秤 1 台（公用）。

HCl 溶液（3mol·L⁻¹ 或 4mol·L⁻¹）；蔗糖（分析纯）。

【实验步骤】

1. 打开玻璃恒温水浴，将水温调到 50～60℃。

2. 打开旋光仪（详见第三章第五节中 WZZ-3 型自动旋光仪部分相关内容）的开关（Power），并将光源开关向下扳到交流（AC）位置，这时钠光灯发亮，预热 5～10min 钠光灯发光稳定。将光源开关由 AC 转为 DC（变交流为直流）。按"回车"键，这时液晶显示器有 MODE、L、C、n 选项显示，本实验要求测量旋光度，MODE 为 1，由于样品浓度随反应进行而不断变化，不同时刻 α 值不同，因此，n 只能选 1，其他选项按默认值即可，按"回车"键数次至"α：0000"出现。

3. 旋光仪零点的校正

去离子水为非旋光物质，用其校正仪器的零点。先洗净样品管，将管一端的盖子旋上，倒置并在管内灌满去离子水，使液体形成凸液面，加上盖子。此时管内不应有气泡存在，若有气泡，应让气泡浮在样品管凸起的部位，以保证光路无气泡。用滤纸将样品管外擦干。通光面两端的玻璃片上的雾状水滴，应用镜头纸揩干。将装有去离子水的样品管放入样品室，注意样品管的位置和方向，盖上箱盖，按"清零"键，显示"0.000"读数。

4. 称量 100g 蔗糖将其溶解稀释至 500mL（公用）。

5. α_t 的测定：洗净旋光管，用量筒量取蔗糖溶液、HCl 溶液各 50mL。将蔗糖溶液倒入具塞锥形瓶中，然后将 HCl 溶液迅速倒入，并使之充分混合。用混合后的溶液润洗旋光管 3～4 次，按步骤 3 向旋光管内注满溶液后放入旋光仪样品室中，盖上样品室盖子，开始计时，测量溶液 t 时刻的旋光度 α_t。开始时，可每 3min 读数 1 次，15min 后，每 5min 读数 1 次。共测定 40min。

6. α_∞ 的测定：将步骤 5 锥形瓶中剩余的混合液置于 50～60℃的水浴中，恒温 30min，然后冷却至实验温度，按上述操作测定其旋光度，此值即为 α_∞。

7. 实验结束后，关闭仪器电源，用自来水、去离子水清洗旋光管等玻璃仪器。

【注意事项】

1. 由于酸对仪器有腐蚀，操作时应特别注意，避免酸液滴到仪器上。旋光管放入旋光仪前，一定要将外部擦干净，防止溶液带入，腐蚀仪器。

2. 实验结束后必须将旋光管上下管口打开并冲洗干净，否则旋光管金属螺帽易被腐蚀，导致漏液。

3. 测定 α_∞ 时要掌握好温度和时间，防止出现副反应。

4. 旋光管螺帽旋至不漏液即可，过紧会造成损坏，或因玻璃片受力产生应力而致使有一定的假旋光。

【数据记录与处理】

1. 实验数据记录于下表。

室温：_____；大气压：_____；

温度：_____；盐酸浓度：_____；α_∞：_____。

反应时间	α_t	$\alpha_t - \alpha_\infty$	$\ln(\alpha_t - \alpha_\infty)$

2. 以 $\ln(\alpha_t - \alpha_\infty)$ 对 t 作图，由所得直线的斜率求出反应速率常数 k。

3. 计算蔗糖转化反应的半衰期 $t_{1/2}$。

【思考题】

1. 蔗糖水解反应过程中是否必须对仪器进行零点校正？为什么？

2. 蔗糖溶液为什么可以粗配？

3. 将蔗糖溶液与盐酸溶液相混合时应注意什么？

4. 本实验何时开始计时对测定结果有无影响？为什么？

5. 蔗糖水解反应速率与哪些因素有关？蔗糖水解速率常数与哪些因素有关？

6. 本实验中所使用的蔗糖溶液的浓度如果降至一半，所测的速率常数和半衰期将如何变化？为什么？

实验二十 过氧化氢催化分解反应速率常数的测定

【实验目的】

1. 用"选取速率控制步骤法"进行复合反应的动力学研究。

2. 测定 H_2O_2 催化分解的反应速率常数。

3. 了解催化剂对反应速率的影响。

【实验原理】

所谓催化剂，是指能改变反应速率而自身在反应前后的数量和化学性质都不发生变化的物质。催化剂改变反应速率的作用叫催化作用。有催化剂参与的化学反应称为催化反应。

常温常压下，在没有催化剂存在时，H_2O_2 分解反应进行得很慢，但是使用催化剂后可以显著提高过氧化氢分解的反应速率。H_2O_2 的分解反应如下：

$$H_2O_2 \longrightarrow H_2O + \frac{1}{2}O_2$$

某些催化剂可以明显地加速 H_2O_2 的分解，如 Pt、Ag、MnO_2、$FeCl_3$、碘化物，本实验用 KI 作催化剂，由于反应是在均相（溶液）中进行，故称为均相催化反应。

该反应的反应机理是：

$$H_2O_2 + KI \longrightarrow H_2O + KIO \qquad （慢）$$

$$KIO \longrightarrow KI + \frac{1}{2}O_2 \qquad （快）$$

由反应机理可知，此反应为复合反应，由于第一步的反应速率要比第二步慢得多，为反应的速率控制步骤，所以整个分解反应的速率取决于第一步，可以用"选取速率控制步骤法"对该反应动力学进行近似处理。用单位时间内 H_2O_2 浓度的减少表示反应速率，则它与 KI 和 H_2O_2 的浓度成正比：

$$-\frac{dc(H_2O_2)}{dt} = k_1 c(I^-) c(H_2O_2)$$

式中，c 表示各物质的浓度，$mol \cdot L^{-1}$；t 为反应时间；k_1 为反应速率常数，浓度$^{-1} \cdot$时间$^{-1}$，其大小与温度、介质及操作条件（如搅拌速度等）有关，表示的是反应物浓度为单位浓度时体系的反应速率，故其值与反应组分的浓度无关。

由于催化剂在反应前后的浓度是不变的，即 $c(I^-)$ 可视为常数，则

$$-\frac{dc(H_2O_2)}{dt} = kc(H_2O_2)$$

此时，反应的速率与反应物浓度的 1 次方成正比，为一级反应。式中，k 为反应的表观反应速率常数，也称速率系数，其单位为时间$^{-1}$，其值除与温度等有关以外，还与催化剂的浓度有关。上式表明 H_2O_2 的分解反应为一级反应。本实验的目的在于研究催化剂用量对反应速率的影响，故改变催化剂用量，并测定其表观速率常数 k，进行比较即可。将上式积分，可得

$$\ln \frac{c(H_2O_2)}{c_0(H_2O_2)} = -kt \qquad (1)$$

式中，$c_0(H_2O_2)$ 为反应开始时 H_2O_2 的浓度；$c(H_2O_2)$ 为反应到某一时刻 H_2O_2 的浓度。

在 H_2O_2 分解过程中，t 时刻 H_2O_2 的浓度 $c(H_2O_2)$ 可以通过测量在相应时间内反应放出的 O_2 的体积求得。这是由于分解过程中放出的氧气体积与已被分解的 H_2O_2 浓度成正比，比例常数为定值。故根据在相应时间内分解放出氧气的体积可得出 t 时刻 H_2O_2 的浓度。

用 V_∞ 表示 H_2O_2 全部分解时产生的 O_2 体积，V_t 表示在 t 时刻 H_2O_2 分解放出的 O_2 体积，当使用的 H_2O_2 的体积一定时，则有

$$c_0(H_2O_2) \propto V_\infty \qquad 或 \qquad c_0(H_2O_2) = fV_\infty$$

$$c(H_2O_2) \propto (V_\infty - V_t) \qquad 或 \qquad c(H_2O_2) = f(V_\infty - V_t)$$

式中，f 为比例系数。

将上面的关系式代入式（1），得

$$\ln = \frac{c(H_2O_2)}{c_0(H_2O_2)} = \ln\frac{V_\infty - V_t}{V_\infty} = -kt \tag{2}$$

$$\ln(V_\infty - V_t) = -kt + \ln V_\infty \tag{3}$$

以 $\ln(V_\infty - V_t)$ 对时间 t 作图得一直线，从直线的斜率即可求出（表观）反应速率常数 k。

V_∞ 可以由实验所用的 H_2O_2 体积及浓度算出。

标定 H_2O_2 浓度的方法如下：

$$5H_2O_2 + 2KMnO_4 + 3H_2SO_4 \longrightarrow 2MnSO_4 + K_2SO_4 + 8H_2O + 5O_2\uparrow$$

按其分解反应的化学方程式可知 1mol H_2O_2 放出 0.5mol O_2，在酸性溶液中以高锰酸钾标准溶液滴定，求出 $c(H_2O_2)$，就可以算出 V_∞。

$$c(H_2O_2) = \frac{c(KMnO_4)V(KMnO_4)}{V(H_2O_2)} \times \frac{5}{2} \tag{4}$$

$$V_\infty = \frac{c(H_2O_2)V(H_2O_2)}{2} \times \frac{RT}{p(O_2)} \tag{5}$$

式中，$p(O_2)$ 为氧气的分压（Pa），即大气压减去实验温度下水的饱和蒸气压；T 为实验温度（K）。

【仪器与试剂】

磁力搅拌器 1 台；过氧化氢分解实验玻璃仪器一套（见图 2-42）；150mL 磨口锥形瓶 1 个；25mL 刻度移液管 2 支；10mL 量筒 2 个；秒表 1 块。

H_2O_2 溶液；KI 溶液（0.1mol·L^{-1}、0.2mol·L^{-1}）；KMnO$_4$ 标准溶液；H_2SO_4 溶液（3mol·L^{-1}）。

【实验步骤】

1. 仪器检漏：将磨口锥形瓶塞子塞上，举起水位瓶，把三通阀打到 b 位置（三通状态），使锥形瓶、量气管、大气相通，打开止水夹使水位升到一定高度，关闭止水夹，放下

水位瓶，把三通阀打到 a 位置（两通状态），使系统与大气隔绝。轻开止水夹使左右两个量气管水位产生一段落差，关闭止水夹，观察水位。如果 2min 内液柱差没有变化，说明系统不漏气，若液柱差缩小，则系统漏气，可检查各个接口处（三通阀或瓶塞），如果是锥形瓶瓶口漏气可采用水封。

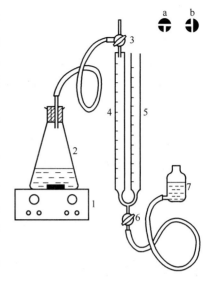

图 2-42 过氧化氢分解实验装置图
1—电磁搅拌器；2—磨口锥形瓶；
3—三通旋塞；4,5—50mL 量气管；
6—旋塞或止水夹；7—水位瓶

2. 依次用移液管量取 10mL H_2O_2 和 10mL H_2O 于磨口锥形瓶中，加入搅拌子，放置在磁力搅拌器上。三通阀处在三通状态，将量气管 "4" 内液面调至零刻度线，此时左右两液面在零点处相平。打开磁力搅拌器电源开关，调节适当的搅拌速度，用量筒取 10mL 浓度为 $0.1mol \cdot L^{-1}$ 的 KI 溶液，加入锥形瓶中，立即盖上塞子，同时迅速将三通打到两通，并开始计时。由于 H_2O_2 分解生成 O_2，可以观察到量气管 "4" 内液面下降，此时应用点压方法开关止水夹，使左右两管液面下降速度大致相同，当量气管 "4" 液面每下降 5mL 左右时，调整左右两管液面在同一水平面，并记录时间及相应的气体体积数，直至量气管 "4" 液面降至 40mL 时为止。

3. 用 $0.2mol \cdot L^{-1}$ 的 KI 溶液重复以上操作。

4. 测定 H_2O_2 的初浓度。用移液管取 5mL H_2O_2 溶液于锥形瓶中，加入 10mL 浓度为 $3mol \cdot L^{-1}$ 的 H_2SO_4，用标准 $KMnO_4$ 溶液滴定至淡红色。

【注意事项】

1. 实验时搅拌速度调好后要保持不变。

2. 加入 KI 溶液后要迅速将三通转为两通，防止氧气外漏。

3. 时间要连续记录。

4. 记录实验温度和大气压。

【数据记录与处理】

1. 自行设计实验数据记录表，记录原始数据并填入演算结果 $\ln(V_\infty - V_t)$。

2. 以 $\ln(V_\infty - V_t)$ 对 t 作图，由直线的斜率求出速率系数 k。

【思考题】

1. 在实验过程中，搅拌速度为什么要维持恒定？

2. 本实验为什么要测表观反应速率常数，其值与催化剂用量有无关系？

3. 有无其他测定 V_∞ 的方法？

4. KI 在该反应中的作用是什么？KI 参与反应了吗？其特点是什么？

实验二十一　二级反应速率常数的测定

【实验目的】

1. 掌握电导率法测定化学反应速率常数和活化能的原理和方法。
2. 了解计算机在线检测技术的应用并学会其使用方法。
3. 测定乙酸乙酯皂化反应的速率常数及反应活化能。

理论讲解
操作演示

【实验原理】

乙酸乙酯皂化反应是二级反应，反应式为：

$$CH_3COOC_2H_5 + NaOH \rightarrow CH_3COONa + C_2H_5OH$$

其反应速率方程可表示为：

$$\frac{dy}{dt} = k([A]_0 - y)([B]_0 - y) \tag{1}$$

式中，$[A]_0$、$[B]_0$ 分别表示乙酸乙酯（A）和氢氧化钠（B）的初始浓度；y 为经过 t 时刻后消耗掉的 A 和 B 的浓度；k 为反应速率常数（反应物浓度均为单位浓度时系统的反应速率）。

若 $[A]_0 = [B]_0$，则式（1）可转化为：

$$\frac{dy}{dt} = k([A]_0 - y)^2 \tag{2}$$

积分式（2）得

$$k = \frac{y}{t[A]_0([A]_0 - y)} \tag{3}$$

根据式（3），可通过测定不同时刻的 y 值，以 $y/([A]_0 - y)$ 对 t 作图，从其斜率求得 k 值。y 值可用化学分析法测定，也可以用物理法（如电导法）测定。本实验用电导法测定，即通过测定反应系统电导率的变化来表示反应物浓度的变化，从而计算反应速率常数。下面介绍电导法测定 y 的基本原理。

在整个反应系统中可近似认为乙酸乙酯和乙醇是不导电的，反应过程中溶液电导率的变化完全是由于反应物 OH^- 不断被产物 CH_3COO^- 所取代而引起的。而 OH^- 的导电能力远远大于 CH_3OO^-，因此，随着反应的不断进行，系统的电导率不断降低。

另外在稀溶液中，每种强电解质的电导率可视为与其浓度成正比，而且溶液的总电导率等于组成溶液的电解质的电导率之和。

基于上述观点，在反应开始时溶液电导率 κ_0 可视为完全由 NaOH 贡献，反应结束后溶液电导率 κ_∞ 完全由 CH_3COONa 贡献，那么对于稀溶液反应来说，κ_0、κ_∞ 和 t 时刻溶液的电导率 κ_t 可分别表示为：

$$\kappa_0 = k_1[A]_0 \tag{4}$$

$$\kappa_\infty = k_2[A]_0 \tag{5}$$

$$\kappa_t = k_1([A]_0 - y) + k_2 y \tag{6}$$

式中，k_1、k_2 分别为与温度、溶剂、电解质 NaOH 和 CH_3COONa 的性质有关的比例常数

$$\frac{y}{[A]_0 - y} = \frac{\kappa_0 - \kappa_t}{\kappa_t - \kappa_\infty} \tag{7}$$

将式（7）代入式（3）得：

$$k = \frac{\kappa_0 - \kappa_t}{t[A]_0(\kappa_t - \kappa_\infty)} \qquad (8)$$

移项后式（8）可改写为

$$\kappa_t = \frac{\kappa_0 - \kappa_t}{k[A]_0 t} + \kappa_\infty \qquad (9)$$

以 κ_t 对 $(\kappa_0 - \kappa_t)/t$ 作图可得一直线，其斜率 $b = 1/(k[A]_0)$，从而可确定 k 值。

若测得两个不同温度 T_1 和 T_2 下的反应速率常数 $k(T_1)$ 和 $k(T_2)$，根据阿累尼乌斯方程

$$\ln\frac{k(T_2)}{k(T_1)} = \frac{E_a(T_2 - T_1)}{RT_1 T_2} \qquad (10)$$

即可求得反应的活化能 E_a。

本实验利用计算机在线检测技术完成反应系统电导率变化的测定，并进行数据处理。

【仪器与试剂】

ZHFY-I 乙酸乙酯皂化反应测量装置 1 台；玻璃恒温槽 1 台；皂化反应器（图 2-43）2 个；100mL 容量瓶 1 个；15mL 移液管 2 支；1mL 移液管 1 支；小试管 1 个。

NaOH 标准溶液；分析纯乙酸乙酯。

公用仪器：计算机 1 台；打印机 1 台。

【实验步骤】

1. 配制乙酸乙酯溶液

根据标准 NaOH 溶液的准确浓度，配制 100mL 相同浓度的乙酸乙酯水溶液。

2. 打开电源，使仪器处于待测状态，调节恒温槽水温至（25.0±0.1）℃。

3. 将 NaOH 标准溶液稀释 1 倍，用小试管取此稀释液约 2mL，将清洁、干燥的电导电极插入溶液中，在恒温槽内恒温 5min。将反应器测量装置上的温度补偿钮置于 25℃，量程置于最大量程（20mS·cm^{-1}），将测量

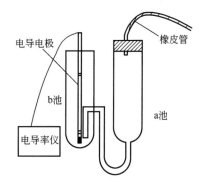

图 2-43 皂化反应器

装置调到"测量"状态，旋转"常数"旋钮，将电导率示数调节到 8 左右。

4. 用 15mL 移液管向皂化反应器的 a 池中加入 15mL 标准 NaOH 溶液（注意不要使溶液进入 b 池中），再用另一支移液管向 b 池中加入 15mL 相同浓度的乙酸乙酯溶液，将清洁、干燥的电导电极插入 b 池中，在 a 池上盖上磨口塞。将皂化反应器放入恒温水浴中恒温。

5. 打开计算机，点击皂化反应控制系统图标 ，进入如下画面。

（1）设置通信口。从"设置"的下拉菜单中选择"通讯口"，根据仪器标注选择相应通讯口，如"COM1、COM2"等。

（2）设置坐标系。点击界面上方的"设置"，从下拉菜单中选择"设置坐标系"，将电导率坐标值设为"0~10"，时间坐标值设为"0~15"，点击"确定"。

（3）输入体系温度。在"体系温度"栏，根据恒温水浴温度输入相应温度值，如 25℃。（注意：该系统可以完成 2 个温度下的实验，且需按着温度由低到高的顺序完成）。

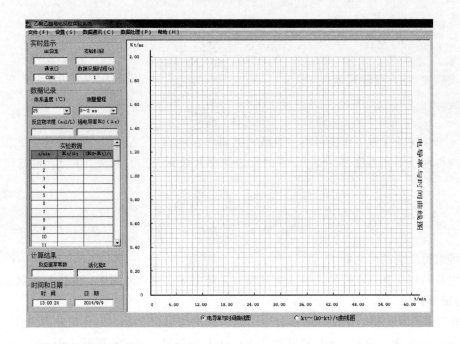

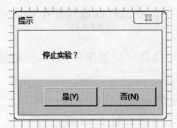

（4）选择测量量程。在"测量量程"栏，点击下拉菜单，在出现的下拉菜单中选择与电导率仪一致的量程（此栏只起量程显示作用，无量程选择功能，如未设置对实验数据无影响）。

（5）输入反应物浓度。根据反应系统实际情况输入系统中反应物初始浓度值，即所用反应物（氢氧化钠或乙酸乙酯）溶液浓度的1/2（此数据也可在数据处理时填写）。

6. 恒温15min后，点击计算机界面上方的"数据通讯"，在下拉菜单中选择"开始实验"，弹出对话框：

用洗耳球与a池磨口塞上的橡胶管相连，以不使溶液喷出的速度挤压洗耳球，使氢氧化钠进入b池与乙酸乙酯溶液混合，同时点击系统界面中的"是"，此时系统开始计时，界面中的"实验时间"栏显示时间值。在20s之内反复混合3次，并保证混合后的液体大部分在b池中，30s后在界面的"电导率"栏显示反应系统电导率实时值。

7. 反应15min后，在"数据通讯"的下拉菜单中选择"停止实验"，弹出对话框：点击"是"，停止实验，并保存文件。

8. 调节恒温水浴温度至35℃，取另一个皂化反应器，在刚刚保存过的文件中，点击"体系温度"栏中的下拉箭头，选择另一温度栏，并输入第二个反应温度（35℃），按步骤3~7重复上述实验并保存文件。

9. 数据处理。打开实验文件，出现第一温度下的实验图形。

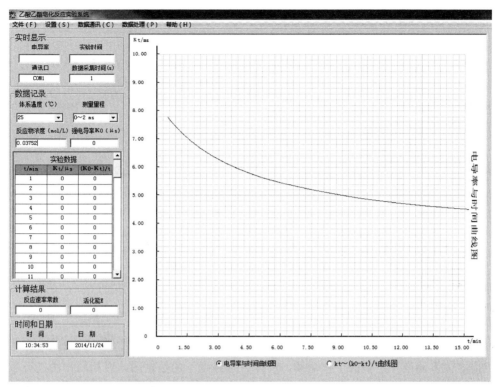

点击"数据处理":在下拉菜单中选择"绘制 $\kappa_t\text{-}(\kappa_0-\kappa_t)/t$ 图",系统绘出相应直线,页面左侧给出相应实验数据及该温度下的速率常数。

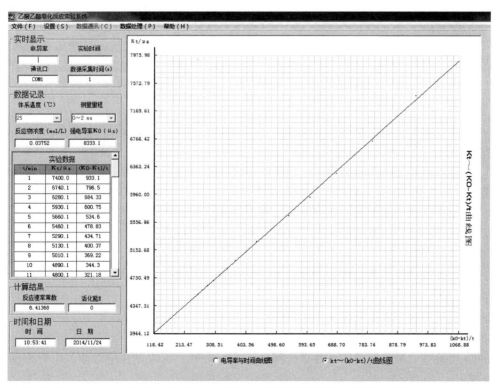

点击页面下方的"电导率与时间曲线图"系统页面回到数据记录界面:

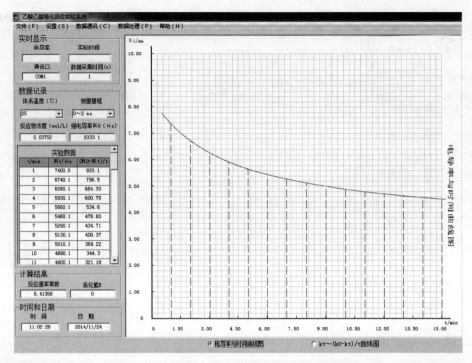

点击"体系温度"栏中的下拉箭头，选择另一温度下的数据图，用相同方法进行数据处理，得到该温度下的速率常数。此时再次点击页面上方的"数据处理"，在下拉菜单中选择"计算活化能"，页面左下部的"活化能"栏显示相应数据。

完成全部数据处理后，点击页面上方的"文件"，在下拉菜单中选择"打印"，输出相应结果。

10. 实验结束后，取出电极，洗净并浸泡在去离子水中。弃去反应器中的溶液，洗净用过的所有玻璃仪器，将洗净的皂化反应器放入烘箱烘干备用，关闭所有仪器的电源。

【注意事项】

1. 在进行电导率仪校正时，要先将"校正-测量"置于"测量"档，校正用的 NaOH 溶液的浓度应为实验所用溶液浓度的一半。

2. 进行溶液混合时动作要迅速，一般应在 20s 之内完成。混合后溶液应尽量存在于插入电极的反应器中，以保证电极浸入反应液中。

3. 电导率仪调好后注意不要碰触，否则会使基础值发生变化，影响实验的准确性。

4. 待计算机记录数据结束后方可取出电极，结束实验。

【数据记录与处理】

1. 从计算机记录的数据中，分别取得 T_1、T_2 温度下 $\kappa(T_1)$、$\kappa(T_2)$ 及反应的活化能值。

2. 注明反应速率常数及活化能的单位。

【思考题】

1. 本实验中，被测溶液的电导率是哪些离子的贡献？反应过程中溶液的电导率为何会发生变化？

2. 本实验所依据的方程式是式（9），式（9）的应用条件是什么？本实验是采取哪些措施来满足这些条件?

　　3. 为什么反应开始时要尽可能快、尽可能完全地使两种溶液混合?

　　4. 根据式(8),以$(\kappa_0-\kappa_t)/(\kappa_t-\kappa_\infty)$对$t$作图,可从所得直线的斜率求算速率常数,但需$\kappa_0$和$\kappa_\infty$数据。试设想如何通过实验直接测得$\kappa_0$和$\kappa_\infty$。

　　5. 本实验中,应如何对电导率仪进行校正?

实验二十二　"碘钟"反应的动力学应用

【实验目的】

1. 掌握"碘钟"反应的原理，学会运用"碘钟"反应设计动力学实验的方法。
2. 测定过硫酸根与碘离子的反应速率常数、反应级数和反应活化能。

【实验原理】

过硫酸根与碘离子的反应式如下：

$$S_2O_8^{2-} + 2I^- \longrightarrow 2SO_4^{2-} + I_2 \tag{1}$$

如事先同时加入少量硫代硫酸钠标准溶液和淀粉指示剂，则式（1）产生的碘便很快被还原为碘离子：

$$2S_2O_3^{2-} + I_2 \longrightarrow 2I^- + S_4O_6^{2-} \tag{2}$$

直到 $S_2O_3^{2-}$ 消耗完，游离碘遇到淀粉即显示蓝色。从反应开始到蓝色出现所经历的时间，即可作为反应初速的计量。由于这一反应能自身显示反应进程，故常称为"碘钟"反应。

1. 反应级数和速率常数的确定

当温度和溶液的离子强度一定时，式（1）的速率方程可写成

$$-\frac{d[S_2O_8^{2-}]}{dt} = k[S_2O_8^{2-}]^\alpha[I^-]^\beta \tag{3}$$

式中，k 为反应的速率常数，表示反应物浓度均为单位浓度时系统的反应速率；α、β 分别为各反应物的反应分级数。在测定反应级数的方法中，反应初速法能避免反应产物干扰，求得反应物的真实级数。

如果选择一系列初始条件，测出对应于析出碘量为 $\Delta[I_2]$ 的蓝色出现时间 Δt，则反应的初始速率是：

$$-\frac{d[S_2O_8^{2-}]}{dt} = \frac{d[I_2]}{dt} = \frac{\Delta[I_2]}{\Delta t} \tag{4}$$

设备初始条件下每次加的硫代硫酸钠量不变，即 $\Delta[I_2]$ 为常数，则

$$-\frac{d[S_2O_8^{2-}]}{dt} = \frac{常数}{\Delta t} \tag{5}$$

将式（5）代入式（3）取对数，得

$$\ln\frac{1}{\Delta t} = \ln k + \alpha\ln[S_2O_8^{2-}] + \beta\ln[I^-] - 常数 \tag{6}$$

若保持 $[I^-]$ 不变，以 $\ln\dfrac{1}{\Delta t}$ 对 $\ln[S_2O_8^{2-}]$ 作图，从所得的直线斜率求得 α；若保持 $[S_2O_8^{2-}]$ 不变，以 $\ln\dfrac{1}{\Delta t}$ 对 $\ln[I^-]$ 作图，可求得 β。根据式（3）、式（4），可求得反应速率常数 k。

2. 反应活化能的确定

根据阿累尼乌斯方程

$$\ln k = \ln A - \frac{E_a}{RT}$$

式中，A 称为指前因子，E_a 为反应的活化能。假定在实验温度范围内活化能不随温度改变，测得不同温度的速率常数后即可按 $\ln k$ 对 $\frac{1}{T}$ 作图，从所得直线斜率求得活化能 E_a。

溶液中的离子反应与溶液离子强度有关。因此实验时需要在溶液中维持一定的电解质浓度以保持离子强度不变。

【仪器与试剂】

混合反应器（如图 2-44 所示）；10mL 移液管 3 支、5mL 移液管 4 支；10mL 刻度移液管 2 支；秒表 1 块。

$0.1 mol \cdot L^{-1}$ $(NH_4)_2S_2O_8$（或 $K_2S_2O_8$）溶液；$0.1 mol \cdot L^{-1}$ $(NH_4)_2SO_4$（或 K_2SO_4）溶液；$0.1 mol \cdot L^{-1}$ KI 溶液；$0.005 mol \cdot L^{-1}$ $Na_2S_2O_3$ 标准溶液；0.5% 淀粉指示剂。

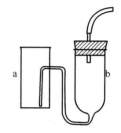

图 2-44 混合反应器

【实验步骤】

1. 按照表 2-11 所列数据将 $(NH_4)_2S_2O_8$ 溶液及 $(NH_4)_2SO_4$ 溶液放入反应器 a 池，并加 2mL 0.5% 淀粉指示剂；将 KI 溶液及 $Na_2S_2O_3$ 溶液加入 b 池。在 25℃恒温 10min 后，用洗耳球将 b 池溶液迅速压入 a 池，同时计时，并来回吸压两次使混合均匀。当混合溶液变为蓝色即停止计时。

表 2-11 实验操作条件

编 号	$(NH_4)_2S_2O_8$ 溶液/mL	$(NH_4)_2SO_4$ 溶液/mL	KI 溶液/mL	$Na_2S_2O_3$ 溶液/mL
1	10	6	4	5
2	10	4	6	5
3	10	2	8	5
4	10	0	10	5
5	8	2	10	5
6	6	4	10	5
7	4	6	10	5

2. 用相同方法进行其他组溶液的实验，每次加淀粉指示剂均为 2mL。

3. 取 4 号溶液做 30℃、35℃、40℃的实验，求活化能。

【数据记录与处理】

1. 取实验编号 1、2、3、4 的数据，以 $\ln \frac{1}{\Delta t}$ 对 $\ln [I^-]$ 作图，从所得直线斜率求 β。

2. 取实验编号 4、5、6、7 的数据，以 $\ln \frac{1}{\Delta t}$ 对 $\ln [S_2O_8^{2-}]$ 作图，从所得的直线斜率求 α。

3. 用实验所得数据按式（3）、式（4）计算反应速率常数，用作图法求反应活化能。

【思考题】

1. 用反应初速法测定动力学参数有何优点？

2. 本实验是否符合保持其中一种反应物浓度不变的条件？

3. 溶液中离子强度为何影响反应速率？

4. 活化能与温度有无关系？活化能大小与反应速率有何关系？

实验二十三　丙酮碘化反应的速率常数及活化能的测定

【实验目的】

1. 测定用酸作催化剂时丙酮碘化反应的速率常数及活化能。
2. 初步认识复杂反应机理，了解复杂反应表观速率常数的求算方法。
3. 掌握分光光度计的使用方法。

【实验原理】

在化学反应中，只有少数反应是由一个基元反应组成的简单反应，大多数的化学反应是由若干个基元反应组成的复合反应。复合反应的反应速率和反应浓度间的关系，不能用质量作用定律表示。因此，用实验测定反应速率与反应物或产物浓度的关系，即测定反应对各组分的分级数，从而得到复合反应的速率方程，是研究反应动力学的重要内容。

对于复合反应，当知道反应速率方程的形式后，就可以对反应机理进行某些推测。如该反应究竟由哪些步骤完成，各个步骤的特征和相互关系如何等。

在酸溶液中丙酮碘化是复合反应。其反应方程式可写成

$$\underset{A}{H_3C-\overset{\overset{O}{\|}}{C}-CH_3} + I_2 \xrightarrow{H^+} \underset{E}{H_3C-\overset{\overset{O}{\|}}{C}-CH_2I} + I^- + H^+$$

一般认为该反应按以下两步进行：

$$\underset{A}{H_3C-\overset{\overset{O}{\|}}{C}-CH_3} \underset{H^+}{\rightleftharpoons} \underset{B}{H_3C-\overset{\overset{OH}{\|}}{C}=CH_2} \tag{1}$$

$$\underset{B}{H_3C-\overset{\overset{OH}{\|}}{C}=CH_2} + I_2 \longrightarrow \underset{E}{H_3C-\overset{\overset{O}{\|}}{C}-CH_2I} + I^- + H^+ \tag{2}$$

反应（1）是丙酮的烯醇化反应，它是一个很慢的可逆反应，反应（2）是烯醇的碘化反应，它是一个快速且趋于进行到底的反应。因此，丙酮碘化反应的总速率是由丙酮的烯醇化反应的速率决定的，丙酮的烯醇化反应的速率取决于丙酮及 H^+ 的浓度，如果以碘化丙酮浓度的增加来表示丙酮碘化反应的速率，则此反应的动力学方程式可表示为：

$$\frac{dc_E}{dt} = kc_A c(H^+) \tag{3}$$

式中，c_E 为碘化丙酮的浓度；$c(H^+)$ 为氢离子的浓度；c_A 为丙酮的浓度；k 表示丙酮碘化反应总的速率常数。

由反应（2）可知

$$\frac{dc_E}{dt} = -\frac{dc(I_2)}{dt} \tag{4}$$

因此，如果测得反应过程中各时刻碘的浓度，就可以求出 dc_E/dt。由于碘在可见光区有一个比较宽的吸收带，因此可利用分光光度计来测定丙酮碘化反应过程中碘的浓度，从而求出反应的速率常数。若在反应过程中，丙酮的浓度远大于碘的浓度且催化剂酸的浓度也足够

大，则可把丙酮和酸的浓度看作不变，把式（3）代入式（4）积分得

$$c(\mathrm{I}_2) = -kc_{\mathrm{A}}c(\mathrm{H}^+)t + B \tag{5}$$

按照朗伯-比耳（Lambert-Beer）定律，某指定波长的光通过碘溶液后的光强为 I，通过蒸馏水后的光强为 I_0，则透光率可表示为：

$$T = \frac{I}{I_0} \tag{6}$$

并且透光率与碘的浓度之间的关系可表示为：

$$\lg T = -\varepsilon dc(\mathrm{I}_2) \tag{7}$$

式中，T 为透光率；d 为比色槽的光径长度；ε 为取以 10 为底的对数时的摩尔吸收系数。将式（5）代入式（7），得

$$\lg T = k\varepsilon dc_{\mathrm{A}}c(\mathrm{H}^+)t + B' \tag{8}$$

由 $\lg T$ 对 t 作图可得一直线，直线的斜率为 $k\varepsilon dc_{\mathrm{A}}c(\mathrm{H}^+)$。式中，$\varepsilon d$ 可通过测定一已知浓度的碘溶液的透光率，由式（7）求得，当 c_{A} 与 $c(\mathrm{H}^+)$ 浓度已知时，只要测出不同时刻丙酮、酸、碘的混合液对指定波长的透光率，就可以利用式（8）求出反应的总速率常数 k。

由两个或两个以上温度的速率常数，就可以根据阿累尼乌斯（Arrhenius）关系式计算反应的活化能。

$$E_{\mathrm{a}} = 2.303R\frac{T_1 T_2}{T_2 - T_1}\lg\frac{k_2}{k_1}$$

或

$$E_{\mathrm{a}} = \frac{RT_1 T_2}{T_2 - T_1}\ln\frac{k_2}{k_1} \tag{9}$$

为了验证上述反应机理，可以进行反应级数的测定。根据总反应方程式，可建立如下关系式：

$$v = \frac{dc_{\mathrm{E}}}{dt} = kc_{\mathrm{A}}^{\alpha}c^{\beta}(\mathrm{H}^+)c^{\gamma}(\mathrm{I}_2)$$

式中，α、β、γ 分别表示丙酮、H^+ 和碘的反应级数。若保持 H^+ 和碘的起始浓度不变，只改变丙酮的起始浓度，分别测定在同一温度下的反应速率，则

$$\frac{v_2}{v_1} = \left(\frac{c_{\mathrm{A},2}}{c_{\mathrm{A},1}}\right)^{\alpha} \qquad \alpha = \lg\frac{v_2}{v_1}\Big/\lg\frac{c_{\mathrm{A},2}}{c_{\mathrm{A},1}} \tag{10}$$

同理可求出 β、γ：

$$\beta = \lg\frac{v_3}{v_1}\Big/\lg\frac{c(\mathrm{H}^+)_2}{c(\mathrm{H}^+)_1} \qquad \gamma = \lg\frac{v_4}{v_1}\Big/\lg\frac{c_{\mathrm{A},2}}{c_{\mathrm{A},1}} \tag{11}$$

【仪器与试剂】

分光光度计 1 套；容量瓶（50mL）4 支；超级恒温槽 1 台；带有恒温夹层的比色皿 1

个；移液管（10mL）3 支；秒表 1 块。

碘溶液（含 4％的 KI；0.03mol·L^{-1}）；标准盐酸溶液（1mol·L^{-1}）；丙酮溶液（2mol·L^{-1}）。

【实验步骤】

1. 实验准备

① 恒温槽恒温于（25.0±0.1）℃或（30.0±0.1）℃。

② 开启有关仪器，分光光度计要预热 30min。

③ 取 4 个洁净的 50mL 容量瓶，第 1 个装满去离子水；第 2 个用移液管移入 5mL I_2 溶液，用去离子水稀释至刻度；第 3 个用移液管移入 5mL I_2 溶液和 5mL HCl 溶液；第 4 个先加入少许去离子水，再加入 5mL 丙酮溶液。然后将 4 个容量瓶放在恒温槽中恒温备用。

2. 透光率 100％的校正

分光光度计波长调在 565nm；狭缝宽度 2nm（或 1nm）；控制面板上工作状态调在透光率挡。比色皿中装满去离子水，在光路中放好。恒温 10min 后调节去离子水的透光率为 100％。

3. 测量 εd 值

取恒温好的碘溶液注入恒温比色皿，在（25.0±0.1）℃时，置于光路中，测其透光率。

4. 测定丙酮碘化反应的速率常数

将恒温的丙酮溶液倒入盛有酸和碘混合液的容量瓶中，用恒温好的去离子水洗涤盛有丙酮的容量瓶 3 次。洗涤液均倒入盛有混合液的容量瓶中，最后用去离子水稀释至刻度，混合均匀，倒入比色皿少许，洗涤三次倾出。然后再装满比色皿，用擦镜纸擦去残液，置于光路中，测定透光率，并同时开启停表。以后每隔 3min 读一次透光率，直到光点指在透光率 100％为止。

以上数据记录也可由微机自动采集。

5. 测定各反应物的反应级数

各反应物的用量如下：

编　号	2mol·L^{-1} 丙酮溶液/mL	1mol·L^{-1} 盐酸溶液/mL	0.03mol·L^{-1} 碘溶液/mL
2	10	5	5
3	5	10	5
4	5	5	2.5

测定方法同步骤 3，温度仍为（25.0±0.1）℃或（30.0±0.1）℃。

6. 将恒温槽的温度升高到（35.0±0.1）℃，重复上述操作 1.③、2、3、4，但测定时间应相应缩短，可改为 2min 记录一次。

【注意事项】

1. 温度影响反应速率常数，实验时体系始终要恒温。

2. 混合反应溶液时操作必须迅速准确。

3. 比色皿的位置不得变化。

【数据记录与处理】

1. 把实验数据填入下表：

$c_{I_2} = $ _____；$T = $ _____；$\lg T = $ _____；$\varepsilon d = $ _____。

时间/min	透光率 T		lg$T$	
	25.0℃	35.0℃	25.0℃	35.0℃

2. 将 lg$T$ 对时间 t 作图，得一直线，从直线的斜率可求出反应的速率常数。

3. 利用 25.0℃ 及 35.0℃ 时的 k 值求丙酮碘化反应的活化能。

4. 反应级数的求算：由实验步骤 4、5 中测得的数据，分别以 ln$T$ 对 t 作图，得到四条直线。求出各直线斜率，即为不同起始浓度时的反应速率，代入式（10）、式（11）可求出 α、β、γ。

【讨论】

虽然在反应（1）和（2）中，从表观上看除 I_2 外没有其他物质吸收可见光，但实际上反应体系中却还存在着一个次要反应，即在溶液中存在着 I_2、I^- 和 I_3^- 的平衡：

$$I_2 + I^- \rightleftharpoons I_3^- \tag{12}$$

其中 I_2 和 I_3^- 都吸收可见光。因此反应体系的吸光度不仅取决于 I_2 的浓度，而且与 I_3^- 的浓度有关。根据朗伯-比耳定律可知，含有 I_3^- 和 I_2 的溶液的总吸光度 E 可以表示为 I_3^- 和 I_2 两部分的吸光度之和：

$$E = E_{I_2} + E_{I_3^-} = \varepsilon_{I_2} d c(I_2) + \varepsilon_{I_3^-} d c(I_3^-) \tag{13}$$

而摩尔吸光系数 ε_{I_2} 和 $\varepsilon_{I_3^-}$ 是入射光波长的函数。在特定条件下，即波长 $\lambda = 565$nm 时，$\varepsilon_{I_2} = \varepsilon_{I_3^-}$，所以式（13）就可变为：

$$E = \varepsilon_{I_2} d [c(I_2) + c(I_3^-)] \tag{14}$$

也就是说，在 565nm 这一特定的波长条件下，溶液的吸光度 E 与总碘量（$I_2 + I_3^-$）成正比。因此常数 εd 就可以由测定已知浓度碘溶液的总吸光度 E 来求出。所以本实验必须选择工作波长为 565nm。

【思考题】

1. 本实验中，是将丙酮溶液加到盐酸和碘的混合液中，但没有立即计时，而是当混合物稀释至 50mL，摇匀倒入恒温比色皿测透光率时才开始计时，这样做是否影响实验结果？为什么？

2. 影响本实验结果的主要因素是什么？

实验二十四　BZ 化学振荡反应

【实验目的】

1. 了解 BZ（Belousov-Zhabotinski）化学振荡反应的基本原理及研究化学振荡反应的方法。

2. 掌握在硫酸介质中以金属铈离子作催化剂时，丙二酸被溴酸钾氧化过程的基本原理。

3. 测定上述系统在不同温度下的诱导时间及振荡周期，计算在实验温度范围内反应的诱导活化能和振荡活化能。

【实验原理】

化学振荡是一种周期性的化学现象，即反应系统中某些物理量（如组分的浓度）随时间作周期性的变化。

早在 17 世纪，波义耳就观察到磷放置在留有少量缝隙的带塞烧瓶中时，会发生周期性的闪亮现象。这是由于磷与氧的反应是一支链反应，自由基累积到一定程度就发生自燃，瓶中的氧气被迅速耗尽，反应停止。随后氧气由瓶塞缝隙扩散进入，一定时间后又发生自燃。1921 年，勃雷（W. C. Bray）在一次偶然的机会中发现 H_2O_2 与 KIO_3 在稀硫酸溶液中反应时，释放出 O_2 的速率以及 I_2 的浓度会随时间呈现周期性的变化。从此，这类化学现象开始被人们所注意，特别是 1959 年，由贝洛索夫（B. P. Belousov）首先观察到并随后被恰鲍廷斯基（A. M. Zhabotinsky）深入研究的反应，即丙二酸在溶有硫酸铈的酸性溶液中被溴酸钾氧化的反应：

$$3H^+ + 3BrO_3^- + 5CH_2(COOH)_2 \xrightarrow{Ce^{3+}} 3BrCH(COOH)_2 + 4CO_2 + 5H_2O + 2HCOOH$$

这使人们对化学振荡发生了广泛的兴趣，并发现了一批可呈现化学振荡现象的含溴酸盐的反应系统，这类反应称为 BZ 振荡反应。而水溶液中 $KBrO_3$ 氧化丙二酸 $CH_2(COOH)_2$ 的反应在化学振荡反应中最为著名且研究得最为详细的一例，其催化剂为 Ce^{4+}/Ce^{3+} 或 Mn^{3+}/Mn^{2+}。

人们曾经对 BZ 反应做过多方面的探讨，并提出了不少历程来解释 BZ 振荡反应，其中说服力较强的是 KFN 历程（即 Fidld、Koros 及 Noyes 三姓的简称）。按此历程，反应由三个主过程组成：

过程 A　（1）$Br^- + BrO_3^- + 2H^+ \longrightarrow HBrO_2 + HBrO$

　　　　（2）$Br^- + HBrO_2 + H^+ \longrightarrow 2HBrO$

过程 B　（3）$HBrO_2 + BrO_3^- + H^+ \longrightarrow 2BrO_2 \cdot + H_2O$

　　　　（4）$BrO_2 \cdot + Ce^{3+} + H^+ \longrightarrow HBrO_2 + Ce^{4+}$

　　　　（5）$2HBrO_2 \longrightarrow BrO_3^- + H^+ + HBrO$

过程 C　（6）$4Ce^{4+} + BrCH(COOH)_2 + H_2O + HBrO \longrightarrow 2Br^- + 4Ce^{3+} + 3CO_2 + 6H^+$

过程 A 消耗 Br^-，产生能进一步反应的 $HBrO_2$，HBrO 为中间产物。

过程 B 是一个自催化过程。所谓自催化过程是指反应产物也能够对该反应起催化作用的过程。在 Br^- 消耗到一定程度后，$HBrO_2$ 才按式（3）、式（4）进行反应，并使反应不断加速，与此同时，Ce^{3+} 被氧化为 Ce^{4+}。$HBrO_2$ 的累积还受到式（5）的制约。

过程 C 为丙二酸被溴化为 $BrCH(COOH)_2$，Ce^{4+} 还原为 Ce^{3+}。

过程 C 对化学振荡非常重要，如果只有 A 和 B，就是一般的自催化反应，进行一次就完成了，正是 C 的存在，以丙二酸的消耗为代价，重新得到 Br^- 和 Ce^{3+}，反应得以再次发生，形成周期性的振荡。在此振荡反应中，Br^- 是控制离子。

产生化学振荡需要满足以下三个条件。

（1）反应必须远离平衡态。化学振荡和某些机械振荡不同，后者如钟摆的摆动，是在平衡位置附近围绕着平衡点的周期性运动。化学反应处在平衡态时，其正逆反应的速率是相等的，故不可能越过平衡态，而实践表明，化学振荡只有在远离平衡态、具有很大的不可逆程度时才能发生。在封闭系统中，振荡是衰减型的；如果是在敞开系统中，振荡则有可能是长期持续型的。因为在敞开系统中，可以不断地补充反应物，使得体系总是偏离平衡态，而始终保持反应的摩尔吉布斯函数变为较负的数值，以便有足够的驱动力使反应自发进行。倘若不补充反应物，而随着反应物的不断消耗，反应的振动是不会维持多久的。

（2）反应历程中应包含自催化的步骤。产物之所以能加速反应，是因为发生了自催化作用，如过程 A 中的产物 $HBrO_2$ 同时又是反应物，自催化反应的存在是化学振荡反应得以发生的必要条件。

（3）体系中必须有两个稳态存在，即具有双稳定性。经验表明，化学振荡伴随着在两个稳定区之间的跃迁。这里所谓的稳定不是指热力学稳定，而是指动力学稳定。作一形象化的比喻：例如在给定条件下，当钟摆摆动到右方最高点后，它会自动地摆向左方的最高点。在前面的化学振荡中，当化学反应中组分（Ce^{3+}）增加到一定程度后，它会自发地向产生 Ce^{4+} 组分的方向变化。

化学振荡体系的振荡现象可以通过多种方法观察，如观察溶液颜色的变化、测定电势随时间的变化等。

本实验体系中有两种离子（Br^- 和 Ce^{3+}）的浓度发生周期性的变化，其变化的过程实际上均为氧化还原反应，因而可以设计成电极反应，而电极电势的大小与产生氧化还原物质的浓度有关。故可以以甘汞电极为参比电极，选用 Br^- 选择性电极（测定 Br^- 浓度的变化）和氧化还原电极（Ce^{3+},Ce^{4+}/Pt 电极，可测定 Ce^{3+} 浓度的变化）构成电池，测定反应过程中电池电动势的变化，以表征两种离子（Br^- 和 Ce^{3+}）的浓度变化。

本实验采用饱和甘汞电极为参比电极，铂电极为导电电极，与溶液中的 Ce^{3+}/Ce^{4+} 构成氧化还原电极，此时：

$$E(Ce^{3+}/Ce^{4+})=E^{\ominus}-\frac{RT}{ZF}\ln\frac{[Ce^{3+}]}{[Ce^{4+}]} \tag{1}$$

所构成电池的电动势为：

$$E=E(Ce^{3+}/Ce^{4+})-E_{甘汞} \tag{2}$$

记录电池电动势（E）随时间（t）变化的 E-t 曲线，观察 BZ 振荡反应。测定不同温度下的诱导时间 $t_{诱}$ 和振荡周期 $t_{振}$，进而研究温度对振荡过程的影响。

由文献可知，诱导时间 $t_{诱}$ 和振荡周期 $t_{振}$ 与其相应的活化能之间存在如下关系：

$$\ln\frac{1}{t_{诱}}=-\frac{E_{诱}}{RT}+C \tag{3}$$

$$\ln\frac{1}{t_{振}}=-\frac{E_{振}}{RT}+C' \tag{4}$$

分别以 $\ln\frac{1}{t_{诱}}$、$\ln\frac{1}{t_{振}}$ 对 $\frac{1}{T}$ 作图，可得直线，直线斜率 K 为：

$$K = -\frac{E}{R} \tag{5}$$

由式（5）可以计算诱导活化能 $E_{诱}$ 和振荡活化能 $E_{振}$。

本实验通过计算机在线检测，利用程序处理数据、打印图形，并自动得到直线斜率。

【仪器与试剂】

BZ 振荡反应仪器 1 套；超级恒温槽 1 台；计算机采集系统及打印机；25mL 移液管 4 支。

丙二酸（0.4mol·L^{-1}）；溴酸钾（0.2mol·L^{-1}，现配）；硫酸铈铵（0.005mol·L^{-1}）；硫酸溶液（3mol·L^{-1}）；H_2SO_4（1mol·L^{-1}）。

【实验步骤】

1. 配制浓度为 0.2mol·L^{-1} 的溴酸钾溶液 1000mL。

2. 连接好振荡反应装置（见图 2-45），打开超级恒温槽，将温度调节到（25.0±0.1）℃。

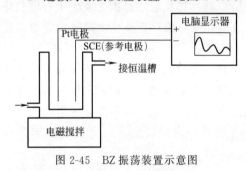

图 2-45　BZ 振荡装置示意图

3. 依次启动计算机，启动程序，根据仪器上的标号选择适当 COM 接口，设置好坐标，一般可选择 0.4～1.2V，时间选择为 15min 即可（详见本实验附注）。

4. 洗净并干燥反应器，打开 BZ 振荡实验装置的电源，在恒温反应器中依次加入已配好的丙二酸、硫酸、溴酸钾各 15mL，打开搅拌器，同时将装有硫酸铈铵溶液的试剂瓶放入超级恒温水浴中，恒温 10min。

5. 先在放置甘汞电极的液接试管中加入少量 1mol·L^{-1} 的 H_2SO_4 溶液（确保电极浸入溶液中），然后将甘汞电极放入，并将电极旁的胶帽取下。

6. 恒温结束后，按下 BZ 振荡实验装置的"采零"键，然后将电极线的正极接在铂电极上，负极接在甘汞电极上，点击计算机上"数据处理"菜单中的"开始绘图"，然后加入硫酸铈铵 15mL。观察反应过程中溶液的颜色变化。

7. 计算机自动记录实验曲线。待出现 3～4 个峰时，点击"数据处理"菜单中的"结束绘图"，然后存盘。点击"清屏"，准备进行下一步操作。

8. 改变恒温槽温度为 30℃、35℃、40℃、45℃、50℃，重复以上实验操作。

【注意事项】

1. 实验中溴酸钾试剂纯度要求高，所使用的反应容器一定要冲洗干净，磁力搅拌器中转子位置及速度都必须加以控制。

2. 配制 $4×10^{-3}$ mol·L^{-1} 的硫酸铈铵溶液时，一定要在 0.2mol·L^{-1} 的硫酸介质中配制。否则易发生水解反应，使溶液浑浊。

3. 每台计算机带四台仪器，设置好界面后应按操作步骤进行。

4. 恒温槽的搅拌开关一定要打开，否则循环加热泵不会工作。

5. 实验使用的 217 型甘汞电极要用 1mol·L^{-1} 的 H_2SO_4 作液接。

6. 实验结束后，将甘汞电极旁的胶帽扣好，然后将电极放在饱和 KCl 溶液中。在反应器中加入去离子水，放入铂电极。

7. 加样顺序对体系的振荡周期有影响，故实验过程中加样顺序要保持一致。

8. 本实验中程序所作直线为 $\left(-\ln\frac{1}{t}\right)$-$\frac{1}{T}$ 图，故数据处理程序给出的斜率 $K = \frac{E}{R}$。

【数据记录与处理】

1. 实验结束后可根据实验需要重新设置坐标，然后依次调出实验数据，根据电脑提示测定 $t_{诱}$ 和 $t_{1振}$，保存于数据库中。

2. 打开数据库，选取相应实验数据，点击"计算"，计算机自动以 $\left(-\ln\dfrac{1}{t_{诱}}\right)-\dfrac{1}{T}$ 和 $\left(-\ln\dfrac{1}{t_{1振}}\right)-\dfrac{1}{T}$ 作图，并给出直线的斜率。

3. 根据斜率 $K=E/R$ 求出表观活化能 $E_{诱}$、$E_{振}$。

【思考题】

1. 本实验记录的电势代表什么含义？

2. 影响诱导时间和振荡周期的主要因素有哪些？

3. 本实验中铈离子的作用是什么？

4. 本实验中所使用的甘汞电极为什么必须用 $1\,mol\cdot L^{-1}$ 的 H_2SO_4 作液接？

5. 本实验中，可否用同一体系连续测定不同温度下的反应？

【附注】 BZ 振荡反应控制程序的使用方法

1. 启动程序：启动计算机，点击"BZ 振荡 2.00"图标，进入如下界面：

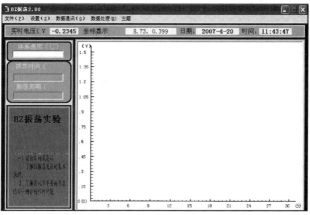

2. 串行口设置：点击上述界面中的"设置"，出现下拉菜单，点击菜单中的"串行口设置"，根据仪器上的标号选择适当 COM 接口。

3. 坐标设置：点击上述界面中的"设置"，出现下拉菜单，点击菜单中的"坐标设置"，出现如下界面：

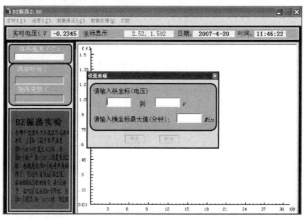

一般纵坐标可选择 0.4～1.2V，横坐标时间选择为 15min。

4. 记录数据：在上述界面中"体系温度"栏输入实验温度，点击控制界面中"数据通讯"菜单中的"开始绘图"，计算机自动记录所测实验曲线。实验结束后，点击"数据通讯"菜单中的"结束绘图"，然后存盘。点击"数据通讯"菜单中的"清屏"，准备进行下一步操作。

5. 数据处理

（1）实验结束后可根据实验需要重新设置坐标，然后点击"文件"菜单中的"打开"，调出相应文件，出现如下界面（以一次实验为例）：

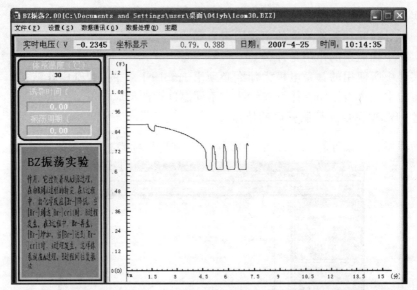

（2）分别点击"数据处理"菜单中的"诱导时间"和"振荡周期"，根据电脑提示进行操作，求得诱导时间和振荡周期，程序将所得信息自动存入上述界面中的"诱导时间"和"振荡周期"栏。

（3）点击"数据处理"菜单中的"添加到数据库"，完成数据的储存。

（4）调出其他实验条件下的文件，重复步骤（1）～（4）。

（5）点击"数据处理"菜单中的"历史数据"，出现如下界面：

找到处理数据所需要的文件，点击相应文件的标记栏，使标记为"True"，不使用的文件标记为"False"。

（6）点击上述界面中的"计算"，会出现如下两界面：

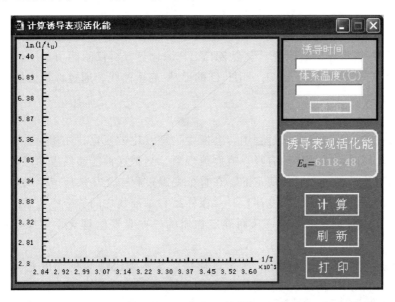

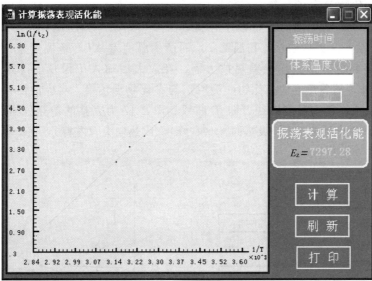

（7）分别点击上述两界面中的"打印"，打印机会打印出相应图形，并给出 E_u 和 E_z 值。

注意：① 程序中所给出的 E_u 和 E_z 值为相应直线的斜率，而非"诱导表观活化能"和"振荡表观活化能"。

② 上述两图形中的纵坐标分别为 $\left(-\ln\dfrac{1}{t_u}\right)$ 和 $\left(-\ln\dfrac{1}{t_z}\right)$。

实验二十五　差热-热重分析

【实验目的】

1. 掌握差热-热重分析的原理，学会 ZRY-1P 综合热分析仪的使用。

2. 用综合热分析仪测定 $CuSO_4 \cdot 5H_2O$ 的差热-热重曲线，通过计算机处理差热-热重数据，并分析其结果。

【实验原理】

许多物质在被加热或冷却的过程中，会发生物理或化学变化，如相变、脱水、分解或化合等过程。与此同时，必然伴随有吸热或放热现象。当把这种能够发生物理或化学变化并伴随有热效应的物质，与一个对热稳定的、在整个变温过程中无热效应产生的基准物（或叫参比物）在相同的条件下加热（或冷却）时，在样品和基准物之间就会产生温度差，通过测定这种温度差可了解物质变化规律，从而确定物质的一些重要物理化学性质，称为差热分析（Differential Thermal Analysis，DTA）。

差热分析是在程序控制温度下，测量试样物质 S 和参比物 R 的温度差与温度关系的一种技术。差热分析原理如图 2-46 所示。

试样 S 与参比物 R 分别装在两个坩埚内。在坩埚下面各有一个片状热电偶，这两个热电偶相互反接。对 S 和 R 同时进行程序升温，当加热到某一温度试样发生放热或吸热时，试样的温度 T_S 会高于或低于参比物温度 T_R 而产生温度差 ΔT，该温度差就由上述两个反接的热电偶以差热电势形式输给差热放大器，经放大后输入记录仪，得到差热曲线，即 DTA 曲线。另外，从差热电偶参比物一侧取出与参比物温度 T_R 对应的信号，经热电偶冷端补偿后送记录仪，得到温度曲线，即 T 曲线。图 2-47 为完整的差热分析曲线，即 DTA 曲线及 T 曲线。纵坐标为 ΔT，吸热向下（右峰），放热向上（左峰），横坐标为温度 T（或时间）。

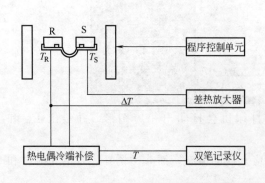

图 2-46　差热分析原理示意图

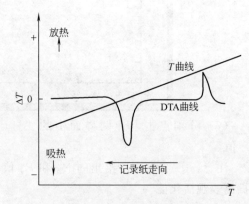

图 2-47　差热分析曲线

不同的物质由于它们的结构、成分、相态都不一样，在加热过程中发生物理、化学变化的温度高低和热焓变化的大小均不相同，因而在差热曲线上峰谷的数目、温度、形状和大小均不相同，这就是应用差热分析进行物相定性、定量分析的依据。

热重分析是指在程序控制温度下，测量物质的质量与温度关系的一种技术。在此基础上记录的曲线以质量为纵坐标、温度（或时间）为横坐标，即 m-T 曲线，为试样在程序控制温度下质量变化的曲线。

在程序控制温度下，选择一种在所测定的温度范围内不会发生任何物理或化学变化的对热稳定的物质作为参比物，将其与样品一起置于可按设定速率升温的电炉中，在炉温上升过程中分别记录参比物的温度、样品与参比物间的温度差以及物质质量的变化，可得到差热曲线（即 DTA 曲线）和热重曲线（即 TG 曲线）。DTA 曲线是一系列的放热峰、吸热峰所组成的曲线。根据这些峰的位置、形状和数目可鉴别物质，作为研究物质的含量和相变的工具。TG 曲线以质量作纵坐标，从上向下表示质量减少；以温度（或时间）为横坐标，自左至右表示温度（或时间）增加。

热重法的主要特点是定量性强，能准确地测量物质的这些变化及变化的速率。热重法的实验结果与实验条件有关。但在相同的实验条件下，同种样品的热重数据是重现的。

从热重法派生出微商热重法（DTG），即 TG 曲线对温度（或时间）的一阶导数。实验时可同时得到 DTG 曲线和 TG 曲线。DTG 曲线能精确地反映出起始反应温度、达到最大反应速率的温度和反应终止的温度。在 TG 曲线上，对应于整个变化过程中各阶段的变化互相衔接而不易区分开，同样的变化过程在 DTG 曲线上能呈现出明显的最大值。故 DTG 曲线能很好地显示出重叠反应，区分各个反应阶段，这是 DTG 的最可取之处。另外，DTG 曲线峰的面积精确地对应着变化了的重量，因而 DTG 能精确地进行定量分析。有些材料由于种种原因不能用 DTA 来分析，却可以用 DTG 来分析。

ZRY-1P 综合热分析仪是具有微机处理系统的差热-热重联用的综合热分析仪，是在程序温度（等速升降温、恒温和循环）控制下，测量物质的热化学性质的分析仪器。常用于测定物质在熔融、相变、分解、化合、凝固、脱水、蒸发、升华等特定温度下发生的热量和质量变化，是国防、科研、大专院校、工矿企业等单位研究不同温度下物质物理化学性质的重要分析仪器。

ZRY-1P 综合热分析仪由热天平主机、加热炉、冷却风扇、微机温控单元、天平放大单元、微分单元、差热放大单元、接口单元、气氛控制单元、PC 微机、打印机等组成，见图 2-48。

【仪器与试剂】

ZRY-1P 综合热分析仪。

$CuSO_4 \cdot 5H_2O$。

【实验步骤】

1. 开机预热和调整参数

接通仪器的各个控制单元电源（差热

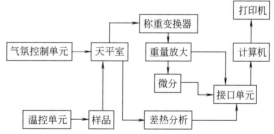

图 2-48　ZRY-1P 综合热分析仪原理示意图

放大单元、气氛控制单元、天平放大单元、微分单元、温控单元）。调温控单元处于暂停状态：温控仪面板显示为"0"或"stop"（注意不要打开电炉电源）。仪器需预热 30min。调整仪器各单元面板上的参数。开启计算机，进入 ZRY-1P 应用软件窗口。

点击"采样"进入"采样设置"对话框，设置量程参数。"采样设置"中四个量程的参数设置要与仪器各单元量程一致。

2. 天平调零和样品称重

暂将差热放大器单元和微分单元的量程选择开关置于"短路"位置（即 ⊥ 位置）。然后旋开加热炉顶端固定旋钮，左手托住加热炉底部外圈，右手松开右侧滑杆的固定螺钉，右手托住滑杆底端，将加热炉缓慢滑至底部。加热炉石英管口盖上盖板，右手用镊子轻轻取出样品坩埚（参比物坩埚不用取出），再放入新坩埚，然后取下盖板，左手托住加热炉底部外圈，右手旋开右侧螺钉，将加热炉轻轻抬升至顶端，先旋紧右侧滑杆固定螺钉，再旋紧炉子顶端旋钮。整个操作过程要缓慢仔细，不能碰到样品杆，甚至不能让样品杆有晃动。调节天平放大单元电减码，使数据站接口单元 TG 数据显示在 ＋00.000～＋00.030 之间即可。先调左边的电减码，最后调节微调旋钮。若在通气状态下实验，通气半小时后，再调电减码。数据接口单元的 TG 数据达到要求后，点击"采样设置"中的"调零结束"，再点击"起始温度"，让光标停在"起始温度"框内。

如前操作放下炉体，加热炉石英管口盖上盖板，取出空坩埚，加入样品（原则上样品量不能超过坩埚内高的 2/3），样品放入后，蹾几下坩埚，使样品密实，再放回样品支架（注意避免样品杆晃动）。待天平稳定后，查看数据站接口单元 TG 读数，一般在 3.4～4.6 之间，当数值达到要求后，取下盖板，如前操作将加热炉升起固定，然后把差热放大器单元和微分单元的量程选择开关置于所需位置。

在采样设置中填写起始温度、结束温度、升温速率、样品名称、样品重量。

起始温度：已知样品的反应温度减去 50℃，取整数，不低于 50℃，若不知样品反应温度，则直接设置 50℃。本实验起始温度选择 50℃。

结束温度：已知样品的反应温度加上 100℃，但不超过 900℃。若未知，直接设置900℃。本实验选择 800℃。

升温速率：5～20℃/min，一般常用 10℃/min。本实验升温速度为 10℃/min。

保持时间：无样品保温段，所以不需要设置。

样品重量：就是"采样设置"中所显示的 TG 值。

数据填写完成后，先不点击"采样设置"中的"确定"按钮。进行步骤 3。

3. 温控编程及采样

双击电脑桌面的"balance"，点击"温度程序"进入温度程序参数设置界面。程序段01，初始温度：0；终止温度："采样设置"的终止温度加 100℃，不能超过 900℃；升温速率：与"采样设置"一致。点击"确定"。进入程序段 02，初始温度：为程序段 01 的终止温度；终止温度：为程序段 01 的起始温度；时间：－121。点击"确定"，然后再点击"温度程序参数设置"对话框中的"完成"，在出现的对话框"温度程序有吗?"中点击"是"，出现"通信成功"，点击"确定"，"数据采集"，"最小化"。

打开风扇电源，按温控单元的"电炉启动"按钮，然后点击"cnin"中的"Run"（注意不可先按"Run"后启动电炉，否则会烧坏电炉），查看温控单元的 SV 栏，显示的数据逐渐增大时，点击"采样设置"中的"确认"。进入绘图界面状态。

4. 采样结束，关闭仪器

（1）采样结束点击"存盘返回"，保存文件，然后点击"cnin"中的"stop"，最后按"温控单元"的"电炉停止"（该操作顺序不能颠倒）。

（2）退出计算机的控制程序，再关闭各单元电源，最后关闭总电源。

【注意事项】

1. 选择适当的参数。不同的样品因其性质不同，操作参数和温控程序应作相应调整。本实验参数设定如下。

（1）差热单元：量程开关放在 ±100；斜率开关在 5 挡。

（2）天平单元：量程开关放在 1mg 挡；倍率开关放在 10 或 100 上。

（3）微分单元：量程开关放在 5 挡。

（4）气氛控制单元：本实验在空气气氛下进行实验，所以这部分参数不用填写。

（5）温控程序参数：$CaC_2O_4 \cdot H_2O$ 的起始温度为 0℃，终止温度为 1000℃；升温速率为 10℃·min^{-1}；保持 50min（时间设-121）；$CuSO_4 \cdot 5H_2O$ 的起始温度为 0℃；终止温度为 300℃；升温速率为 10℃·min^{-1}（时间设-121）。

2. 样品取量要适当，样品量太大，会使 TG 曲线偏离。

3. 使用温度在 500℃ 以上，一定要使用气氛，以减小天平误差。实验过程中，气流要保持稳定。

4. 当 TG 曲线与 DTA 曲线距离过近时，可用微分单元的调零调开，重新采样出图。

图线意义：红线——T，紫线——DTA，蓝线——DTG，绿线——TG。

实验时控温单元：红灯——炉壁温度，绿灯——设定温度。电脑显示实时的试样温度。

5. 编程完毕后，先启动电炉再运行（点"RUN"）。

6. 合炉时应注意上口玻璃及中间炉子不要碰撞。

【数据记录与处理】

1. 调入所存文件，做差热数据处理，指出样品差热图中各峰的起始温度，通过处理得出峰顶温度、外延点温度和热熔，并分析讨论各峰所对应的反应。

2. 做热重数据处理，得出各阶段的失重百分率，失重斜率最大点温度、开始温度及结束温度，结合差热数据分析 $CuSO_4 \cdot 5H_2O$ 热分解过程。

【思考题】

1. 差热分析的基本原理是什么？

2. 实验中为什么要选择适当的样品量和适当的升温速度？

3. 为什么要控制升温速度？升温过快、过慢有何后果？

4. 各个参数对曲线分别有什么影响？

实验二十六　溶液吸附法测定固体比表面积

【实验目的】

1. 用溶液吸附法测定颗粒活性炭的比表面积。

2. 了解朗格缪尔（Langmuir）单分子层吸附理论及溶液吸附法测定比表面积的基本原理和测定方法。

【实验原理】

比表面积是指单位质量（或单位体积）的物质所具有的表面积，其数值与分散粒子大小有关。

测定固体比表面积的方法很多，常用的有 BET 低温吸附法、电子显微镜法和气相色谱法，但它们都需要复杂的仪器装置或较长的实验时间。而溶液吸附法则仪器简单，操作方便。本实验用亚甲基蓝水溶液吸附法测定活性炭的比表面积。此法虽然误差较大，但比较实用。

研究表明，在一定的浓度范围内，大多数固体对亚甲基蓝的吸附是单分子层吸附，符合朗格缪尔吸附理论。

朗格缪尔吸附理论的基本假定是：吸附是单分子层吸附，吸附剂一旦被吸附质覆盖就不能再发生吸附，吸附质之间的相互作用可以忽略；吸附平衡为动态平衡，即单位时间单位表面上吸附的吸附质分子数和脱附的分子数相等，吸附量维持不变；固体表面是均匀的；固体表面各个吸附位完全等价，吸附速率与未被吸附表面积（空白面积）成正比，脱附速率与表面覆盖率成正比。

当亚甲基蓝与活性炭达到饱和吸附后，比表面积可按下式计算：

$$S = \frac{(c_0 - c)G}{m} \times 2.45 \times 10^6 \tag{1}$$

式中，S 为比表面积；c_0 为原始溶液的浓度；c 为平衡溶液的浓度；G 为溶液的加入量，kg；m 为吸附剂试样的质量，kg；2.45×10^6 为 1kg 亚甲基蓝可覆盖活性炭样品的面积，$m^2 \cdot kg^{-1}$。

本实验溶液浓度的测量是借助于分光光度计来完成的。根据朗伯-比耳定律，当入射光为一定波长的单色光且溶液为稀溶液时，某溶液的吸光度与溶液中有色物质的浓度及溶液层的厚度（即比色皿的厚度）成正比，即

$$A = \lg \frac{I_0}{I} = \varepsilon l c \tag{2}$$

式中，A 为吸光度；I_0 为入射光强度；I 为透射光强度；ε 为吸光系数，l 为光径长度或液层厚度；c 为溶液浓度。

亚甲基蓝在可见光区有两个吸收峰：445nm、665nm，但在 445nm 处活性炭吸附对吸收峰有很大干扰，故本实验选用的工作波长为 665nm，并用 721（722）型分光光度计进行测量。

实验首先测定一系列已知浓度的亚甲基蓝溶液的吸光度，绘出 A-c 工作曲线，然后测定亚甲基蓝原始溶液及平衡溶液的吸光度，再在 A-c 曲线上查得对应的浓度值，代入式（1）即可求出活性炭的比表面。

【仪器与试剂】

721 型分光光度计 1 套；振荡器 1 台；0.001g 电子天平 1 台；台式天平 1 台；100mL

三角瓶 3 个；100mL 容量瓶 5 个；500mL 容量瓶 4 个。

$2g \cdot L^{-1}$ 亚甲基蓝原始溶液；$0.1g \cdot L^{-1}$ 亚甲基蓝标准溶液；活性炭颗粒。

【实验步骤】

1. 活化样品

将活性炭置于瓷坩埚中放入 500℃ 马弗炉中活化 1h（或在真空箱中于 300℃ 活化 1h），然后置于干燥器中备用。

2. 溶液吸附

在 3 支 100mL 三角瓶中分别放入精确称量的活性炭约 0.1g，再加入 40g 浓度为 $2g \cdot L^{-1}$ 的亚甲基蓝原始溶液，塞上塞子，放在振荡器上振荡 3h。

3. 配制亚甲基蓝标准溶液

在 5 支 100mL 容量瓶中分别用台式天平称取 4g、6g、8g、10g、12g 浓度为 $0.1g \cdot L^{-1}$ 的亚甲基蓝标准溶液并稀释至刻度，即得到浓度为 $4mg \cdot L^{-1}$、$6mg \cdot L^{-1}$、$8mg \cdot L^{-1}$、$10mg \cdot L^{-1}$、$12mg \cdot L^{-1}$ 的标准溶液。

4. 原始溶液的稀释

称取亚甲基蓝原始溶液 2.5g 于 500mL 容量瓶中，稀释至刻度。

5. 平衡溶液的处理

样品振荡 3h 后，取上层平衡溶液 2.5g 放入 500mL 容量瓶中，并用蒸馏水稀释至刻度。

6. 选择工作波长

用 $6mg \cdot L^{-1}$ 的标准溶液和 0.5cm 的比色皿，以蒸馏水为空白液，在 500～700nm 范围内测量光密度，以最大吸收时的波长作为工作波长。

7. 测量光密度

在工作波长下，依次分别测定 $4mg \cdot L^{-1}$、$6mg \cdot L^{-1}$、$8mg \cdot L^{-1}$、$10mg \cdot L^{-1}$、$12mg \cdot L^{-1}$ 标准溶液的吸光度，以及稀释以后的原始溶液及平衡溶液的吸光度。

【注意事项】

1. 标准溶液的浓度要准确配制。

2. 活性炭颗粒要均匀并干燥，且每份称重应尽量接近。

3. 振荡时间要充足，以达到吸附饱和，一般不应小于 3h。

【数据记录与处理】

1. 以亚甲基蓝标准溶液的吸光度对浓度作工作曲线，并在工作曲线上查得各初始溶液和平衡溶液的浓度，注意稀释倍数。

2. 自制表格填入相应数据。

3. 从 A-c 工作曲线上查得对应的浓度 c_0 和 c。

4. 计算比表面积，求平均值。

【思考题】

1. 溶液发生吸附时如何判断其达到平衡？

2. 测定亚甲基蓝原始溶液和平衡溶液时，为什么要将溶液稀释？

实验二十七　磁化率的测定

【实验目的】

1. 掌握古埃法测定磁化率的原理和方法。
2. 测定三种配合物的磁化率，求算未成对电子数，判断其配键类型。
3. 熟悉特斯拉计的使用。

【实验原理】

1. 磁化率

物质在外磁场中，会被磁化并感生一附加磁场，其磁场强度 H' 与外磁场强度 H 之和称为该物质的磁感应强度 B，即

$$B = H + H' \tag{1}$$

H' 与 H 方向相同的叫顺磁性物质，相反的叫反磁性物质。还有一类物质如铁、钴、镍及其合金，H' 比 H 大得多（H'/H 高达 10^4），而且附加磁场在外磁场消失后并不立即消失，这类物质称为铁磁性物质。

物质的磁化可用磁化强度 I 来描述，$H' = 4\pi I$。对于非铁磁性物质，I 与外磁场强度 H 成正比：

$$I = \chi H \tag{2}$$

式中，χ 为物质的单位体积磁化率（简称磁化率），是物质的一种宏观磁性质。在化学中常用单位质量磁化率 χ_m 或摩尔磁化率 χ_M 表示物质的磁性质，它们的定义是：

$$\chi_m = \chi/\rho \tag{3}$$

$$\chi_M = M\chi/\rho \tag{4}$$

式中，ρ 和 M 分别为物质的密度和摩尔质量。由于 χ 是无量纲的量，所以 χ_m 和 χ_M 的单位分别是 $cm^3 \cdot g^{-1}$ 和 $cm^3 \cdot mol^{-1}$。

磁感应强度的 SI 制单位是特［斯拉］（T），而过去习惯使用的单位是高斯（G），$1T = 10^4 G$。

2. 分子磁矩与磁化率

物质的磁性与组成它的原子、离子或分子的微观结构有关。在反磁性物质中，由于电子自旋已配对，故无永久磁矩。但是内部电子的轨道运动，在外磁场作用下产生的拉摩进动，会感生出一个与外磁场方向相反的诱导磁矩，所以表现出反磁性。其 χ_M 就等于反磁化率 $\chi_反$，且 $\chi_M < 0$。在顺磁性物质中，存在自旋未配对电子，所以具有永久磁矩。在外磁场中，永久磁矩顺着外磁场方向排列，产生顺磁性。顺磁性物质的摩尔磁化率 χ_M 是摩尔顺磁化率与摩尔反磁化率之和，即

$$\chi_M = \chi_顺 + \chi_反 \tag{5}$$

通常 $\chi_顺$ 比 $\chi_反$ 大 1～3 个数量级，所以这类物质总表现出顺磁性，其 $\chi_M > 0$。

顺磁化率与分子永久磁矩的关系服从居里定律：

$$\chi_顺 = \frac{N_A \mu_m^2}{3kT} \tag{6}$$

式中，N_A 为阿伏伽德罗常数；k 为玻尔兹曼（Boltzmann）常数，$1.38 \times 10^{-16} erg \cdot K^{-1}$（$1erg = 10^{-7} J$，后同）；$T$ 为热力学温度；μ_m 为分子永久磁矩，$erg \cdot G^{-1}$。由此可得

$$\chi_M = \frac{N_A \mu_m^2}{3kT} + \chi_反 \tag{7}$$

由于 $\chi_{反}$ 不随温度变化（或变化极小），因此只要测定不同温度下的 χ_M 对 $1/T$ 作图，截距即为 $\chi_{反}$，由斜率可求 μ_m。由于 $\chi_{反}$ 比 $\chi_{顺}$ 小得多，因此在不很精确的测量中可忽略 $\chi_{反}$，作近似处理：

$$\chi_M \approx \chi_{顺} = \frac{N_A \mu_m^2}{3kT} \tag{8}$$

顺磁性物质的 μ_m 与未成对电子数 n 的关系为：

$$\mu_m = \mu_B \sqrt{n(n+2)} \tag{9}$$

式中，μ_B 为玻尔磁子，其物理意义是：单个自由电子自旋所产生的磁矩。

$$\mu_B = 9.273 \times 10^{-21} \text{erg} \cdot G^{-1} = 9.273 \times 10^{-28} J \cdot G^{-1} = 9.273 \times 10^{-24} J \cdot T^{-1}$$

3. 磁化率与分子结构

式（7）将物质的宏观性质 χ_M 与微观性质 μ_m 联系起来。由实验测定物质的 χ_M，根据式（8）可求得 μ_m，进而计算未配对电子数 n。这些结果可用于研究原子或离子的电子结构，判断配合物分子的配键类型。

配合物分为电价配合物和共价配合物。电价配合物中心离子的电子结构不受配位体的影响，基本上保持自由离子的电子结构，靠静电库仑力与配位体结合，形成电价配键。在这类配合物中，含有较多的自旋平行电子，所以是高自旋配位化合物。共价配合物则以中心离子空的价电子轨道接受配位体的孤对电子，形成共价配键，这类配合物形成时，往往发生电子重排，自旋平行的电子相对减少，所以是低自旋配位化合物。例如 Co^{3+} 的外层电子结构为 $3d^6$，在配离子 $[CoF_6]^{3-}$ 中，形成电价配键，电子排布为：

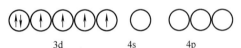

此时，未配对电子数 $n=4$，$\mu_m = 4.9\mu_B$。Co^{3+} 以上面的结构与 6 个 F^- 以静电力相吸引形成电价配合物。而在 $[Co(CN)_6]^{3-}$ 中则形成共价配键，其电子排布为：

此时，$n=0$，$\mu_m=0$。Co^{3+} 将 6 个电子集中在 3 个 3d 轨道上，6 个 CN^- 的孤对电子进入 Co^{3+} 的 6 个空轨道，形成共价配合物。

4. 古埃（Gouy）法测定磁化率

古埃磁天平如图 2-49 所示。天平左臂悬挂一样品管，管底部处于磁场强度最大的区域（H），管顶端则位于磁场强度最弱（甚至为零）的区域（H_0）。整个样品管处于不均匀磁场中。设圆柱形样品的截面积为 A，沿样品管长度方向上 $\mathrm{d}z$ 长度的体积 $A\mathrm{d}z$ 在非均匀磁场中受到的作用力 $\mathrm{d}F$ 为：

$$\mathrm{d}F = \chi A H \frac{\mathrm{d}H}{\mathrm{d}z} \mathrm{d}z \tag{10}$$

式中，χ 为体积磁化率；H 为磁场强度；$\mathrm{d}H/\mathrm{d}z$ 为场强梯度。积分式（10），得

$$F = \frac{1}{2}(\chi - \chi_0)(H^2 - H_0^2)A \tag{11}$$

式中，χ_0 为样品周围介质的体积磁化率（通常是空气，χ_0 值很小）。如果 χ_0 可以忽略，且 $H_0 = 0$ 时，整个样品受到的力为：

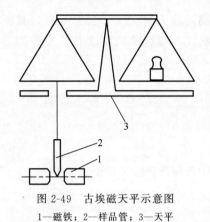

图2-49 古埃磁天平示意图
1—磁铁；2—样品管；3—天平

$$F = \frac{1}{2}\chi H^2 A \tag{12}$$

在非均匀磁场中，顺磁性物质受力向下，所以增重；而反磁性物质受力向上，所以减重。测定时在天平右臂加减砝码使之平衡。设 Δm 为施加磁场前后的称量差，则

$$F = \frac{1}{2}\chi H^2 A = g\Delta m \tag{13}$$

由于 $\chi = \dfrac{\chi_M \rho}{M}$，$\rho = \dfrac{m}{hA}$，代入式（13），得

$$\chi_M = \frac{2(\Delta m_{空管+样品} - \Delta m_{空管})ghM}{mH^2} \tag{14}$$

式中，$\Delta m_{空管+样品}$ 为样品管加样品后在施加磁场前后的称量差，g；$\Delta m_{空管}$ 为空样品管在施加磁场前后的称量差，g；g 为重力加速度，$980\text{cm} \cdot \text{s}^{-2}$；$h$ 为样品高度，cm；M 为样品的摩尔质量，$\text{g} \cdot \text{mol}^{-1}$；$m$ 为样品的质量，g；H 为磁极中心磁场强度，G。

在精确的测量中，通常用莫尔盐来标定磁场强度，它的单位质量磁化率（$\text{cm}^3 \cdot \text{g}^{-1}$）与温度的关系为：

$$\chi_m = \frac{9500}{T+1} \times 10^{-6} \tag{15}$$

【仪器与试剂】

古埃磁天平（包括电磁铁、电光天平、励磁电源）1套；特斯拉计1台；软质玻璃样品管4支；样品管架1个；直尺1把；角匙4支；广口试剂瓶4个；小漏斗4个。

莫尔盐 $(NH_4)_2SO_4 \cdot FeSO_4 \cdot 6H_2O$（分析纯）；$FeSO_4 \cdot 7H_2O$（分析纯）；$K_3[Fe(CN)_6]$（分析纯）；$K_4[Fe(CN)_6] \cdot 3H_2O$（分析纯）。

【实验步骤】

1. 磁极中心磁场强度的测定

（1）用特斯拉计测量 按说明书校正好特斯拉计。将霍尔变送器探头平面垂直放入磁极中心处。接通励磁电源，调节"调压旋钮"逐渐增大电流，至特斯拉计表头示值为 350mT，记录此时励磁电流值 I。以后每次测量都要控制在同一励磁电流，使磁场强度相同，在关闭电源前应先将励磁电流降至零。

（2）用莫尔盐标定

① 取一干燥洁净的空样品管悬挂在古埃磁天平左臂挂钩上，样品管应与磁极中心线平齐，注意样品管不要与磁极相触。准确称取空管的质量 $m_{空管}$（$H=0$），重复称取三次，取其平均值。接通励磁电源调节电流为 I。记录加磁场后空管的称量值 $m_{空管}$（$H=H$），重复三次，取其平均值。

② 取下样品管，将莫尔盐通过漏斗装入样品管，边装边在橡皮垫上碰击，使样品均匀填实，直至装满，继续碰击至样品高度不变为止，用直尺测量样品高度 h。用与①中相同的步骤称取 $m_{空管+样品}$（$H=0$）和 $m_{空管+样品}$（$H=H$），测量完毕将莫尔盐倒入试剂瓶中。

2. 测定未知样品的摩尔磁化率 χ_M

同法分别测定 $FeSO_4 \cdot 7H_2O$、$K_3[Fe(CN)_6]$ 和 $K_4[Fe(CN)_6] \cdot 3H_2O$ 的 $m_{空管}$（$H=0$）、

$m_{空管}$ （$H=H$）、$m_{空管+样品}$ （$H=0$） 和 $m_{空管+样品}$ （$H=H$）。

【注意事项】

1. 所测样品应研细。

2. 样品管一定要干净。$\Delta m_{空管}=m_{空管}(H=H)-m_{空管}(H=0)>0$ 时表明样品管不干净，应更换。

3. 装样时不要一次加满，应分次加入，边加边碰击填实后，再加再填实，尽量使样品紧密均匀。

4. 挂样品管的悬线不要与任何物体接触。

5. 加外磁场后，应检查样品管是否与磁极相碰。

【数据记录与处理】

1. 将所测数据列于下表。

样品名称	$m_{空管}(H=0)$/g	$m_{空管}(H=H)$/g	$\Delta m_{空管}$/g	$m_{空管+样品}$（$H=0$）/g	$m_{空管+样品}$（$H=H$）/g	$\Delta m_{空管+样品}$/g	$m_{样品}$/g	样品高度 h/cm

2. 根据实验数据和式（14）计算外加磁场强度 H。

3. 计算三个样品的摩尔磁化率 χ_M、永久磁矩 μ_m 和未配对电子数 n。

4. 根据 μ_m 和 n 讨论配合物中心离子最外层电子结构和配键类型。

5. 根据式（14）计算测量 $FeSO_4 \cdot 7H_2O$ 的摩尔磁化率的最大相对误差，并指出哪一种直接测量对结果的影响最大。

【附注】

1. 有机化合物绝大多数分子都是由反平行自旋电子对形成的价键，因此其总自旋矩等于零，是反磁性的。巴斯卡（Pascol）分析了大量有机化合物的摩尔磁化率的数据，总结得到分子的摩尔反磁化率具有加和性。此结论可以用于研究有机物分子的结构。

2. 从磁性的测量中还可以得到一系列其他的信息。例如测定物质磁化率对温度和磁场强度的依赖性可以判断是顺磁性、反磁性或铁磁性的定性结果。对合金磁化率的测定可以得到合金的组成，也可研究生物体系中血液的成分等。

3. 磁化率的单位从 cgs 电磁单位制改用 SI 单位制，必须注意换算关系。质量磁化率、摩尔磁化率的换算关系分别为：

$1m^3 \cdot kg^{-1}$ （SI 单位）$= 1/4\pi \times 10^3 cm^3 \cdot g^{-1}$ （cgs 电磁单位制）

$1m^3 \cdot mol^{-1}$ （SI 单位）$= 1/4\pi \times 10^6 cm^3 \cdot mol^{-1}$ （cgs 电磁单位制）

【思考题】

1. 本实验在测定 χ_M 时做了哪些近似处理？

2. 为什么要用莫尔盐来标定磁场强度？

3. 样品的填充高度和密度对测量结果有何影响？

实验二十八　偶极矩的测定

（一）小电容仪测定偶极矩

【实验目的】

1. 掌握溶液法测定偶极矩的原理、方法和计算。

2. 熟悉小电容仪、折射仪和比重瓶的使用。

3. 测定正丁醇的偶极矩，了解偶极矩与分子电性质的关系。

【实验原理】

1. 偶极矩与极化度

分子呈电中性，但因空间构型的不同，正、负电荷中心可能重合，也可能不重合，前者称为非极性分子，后者称为极性分子。

1912 年德拜提出"偶极矩" μ 的概念来度量分子极性的大小，如图 2-50 所示，分子极性大小用偶极矩 μ 来度量，其定义为：

$$\mu = gd \tag{1}$$

式中，g 为正、负电荷中心所带的电荷量；d 是正、负电荷中心间的距离。μ 是一个向量，其方向规定为从正到负。偶极矩的 SI 单位是库［仑］·米（C·m），而过去习惯使用的单位是德拜（D），$1D = 3.338 \times 10^{-30} C \cdot m$。

在不存在外电场时，非极性分子虽因振动，正、负电荷中心可能发生相对位移而产生瞬时偶极矩，但宏观统计平均的结果，实验测得的偶极矩为零。具有永久偶极矩的极性分子，由于分子热运动的影响，偶极矩在空间各个方向的取向概率相等，偶极矩的统计平均值仍为零，即宏观上也测不出其偶极矩来。

当将极性分子置于均匀的外电场中时，分子将沿电场方向转动，同时还会发生电子云对分子骨架的相对移动和分子骨架的变形，称为极化（如图 2-51 所示）。极化的程度用摩尔极化度 P 来度量。P 是转向极化度（$P_{转向}$）、电子极化度（$P_{电子}$）和原子极化度（$P_{原子}$）之和：

$$P = P_{转向} + P_{电子} + P_{原子} \tag{2}$$

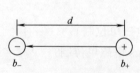

图 2-50　偶极矩示意图

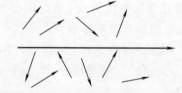

图 2-51　极性分子在电场作用下的定向排列

其中

$$P_{转向} = \frac{4}{9}\pi N_A \frac{\mu^2}{kT} \tag{3}$$

式中，N_A 为阿伏伽德罗常数；k 为玻尔兹曼常数；T 为热力学温度。

由于 $P_{原子}$ 在 P 中所占的比例很小，因此在不很精确的测量中可以忽略 $P_{原子}$，则式（2）可写成

$$P = P_{转向} + P_{电子} \tag{4}$$

只要在低频电场（$\nu < 10^{10} s^{-1}$）或静电场中测得 P；再在 $\nu \approx 10^{15} s^{-1}$ 的高频电场（紫外可见光）中测得 P，由于极性分子的转向和分子骨架变形跟不上电场的变化，故 $P_{转向} =$

0，$P_{原子}=0$，因此测得的是$P_{电子}$。这样由式（4）可求得$P_{转向}$，再由式（3）计算μ。

通过测定偶极矩，可以了解分子中电子云的分布和分子对称性，判断几何异构体和分子的立体结构。

2. 溶液法测定偶极矩

所谓溶液法就是将极性待测物溶于非极性溶剂中进行测定，然后外推到无限稀释。因为在无限稀的溶液中，极性溶质分子所处的状态与它在气相时十分相近，此时分子的偶极矩（C·m）可按下式计算：

$$\mu=0.0426\times10^{-30}\sqrt{(P_2^{\infty}-R_2^{\infty})T} \tag{5}$$

式中，P_2^{∞}和R_2^{∞}分别表示无限稀释时极性分子的摩尔极化度和摩尔折射度（习惯上用摩尔折射度表示折射法测定的$P_{电子}$）；T为热力学温度。

本实验是将正丁醇溶于非极性的环己烷中形成稀溶液，然后在低频电场中测量溶液的介电常数和溶液的密度求得P_2^{∞}；在可见光下测定溶液的R_2^{∞}，然后由式（5）计算正丁醇的偶极矩。

（1）极化度的测定　无限稀释时，溶质的摩尔极化度P_2^{∞}的公式为：

$$P=P_2^{\infty}=\lim_{x_2\to0}P_2=\frac{3\varepsilon_1\alpha}{(\varepsilon_1+2)^2}\times\frac{M_1}{\rho_1}+\frac{\varepsilon_1-1}{\varepsilon_1+2}\times\frac{M_2-\beta M_1}{\rho_1} \tag{6}$$

式中，ε_1、ρ_1、M_1分别为溶剂的介电常数、密度和分子量，其中密度的单位是$g\cdot cm^{-3}$；M_2为溶质的分子量；α和β为常数，可通过稀溶液的近似公式求得：

$$\varepsilon_{溶}=\varepsilon_1(1+\alpha x_1) \tag{7}$$

$$\rho_{溶}=\rho_1(1+\beta x_2) \tag{8}$$

式中，$\varepsilon_{溶}$和$\rho_{溶}$分别为溶液的介电常数和密度；x_1为溶剂的摩尔分数；x_2是溶质的摩尔分数。

无限稀释时，溶质的摩尔折射度R_2^{∞}的公式为：

$$P_{电子}=R_2^{\infty}=\lim_{R_2\to0}R_2=\frac{n_1^2-1}{n_1^2+2}\times\frac{M_2-\beta M_1}{\rho_1}+\frac{6n_1^2M_1\gamma}{(n_1^2+2)^2\rho_1} \tag{9}$$

式中，n_1为溶剂的折射率；γ为常数，可由稀溶液的近似公式求得：

$$n_{溶}=n_1(1+\gamma x_2) \tag{10}$$

式中，$n_{溶}$为溶液的折射率。

（2）介电常数的测定　介电常数ε可通过测量电容来求算，因为

$$\varepsilon=C/C_0 \tag{11}$$

式中，C_0为电容器在真空时的电容；C为充满待测液时的电容。由于空气的电容非常接近于C_0，故式（11）改写成

$$\varepsilon=C/C_{空} \tag{12}$$

本实验利用电桥法测定电容，其桥路为变压器比例臂电桥，如图2-52所示，电桥平衡的条件是

$$\frac{C'}{C_s}=\frac{u_s}{u_x}$$

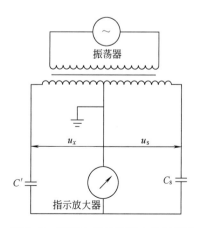

图2-52　利用电桥法测定电容示意图

式中，C' 为电容池两极间的电容；C_s 为标准差动电器的电容。调节差动电容器，当 $C'=C_s$ 时，$u_s=u_x$，此时指示放大器的输出趋近于零。C_s 可从刻度盘上读出，这样 C' 即可测得。由于整个测试系统存在分布电容，因此实测的电容 C' 是样品电容 C 和分布电容 C_d 之和，即

$$C'=C+C_d \tag{13}$$

显然，为了求 C 首先就要确定 C_d 值，方法是：先测定无样品时空气的电空 $C'_{空}$，则有

$$C'_{空}=C_{空}+C_d \tag{14}$$

再测定一已知介电常数（$\varepsilon_{标}$）的标准物质的电容 $C'_{标}$，则有

$$C'_{标}=C_{标}+C_d=\varepsilon_{标}\,C_{空}+C_d \tag{15}$$

由式（14）和式（15）可得

$$C_d=\frac{\varepsilon_{标}\,C'_{空}-C'_{标}}{\varepsilon_{标}-1} \tag{16}$$

将 C_d 代入式（13）和式（14）即可求得 $C_{溶}$ 和 $C_{空}$。这样就可计算待测液的介电常数。

【仪器与试剂】

小电容测量仪 1 台；阿贝折射仪 1 台；超级恒温槽 2 台；电吹风 1 只；比重瓶（10mL）1 支；滴瓶 5 只；滴管 1 支。

环己烷（分析纯）；正丁醇摩尔分数分别为 0.04、0.06、0.08、0.10 和 0.12 的五种正丁醇-环己烷溶液。

【实验步骤】

1. 折射率的测定

在 25℃ 条件下，用阿贝折射仪分别测定环己烷和五份溶液的折射率。

2. 密度的测定

在 25℃ 条件下，用比重瓶分别测定环己烷和五份溶液的密度。

3. 电容的测定

（1）将 PCM1A 精密电容测量仪通电，预热 20min。

（2）将电容仪与电容池连接线先接一根（只接电容仪，不接电容池），调节零电位器，使数字表头指示为零。

（3）将两根连接线都与电容池接好，此时数字表头上所示值即为 $C'_{空}$ 值。

（4）用 2mL 移液管移取 2mL 环己烷加入电容池中，盖好，数字表头上所示值即为 $C'_{标}$。

（5）将环己烷倒入回收瓶中，用冷风将样品室吹干后再测 $C'_{空}$ 值，与前面所测的 $C'_{空}$ 值相差应小于 0.05pF，否则表明样品室有残液，应继续吹干，然后装入溶液，同样方法测定五份溶液的 $C'_{溶}$。

【数据记录与处理】

1. 将所测数据列表。

2. 根据式（16）和式（14）计算 C_d 和 $C_{空}$。其中环己烷的介电常数与温度 t（℃）的关系式为：$\varepsilon_{标}=2.023-0.0016(t-20)$。

3. 根据式（13）和式（12）计算 $C_{溶}$ 和 $\varepsilon_{溶}$。

4. 分别作 $\varepsilon_{溶}$-x_2 图、$\rho_{溶}$-x_2 图和 $n_{溶}$-x_2 图，由各图的斜率求 α、β、γ。

5. 根据式（6）和式（9）分别计算 P_2^∞ 和 R_2^∞。

6. 最后由式（5）求算正丁醇的 μ。

【注意事项】

1. 每次测定前要用冷风将电容池吹干，并重测 $C'_空$，与原来的 $C'_空$ 值相差应小于 0.01pF。严禁用热风吹样品室。

2. 测 $C'_溶$ 时，操作应迅速，池盖要盖紧，防止样品挥发和吸收空气中极性较大的水汽。装样品的滴瓶也要随时盖严。

3. 每次装入量严格相同，样品过多会腐蚀密封材料、渗入恒温腔，实验无法正常进行。

4. 要反复练习差动电容器旋钮、灵敏度旋钮和损耗旋钮的配合使用和调节，在能够正确寻找电桥平衡位置后，再开始测定样品的电容。

5. 注意不要用力扭曲电容仪连接电容池的电缆线，以免损坏。

【附注】

从偶极矩的数据可以了解分子的对称性，判别其几何异构体和分子的主体结构等问题。

偶极矩一般是通过测定介电常数、密度、折射率和浓度来求算的。对介电常数的测定除电桥法外，其他主要还有拍频法和谐振法等，对于气体和电导很小的液体以拍频法为好；有相当电导的液体用谐振法较为合适；对于有一定电导但不大的液体用电桥法较为理想。虽然电桥法不如拍频法和谐振法精确，但设备简单，价格便宜。

测定偶极矩的方法除由对介电常数等的测定来求外，还有多种其他的方法，如分子射线法、分子光谱法、温度法以及利用微波谱的斯塔克效应等。

还可用不同的溶剂来测定体系的偶极矩，如苯和环己烷为溶剂测定氯苯的偶极矩，比较此两种溶剂的测定结果并分析之。

【思考题】

1. 本实验测定偶极矩时做了哪些近似处理？

2. 准确测定溶质的摩尔极化度和摩尔折射度时，为何要外推到无限稀释？

3. 试分析实验中误差的主要来源，如何改进？

（二）WTX-1 型偶极矩仪测定偶极矩

【实验目的】

1. 掌握偶极矩的概念及测定方法。

2. 了解 WTX-1 型偶极矩仪的使用方法。

3. 掌握用环己烷作溶剂测定正丁醇偶极矩的方法。

【实验原理】

偶极矩的理论最初由德拜于 1912 年提出，其定义参见本实验（一）的实验原理，测量工作开始于 20 世纪 20 年代，分子偶极矩通常可用微波波谱法、分子束法、介电常数法和其它一些间接方法来进行测量。由于前两种方法在仪器上受到的局限性较大，因而文献上发表的偶极矩数据绝大多数来自介电常数法，由测量介电常数的方法来计算分子的偶极矩至今已发展成多种不同的独立方程式，本实验所用公式是由 Smith 提出的，称为 Smith 方程，其形式为：

$$\mu^2 = \frac{27kT}{4\pi N_A} \times \frac{M_2}{d_1(\varepsilon_1+2)^2}(a_S - a_n) \tag{1}$$

式中各物理量采用 cgs 单位制。k 为玻尔兹曼常数；N_A 为阿伏伽德罗常数；M_2 为待测物的分子量；d_1 为溶剂的密度；ε_1 为溶剂的介电常数；$a_S = (\varepsilon_{12} - \varepsilon_1)/\omega_2$；$a_n = (n_{12}^2 - n_1^2)/\omega_2$；$\varepsilon_{12}$ 为溶液的介电常数；n_1 为溶剂的折射率；n_{12} 为溶液的折射率；ω_2 为溶质的质量分数，其定义为 $\omega_2 = $ 溶质质量/溶液质量。a_S 和 a_n 可通过不同溶液的 $(\varepsilon_{12} - \varepsilon_1)$-$\omega_2$ 与 $(n_{12}^2 - n_1^2)$-ω_2 作图来求取，在大多数情况下这是两条直线，则其斜率值即为 a_S 与 a_n。另外，求取 a_S 与 a_n 的一个更简便和更精确的方法是用最小二乘法通过下列二式来计算：

$$a_S = \frac{\sum \varepsilon_{12} \omega_2 - \sum \varepsilon_1 \omega_2}{\sum \omega_2^2} \tag{2}$$

$$a_n = \frac{\sum n_{12}^2 \omega_2 - \sum \varepsilon_1 \xi_2}{\sum \omega_2^2} \tag{3}$$

如果某样品的实验数据表明各溶液的 $\Delta\varepsilon$、Δn_2 对 ω_2 的关系不是直线，而是曲线，那就很难用式（2）和式（3）的计算方法求值，这时可用抛物线形近似来求得 a_S 与 a_n：

$$a_S = \frac{\sum \varepsilon_{12} \omega_2 \sum \omega_2^4 - \varepsilon(\sum \omega_2 \sum \omega_2^4 - \sum \omega_2^2 \sum \omega_2^3) - \sum \varepsilon_{12} \omega_2^2 \sum \omega_2^3}{\sum \omega_2^2 \sum \omega_2^4 - (\sum \omega_2^3)^2} \tag{4}$$

$$a_n = \frac{\sum n_{12}^2 \omega_2 \sum \omega_2^4 - n_1^2(\sum \omega_2 \sum \omega_2^4 - \sum \omega_2^2 \sum \omega_2^3) - \sum n_{12}^2 \omega_2^2 \sum \omega_2^3}{\sum \omega_2^2 \sum \omega_2^4 - (\sum \omega_2^3)^2} \tag{5}$$

由于折射率可由阿贝折射仪测出，ε_1 为常数，因此只要得到 ε_{12} 值，即可算出 a_S 和 a_n，进而求出偶极矩的数值。

本实验所用仪器为 WTX-1 型偶极矩仪，它所测出的是样品的频率数 f。样品的介电常数 ε 和 f 之间有下列关系：

$$\varepsilon = B\frac{1}{f} + A = B\tau + A \tag{6}$$

式中，A 和 B 为仪器常数，不同仪器有不同值，当在同一台仪器上对两种已知介电常数的不同溶剂进行测量时便会得到

$$\Delta\varepsilon = B\Delta\tau \tag{7}$$

用不同溶剂对的 $\Delta\varepsilon$ 与其相应的 $\Delta\tau$ 作图或用线性回归法均可求出 B 值，然后，只要测出本实验所用溶剂环己烷的 f_1 值及任意溶液的 f_{12} 值，就可由下式求得 ε_{12}：

$$\varepsilon_{12} = \varepsilon_1 + B\left(\frac{1}{f_{12}} - \frac{1}{f_1}\right) \tag{8}$$

【仪器与试剂】

WTX-1 型偶极矩仪 1 台；恒温槽 1 台；阿贝折射仪 1 台；容量瓶（100mL）5 个；移液管（1mL）1 支；电吹风 1 台。

正丁醇（分析纯）；环己烷（分析纯）；苯（分析纯）；四氯化碳（分析纯）。

【实验步骤】

1. 溶液的配制

用移液管分别在 5 个 100mL 容量瓶中移入正丁醇 0.2mL、0.4mL、0.6mL、0.8mL、1.0mL 并准确称出正丁醇的质量。然后加入溶剂环己烷至刻度，并准确称出溶液质量。算出所配溶液的质量分数。

2. 仪器常数的测定

按要求装配好仪器。打开仪器开关预热，调整恒温槽温度为 (25.0±0.1)℃。用电吹风冷风将样品池吹干，并用环己烷洗涤样品池三次，然后将环己烷加入样品池中，打开下方的阀门，使液面降至磨砂玻璃与透明玻璃交界处，关闭阀门。盖上塞口的玻璃活塞即可测量。读数应等显示数值波动小于 2Hz 时进行。

同法测定苯和四氯化碳的频率数。

3. 溶液频率数的测量

样品溶液按上述步骤依浓度由低到高的次序逐一测量。实验做完之后，将样品池洗涤干净并注入溶剂使电极浸泡其中。

4. 溶液折射率的测量

用阿贝折射仪测环己烷及所配溶液在温度为 25℃时的折射率。

【注意事项】

1. 仪器预热 30min 后方可测量。

2. 样品池中液体不可含有空气泡，否则数据不可靠。

3. 阿贝折射仪使用前需标定。

【数据记录与处理】

1. 实验数据记录

实验温度：_____℃；仪器常数 B _____；

环己烷的密度：_____；正丁醇的分子量：_____。

溶液编号	正丁醇质量	溶液质量	折射率	频率数
环己烷				
⋮	⋮	⋮	⋮	⋮

2. 本实验的数据处理采用计算机。打开程序，根据提示输入测量数据即可得到所需数据。

【思考题】

1. 偶极矩是如何定义的?

2. 测量偶极矩有哪些方法?

3. 偶极矩测定仪面板上的"本底调节"有何作用?

4. 物质的折射率与哪些量有关?

5. 如何排除样品池中的气泡?

参 考 文 献

[1] 李元高. 物理化学实验研究方法 [M]. 长沙：中南大学出版社，2003.

[2] 陈斌. 物理化学实验 [M]. 北京：中国建材工业出版社，2004.

[3] 复旦大学，等. 物理化学实验 [M]. 2 版. 北京：高等教育出版社，1993.

[4] 罗澄源，等. 物理化学实验 [M]. 4 版. 北京：高等教育出版社，2004.

[5] 高丽华. 基础化学实验 [M]. 北京：化学工业出版社，2004.

[6] 雷群芳. 中级化学实验 [M]. 北京：科学出版社，2005.

[7] 周井炎. 基础化学实验 [M]. 武汉：华中科技大学出版社，2004.

[8] John M White. Physical Chemistry Laboratory Experiments [M]. New Jersey：Prentice-Hall, Inc. , 1975.

［9］ 顾月姝. 基础化学实验（Ⅲ）——物理化学实验［M］. 北京：化学工业出版社，2004.

［10］ 怀特 J M. 物理化学实验［M］. 北京：人民教育出版社，1982.

［11］ Farrington Daninls, et al. Experimental Physical Chemistry［M］. New York：McGR A W-Hill Book Company，1970.

［12］ 孙尔康，徐维青，邱金恒. 物理化学实验［M］. 南京：南京大学出版社，2002.

［13］ 夏海涛. 物理化学实验［M］. 哈尔滨：哈尔滨工业大学出版社，2003.

［14］ 金丽萍，邹时清，金大勇. 物理化学实验［M］. 上海：华东理工大学出版社，2005.

［15］ Matthrews G P. Experimental Physical Chemistry［M］. Oxford：Clarendon Press，1985. 400.

［16］ Haggett M L. J Chem Educ［J］. 1963，40（7）：367.

［17］ Shoemmaekr D P. Experiments in Physical Chemistry［M］. Europe：McGraw-Hill Education，1989.

第二节　综合（设计）实验

实验二十九　正负离子表面活性剂混合体系双水相性质的测定

【实验目的】

1. 掌握表面活性剂的基本性质，了解其前沿研究动态。

2. 学会运用称量法配制三元相行为中的特定样品；运用恒温法得到双水相；运用分光光度法测定双水相两相中被萃取物质的浓度，并学会萃取效率和分配系数的计算方法。

3. 将无机化学、分析化学、有机化学、物理化学的有关理论进行综合，强化各课程之间的依托性，培养学生综合运用各学科知识的能力，重点实现理论课-实验课-科学研究的转化。

【设计提示】

表面活性剂是一大类有机化合物，它的性质极具特色，应用极为灵活、广泛。表面活性剂的分子结构特点是具有不对称性。整个分子可分为两部分，一部分为亲油的（lipophilic）非极性基团，叫做疏水基（hydrophobic group）或亲油基；另一部分是亲水的，叫亲水基（hydrophilic group）。因此，表面活性剂分子具有两亲性。

表面活性剂溶于水后，当其浓度很小（小于临界胶束浓度 CMC）时，其在溶液中主要以单分子状态或少数几个分子聚集在一起的形式存在（如图 2-53 所示）。

疏水基　　亲水基

图 2-53　表面活性剂结构示意图

当其浓度超过临界胶束浓度 CMC 时，表面活性剂自发聚集成胶束。根据条件不同，胶束可分多种形状，如球状、棒状、层状等，见图 2-54。表面活性剂溶液在形成胶束前后，一系列溶液性质会发生突变，如表面张力、电导、渗透压等。

(a) 球状

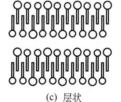

(b) 棒状

(c) 层状

理论讲解

图 2-54　胶束的结构

胶束是体现表面活性剂性质的重要结构。表面活性剂溶液理论性质的研究除了涉及胶束的组成和结构、溶液的表面张力、长程有序组合体等内容外，目前已经渗透到医学和生命科学领域。表面活性剂是实现学科交叉的重要物质。

表面活性剂在工农业中已经得到广泛的应用，实用中的表面活性剂几乎都是混合物。两种或两种以上的表面活性剂混合物往往显示出更为优良的表面活性。同系物混合物为表面活性剂产品中常见的混合物；离子型与非离子型表面活性剂混合物的表面活性常比同系物混合物有更大的增强。长期以来，对表面活性离子电性相反的正负离子表面活性剂混合物的应用性质研究得较少。这主要是受到一种传统观念的束缚，即认为正离子（或称阳离子）表面活性剂与负离子（或称阴离子）表面活性剂在溶液中不能混合使用，否则将产生沉淀而失去表面活性。实际上，这一禁区已经被打破。与单一表面活性剂相比，正负离子表面活性剂混合系统形成胶束的能力大为增强。

在适当的具体条件下，正离子表面活性剂与负离子表面活性剂是可以混合使用的，并有可能产生意想不到的良好效果。正负离子表面活性剂在混合溶液中存在着强烈的相互作用，这种作用的本质是电性相反的表面活性离子间的静电作用及其疏水性碳链间的相互作用。与单一表面活性离子间的作用相比，混合表面活性剂离子间的相互作用不但没有相同电荷间的斥力，反而增加了相反电荷间的引力，从而大大促进了两种不同电荷离子间的缔合，在溶液中更易形成胶束，产生更高的表面活性，这种高表面活性必然会引起胶体与界面化学性质的突出表现。双水相就是这种体系的特殊性质之一。

双水相体系（aqueous two phase systems，简称 ATPS）是指某些物质的水溶液在一定条件下自发分离形成两个互相不相溶的水相系统。正负离子表面活性剂混合体系的水溶液在适当条件下能形成双水相，这一发现为正负离子表面活性剂理论性质的研究提出了新的课题，一直被应用领域忽视的正负离子表面活性剂混合体系因此而获得极大的关注。

图 2-55　双水相实物照片

本实验中，阴离子表面活性剂选择十二烷基硫酸钠（SDS，$C_{12}H_{25}OSO_3Na$），阳离子表面活性剂选择十六烷基三甲基溴化铵〔CTAB，$C_{16}H_{33}N(CH_3)_3Br$〕。当样品出现双水相时，其现象很明显，如图 2-55 所示的实物照片，两相界面非常清晰，犹如拉紧的无色橡皮薄膜，但界面受温度的影响较大。

图 2-56 为 313K 时 H_2O-0.2mol·L^{-1} SDS-0.2mol·L^{-1} CTAB 系统的三元相图，相图被几个区域所分割，其中 1 区为各向同性且澄清透明的溶液区；2 区可视为不稳定区，随着表面活性剂浓度或配比的不同，该区样品可能呈现淡蓝光、乳光、乳白现象，甚至出现沉淀或悬浮物，故该区现象较复杂。3 区为双水相区，简称 ATPS 区。其中，左侧 ATPS 区阴离子表面活性剂的含量大于阳离子表面活性剂的含量，简称阴离子双水相区（ATPSa 区）；右侧 ATPS 区阳离子表面活性剂的含量大于阴离子表面活性剂的含量，简称阳离子双水相区（ATPSc 区）。两个双水相区在相图中形成近似对称的排列，且形状规则，规律明显。若将两区边线延长，则均可通过并交于水的顶点，这说明正负离子表面活性剂混合系统只要满足一定配比，溶液的总浓度在一定的范围内，都能形成 ATPS（低于 CMC 浓度或 CMC 浓度附近的溶液除外）。ATPSa 区及 ATPSc 区均比较狭窄，这意味着要形成 ATPS，要求系统中正负离子表面活性剂必须满足严格的匹配关系，组成的微小变化即可决定系统 ATPS 的形成与否。

上述体系形成双水相需要至少 30h。当体系中含有盐时，十几分钟即可观察到双水相现象，经 2h 双水相体系即可达到稳定状态。故实验中加入硫酸钠。图 2-57 是加入硫酸钠后上述体系的三元相图。该相图保持了无盐时（图 2-56）的规律，但双水相相区位置有一定的变化。

经分析，双水相的一相为富表面活性剂相，另一相为贫表面活性剂相，两相浓度的差异造成了结构的差异，在两相中，分别存在着不同的表面活性剂有序组合体，上相为液晶结构，下相为胶束溶液。

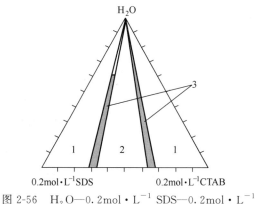

图 2-56　H_2O—$0.2mol \cdot L^{-1}$ SDS—$0.2mol \cdot L^{-1}$
CTAB 系统的三元相图（$T=313K$）
1—透明均相；2—乳光或乳白；3—双水相

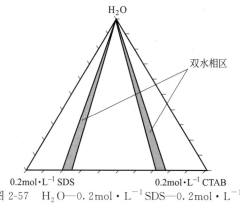

图 2-57　H_2O—$0.2mol \cdot L^{-1}$ SDS—$0.2mol \cdot L^{-1}$
CTAB/$NaSO_4$ 系统的三元相图

利用表面活性剂双水相两相结构的差异可以萃取水溶性的大分子物质，如水溶性有机物、水溶性蛋白质、水溶性高分子等。由于该体系两相都是水相，它可为被萃取物提供温和的环境，且避免了有机相萃取时所带来的严重污染。

本实验利用 H_2O-SDS-CTAB-Na_2SO_4 体系所形成的双水相对染料（罗丹明 B）进行萃取，通过染料在双水相中的分配系数和被萃取的效率了解双水相的特殊功效，并掌握表面活性剂在溶液中的行为，进而开拓科学的思维能力。

【仪器与试剂】

玻璃仪器；722 型分光光度计；烘箱；恒温水浴。

十二烷基硫酸钠（SDS）；十六烷基三甲基溴化铵（CTAB）；硫酸钠（Na_2SO_4）；罗丹明 B；亚甲基蓝。

【设计要求】

1. 查阅 1～3 篇相关文献，根据实验理论和实验所提供的仪器与试剂，设计出配制双水相溶液和罗丹明 B 或亚甲基蓝在双水相中萃取的实验方案，利用分配系数计算双水相中各相的萃取率。

操作演示
722 型分光
光度计

2. 提出所用仪器名称、数量和实验试剂。

参 考 文 献

[1]　滕弘霓，刘春华，刘文光，等. 正负离子表面活性剂混合系统双水相的萃取作用 [J]. 青岛科技大学学报，2003，24（1）：8-11.

[2]　李蕾，薛珺，练萍，等. 组合表面活性剂-盐-水双水相体系萃取水杨酸和洛美沙星 [J]. 分析化学，2004，32（1）：96-98.

[3]　杨善升，陆文聪，包伯荣. 双水相萃取技术及其应用 [J]. 化学工程师，2004（4）：37-40.

实验三十　表面活性剂溶液临界胶束浓度的测定

【实验目的】

1. 了解表面活性剂溶液临界胶束浓度（CMC）的定义及常用测定方法。

理论讲解

2. 设计两种或两种以上实验方法测定表面活性剂溶液的 CMC。

3. 培养学生用不同方法对同一问题进行研究的能力。

【设计提示】

凡能显著改变体系表面（或界面）性质的物质都称为表面活性剂。这一类分子既含有亲油的足够长的（大于 10 个碳原子）烷基，又含有亲水的极性基团（离子化的），如肥皂和各种合成洗涤剂等。

表面活性剂分子都是由极性和非极性两部分组成的，若按离子的类型来分，可分为以下三类：

（1）阴离子型表面活性剂　如羧酸盐（如肥皂，$C_{17}H_{35}COONa$）、烷基硫酸盐［如十二烷基硫酸钠，$CH_3(CH_2)_{11}SO_4Na$］、烷基磺酸盐［如十二烷基苯磺酸钠，$CH_3(CH_2)_{11}C_6H_5SO_3Na$］等。

（2）阳离子型表面活性剂　主要是铵盐，如十二烷基二甲基叔铵［$CH_3(CH_2)_{11}N(CH_3)_2$］和十二烷基二甲基氯化铵［$CH_3(CH_2)_{11}N(CH_3)_2Cl$］。

（3）非离子型表面活性剂　如聚氧乙烯类［$R—O(CH_2CH_2O)_nH$］。

由于表面活性剂分子具有双亲结构，分子有自水中逃离水相而吸附于界面上的趋势，但当表面吸附达到饱和后，浓度再增加，表面活性剂分子无法再在表面上进一步吸附，这时为了降低体系的能量，活性剂分子会相互聚集，形成胶束。开始明显形成胶束的浓度称为临界胶束浓度，以 CMC（Critical Micelle Concentration）表示。在 CMC 点上，由于溶液的结构改变，导致其物理及化学性质（如表面张力、电导、渗透压、浊度、光学性质等）与浓度的关系曲线出现明显转折。这个现象是测定 CMC 的实验依据，也是表面活性剂的一个重要特征。

临界胶束浓度（CMC）可看作是表面活性剂对溶液的表面活性的一种量度。因为 CMC 越小，表示这种表面活性剂形成胶束所需浓度越低，达到表面饱和吸附的浓度越低。临界胶束浓度还是使含有表面活性剂水溶液的性质发生显著变化的一个"分水岭"。体系的多种性质在 CMC 附近都会发生一个比较明显的变化。测定 CMC 可以采用的方法有以下几种。

（1）电导法　仅适合于表面活性较强的离子表面活性剂 CMC 的测定，以表面活性剂溶液电导率或摩尔电导率对浓度或浓度的平方根作图，曲线的转折点相对应的浓度即 CMC。溶液中若含有无机离子，此方法的灵敏度会大大下降。

（2）表面张力法　表面张力测定法适合于离子表面活性剂和非离子表面活性剂 CMC 的测定，无机离子的存在也不影响测定结果。在表面活性剂浓度较低时，随着浓度的增加，溶液的表面张力急剧下降，当达到 CMC 后，表面张力的下降则很缓慢或停止。以表面张力对表面活性剂浓度或浓度的对数作图，曲线转折点相对应的浓度即为 CMC。

（3）紫外吸收光谱法　以不同浓度表面活性剂溶液的最大吸收峰波长对浓度作图求出 CMC。

（4）比色法（染料吸附法）　利用某些染料在水中和在胶束中的颜色有明显差别的性质，实验时先在大于 CMC 的表面活性剂溶液中加入很少的染料，染料溶于胶束中，呈现某种颜色。然后用水滴定稀释此溶液，直至溶液颜色发生显著变化，此时浓度即为 CMC，采用滴定终点观察法或分光光度法均可完成测定。用此法测定 CMC 时，染料的加入量会影响测定的精确性，尤其对 CMC 较小的表面活性剂的影响更大。另外，当表面活性剂中含有无机盐及醇时，测定结果也不甚准确。

（5）光散射法　光线通过表面活性剂溶液时，如果溶液中有胶束粒子存在，则一部分光线将被胶束粒子所散射，因此测定散射光强度（即浊度）可反映溶液中表面活性剂胶束的形成。以溶液浊度对表面活性剂浓度作图，在达到 CMC 时，浊度将急剧上升，曲线转折点相对应的浓度即为 CMC。利用光散射法还可测定胶束大小（水合直径），推测其缔合数等。但测定时应注意环境的洁净，避免灰尘的污染。

（6）浊度法　在小于 CMC 的稀表面活性剂溶液中，烃类物质的溶解度很小，而且基本上不随浓度而变，但当浓度超过 CMC 后，大量胶束形成，使不溶烃类物质溶于胶束中，致使密度显著增加，表面活性剂有增溶作用。根据浊度的变化，可测出一种液体在表面活性剂中的浓度及 CMC 值。

【仪器与试剂】

全自动表面张力测定仪；紫外可见分光光度计；电导率仪；折射仪；玻璃仪器。

十二烷基硫酸钠（SDS）；十二烷基苯磺酸钠（SDBS）；十二烷基三甲基溴化铵（DTAB）；十六烷基三甲基溴化铵（CTAB）。

操作演示
K99B 型全自
动表面张力仪
TU-1810 紫外
分光光度计

【设计要求】

1. 查阅 1～3 篇相关文献，根据本实验所提供的仪器与试剂，选择 1 种试剂，设计出两种以上测定 CMC 的实验方法，并用这些方法测定所选表面活性剂的 CMC。将有关数据在同一图中表示出来，并对两种方法测得的数据进行比较，据此分析两种方法的优缺点。

2. 提出所用仪器名称、数量和实验试剂。

参 考 文 献

[1] 侯万国，孙德军，张春光. 应用胶体化学 [M]. 北京：科学出版社，1998.

[2] 赵振国，译. 胶体化学实验 [M]. 北京：高等教育出版社，1992.

[3] 陈斌. 物理化学实验 [M]. 北京：中国建材工业出版社，2004.

实验三十一 H_2O_2 分解催化剂的制备及其性能比较

【实验目的】

1. 制备 H_2-O_2 燃料电池的氧电极催化剂，并通过其对 H_2O_2 的催化分解考察其催化活性。

2. 掌握量气法测定 H_2O_2 催化分解反应速率常数的动力学原理和方法。

3. 了解催化剂在实际科学研究中的应用。

【实验原理】

H_2O_2 是许多重要电化学反应（如 H_2-O_2 燃料电池中氧电极的电化学还原）的中间产物，其分解反应是电化学反应总反应的控制步骤。室温下 H_2O_2 分解反应进行得很慢，必须选用有效的催化剂加速反应，才能显著地提高 H_2O_2 分解反应的速率，使燃料电池具有实用价值。

铂黑或银黑有很高的催化活性，但价格太高，而经研究发现，具有尖晶石结构的 $Cu_xFe_{3-x}O_4$、$Co_xFe_{3-x}O_4$ 等对 O_2 具有较高活性，且用沉淀法制备这类催化剂并不困难。$Cu_{1.5}Fe_{1.5}O_4$ 作为这一类型催化剂，其制备工艺简单，操作方便，并且其制备原料容易获得，催化性能优异，应用在 H_2O_2 的催化分解实验中，既方便快捷，又效果明显。

制备 $Cu_{1.5}Fe_{1.5}O_4$ 的主要过程是先用 NaOH 溶液沉淀出 Cu(Ⅱ) 和 Fe(Ⅲ) 的氢氧化物，再将所得沉淀在空气中加热，进行氧化还原和脱水，生成尖晶石结构的 $Cu_{1.5}Fe_{1.5}O_4$。

$$1.5CuCl_2+1.5FeCl_3+7.5NaOH\longrightarrow Cu_{1.5}Fe_{1.5}(OH)_{7.5}+7.5NaCl$$

$$3.875O_2+Cu_{1.5}Fe_{1.5}(OH)_{7.5}\longrightarrow Cu_{1.5}Fe_{1.5}O_4+3.75H_2O$$

催化剂的活性与沉淀速度、反应温度、脱水的温度和时间有关。

在碱性溶液中，催化剂作用下 H_2O_2 按下式分解：

$$H_2O_2\longrightarrow \frac{1}{2}O_2+H_2O \tag{1}$$

可根据催化剂在氢氧化钾溶液中分解 H_2O_2 的能力来考察它的催化活性。反应（1）为一级反应，其速率方程可写为：

$$-\frac{dc_t}{dt}=kc_t \tag{2}$$

将上式积分，可得

$$\ln\frac{c_t}{c_0}=-kt \tag{3}$$

式中，c_0 为 H_2O_2 的初始浓度；c_t 为 t 时刻 H_2O_2 的浓度；k 为反应速率常数。

由式（1）可知，在 H_2O_2 的分解过程中，放出的氧气的体积与已分解的 H_2O_2 的浓度成正比。设 V_∞ 为 H_2O_2 全部分解生成的氧气的体积，V_t 为 H_2O_2 经分解时间 t 后生成的氧气的体积，f 表示一定量溶液中 H_2O_2 浓度与生成氧气的体积的比例常数，则有

$$V_\infty=fc_0 \quad V_\infty-V_t=fc_t$$

将上面的关系式带入式（3），整理后可得

$$\ln(V_\infty-V_t)=-kt+\ln V_\infty \tag{4}$$

若以 $\ln(V_\infty-V_t)$ 对 t 作图得一条直线，说明该反应是一级反应，由直线的斜率可求反应速率常数 k。

V_∞ 可由实验所用 H_2O_2 的浓度和体积算出。在酸性溶液中 H_2O_2 与 $KMnO_4$ 按下式反应：

$$5H_2O_2 + 2KMnO_4 + 3H_2SO_4 \longrightarrow 2MnSO_4 + K_2SO_4 + 8H_2O + 5O_2$$

用 $KMnO_4$ 标准溶液滴定加有一定量 H_2SO_4 的 H_2O_2 溶液，计算出 H_2O_2 溶液的浓度后，即可算出 H_2O_2 全部分解所生成的 O_2 的量。利用气体状态方程换算成实验条件下 O_2 的体积 V_∞（氧气分压为大气压减去实验温度下水的饱和蒸气压）。

实验过程中，可改变催化剂的制备条件，如沉淀速度、反应温度、脱水的温度和时间等，比较不同实验条件下合成的催化剂的催化活性，也可用自己合成的催化剂与其他催化剂的催化活性进行比较，进一步了解催化剂活性对 H_2O_2 分解速度的影响。

【仪器与试剂】

电子秒表；电磁搅拌器；普通烘箱；恒温水浴；循环水泵；布氏漏斗；真空干燥箱；250mL 锥形瓶；滴定管；pH 试纸；移液管；三通旋塞；量气管；水位瓶。

2% H_2O_2 溶液；$1mol \cdot L^{-1}$ KOH 溶液；$0.02mol \cdot L^{-1}$ $KMnO_4$ 标准溶液；$3mol \cdot L^{-1}$ H_2SO_4 溶液；化学纯 $CuCl_2 \cdot 6H_2O$；化学纯 $FeCl_3 \cdot 6H_2O$；$5mol \cdot L^{-1}$ NaOH 溶液；MnO_2 粉；CuO 粉；KI。

【设计要求】

1. 设计催化剂制备路线及动力学实验方法及数据记录表格。

2. 计算 c_0 和 V_∞。

3. 分别以 $\ln(V_\infty - V_t)$ 为纵坐标、t 为横坐标作图。从所得直线的斜率求不同催化条件下 H_2O_2 分解反应的速率常数 k。

4. 在所用催化剂质量相同的条件下，根据其速率常数的大小，比较各催化剂的活性。

参 考 文 献

[1] 罗澄源，等. 物理化学实验 [M]. 4 版. 北京：高等教育出版社，2004.

[2] Onuchukwu A I. J. Chem. Educ. [J]. 1985，62（9）：809.

[3] Goldstein J R. J. Phys. Chem. [J]. 1972，76（24）：3646.

[4] Cota H M. Nature [J]. 1964，203：1281.

实验三十二　铁在酸性溶液中的阳极溶解与钝化过程

【实验目的】

1. 了解铁在酸性溶液中的阳极溶解、钝化过程及孔蚀的特点及其常用的测定方法。

2. 利用本实验的仪器设备，设计一个测定铁的阳极溶解、钝化过程及孔蚀的实验。

【实验原理】

全世界每年因腐蚀而不能使用的金属件占产量的 15％，其中只有 2/3 能回收，损失是相当大的。腐蚀不仅消耗材料，而且还降低机械的精度，减少机械的寿命，所以研究材料的腐蚀具有很大的工程意义。金属腐蚀有多种形式，包括均匀腐蚀、电偶腐蚀、缝隙腐蚀、孔蚀、磨损腐蚀和应力腐蚀等。

孔蚀是破坏性和隐患最大的腐蚀形式之一。一方面孔蚀在很多情况下都能发生；另一方面钢铁、铜、铅和镁等多种金属都容易发生孔蚀，特别是表面上存在钝化膜或氧化膜的金属或合金更易产生孔蚀。此外，孔蚀的危险性还在于检查很困难，因为孔蚀很小并常被腐蚀产物所覆盖，不易被发现，而且一旦形成孔蚀，它会因其自催化生长过程而迅速发展，产生穿透性、突发性破坏事故。

本实验通过测定铁在酸性溶液中的极化曲线，了解其钝化和孔蚀的特点以及电化学阳极保护的基本原理。

1. 金属的阳极溶解及钝化

铁电极在硫酸溶液中的极化曲线如图 2-58 所示。从腐蚀电位向阳极方向扫描，阳极电流增加，铁开始迅速溶解，但是电极表面保持银白色，在这个电位范围内，$\lg I$-E 图呈 Tafel 直线关系。电位继续增加，电极表面开始形成黑色膜，电流-电位曲线开始离开 Tafel 直线，膜不断剥落，电位迅速增加之后，电流急剧减小，除掉表面附着的黑色膜，表现出电极的金属光泽，这时候的阳极电流比腐蚀电流密度小几个数量级。金属表面状态的变化，使阳极溶解过程的超电位升高，金属的溶解速度急剧下降，这种现象称为金属的钝化。

图 2-58 的极化曲线可分为五个区。

① 作为阴极反应，有氢气产生，使铁稳定存在的区域。

② 裸露铁电极活性溶解区，在此区域内是金属的正常阳极溶解。

③ 浓的铁离子作为氢氧化物、铁盐沉淀覆盖在表面，由于没有保护性，容易破坏的区域（活性-钝态转换区），a 点的电位称为致钝电位，所对应的电流称为致钝电流。

④ 由薄钝化膜覆盖的稳定钝态区，在这个区域金属的腐蚀速度急剧下降，铁离子溶液速度维持在钝化电流 I_p（对应于 bc 段）下。

⑤ 在钝化膜上发生水的分解，产生氧气的区域，阳极电流密度随电势的正移而增大，金属的溶解速度加大，该区域称为过钝化区。

2. 金属在含氯离子溶液中的孔蚀

孔蚀是在材料表面形成直径小于 1mm 并向板厚方向发展的孔。它是金属的大部分表面不发生腐蚀或腐蚀很轻微，但在局部地方出现腐蚀小孔并向深处发展的一种腐蚀破坏形式。有些蚀孔独立存在，有些蚀孔紧凑地连在一起，看上去像一片粗糙的表面，但一般都比较小，就尺寸而言，蚀孔的深度一般大于或等于蚀孔的直径。介质发生泄漏，大多是孔蚀造成的，而且它的发展速度很快，大多为数毫米/年。氯离子对钝化膜的破坏和对钝化过程的阻碍，是孔蚀和缝隙腐蚀产生的主要原因。

在含有氯化钠的溶液中，以极慢的电位扫描速度对不锈钢进行阳极极化，如图 2-59 所示。在某一电位 E_{pit}，阳极电流开始迅速增加，这与氯离子浓度有关。在 E_{pit} 以上孔蚀成长，所以 E_{pit} 叫孔蚀电位。阳极电流达到某一足够大的值以后，扫描方向逆转，电流继续增加，一段时间后减小，随后电流变为阴极电流，这个电位称为孔蚀的再钝化电位或保护电位 E_{pro}。在这个电位下，即使孔蚀发生也能自钝化。实际上，当孔蚀电位负而保护电位正的时候，孔蚀难以发生、成长。那么孔蚀是如何发生的呢？放在含有氯离子水溶液中的不锈钢，在晶界和夹杂物周围，钝化膜减弱。这些位置上，如果吸附氯离子，氧化物将变成可溶性的氯化物或形成复合盐，钝化膜发生局部溶解。普通的钝化膜容易再生，不发生孔蚀，但是持续进行溶解的结果，形成了薄弱的膜，在氯离子吸附多的情况下（氯离子浓度和电位有函数关系），膜破裂，显露出基体的合金层，换句话说，金属露出的部分，发生金属阳极溶解，孔蚀发生。

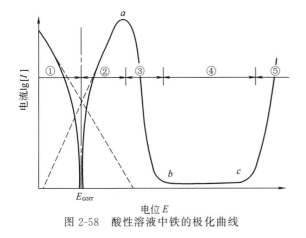

图 2-58　酸性溶液中铁的极化曲线　　　图 2-59　金属的孔蚀电位及保护电位
（虚线为不含卤素离子溶液中的极化曲线）

3. 金属阳极溶解及钝化曲线的测量方法

可钝化金属可采用控制不同的恒电位来测量电流密度的方法，绘制出阳极极化曲线及钝化曲线。采用控制电位法测量极化曲线时，是将研究电极的电位恒定地维持在所需值，然后测量对应于该电位下的电流。由于电极表面状态在未建立稳定状态之前，电流会随时间而改变，故一般测出的曲线为暂态极化曲线。在实际测量中，常采用的控制电位测量方法有下列两种。

（1）静态法　将电极电位较长时间地维持在某一恒定值，同时测量电流随时间的变化，直到电流值基本上达到某一稳定值，如此逐点地测量各个电极电位下的稳定电流值，以获得完整的极化曲线。

（2）动态法　控制电极电位以较慢的速度连续地改变（扫描），测量对应电位下的瞬时电流值，并以瞬时电流与对应的电极电位作图，获得整个极化曲线，所采用的扫描速度（即电位变化的速度）需要根据研究体系的性质选定。一般来说，电极表面建立稳态的速度越慢，则扫描速度也应越慢，这样才能使所测得的极化曲线与采用静态法的接近。

上述两种方法都已获得了广泛的应用，从其测量结果的比较，可以看出静态法测量结果比较接近稳态值，但测量时间长。例如对于钢铁等金属及合金，为了测量钝态区的稳态电流，往往需要在每一个电位下等待几个小时，所以在实际工作中，较常采用动态法来测量。

本实验采用动态法。

【仪器与试剂】

CHI832 电化学分析仪；纯铁棒；饱和甘汞电极；铂电极。

$0.5mol \cdot L^{-1} H_2SO_4$；$0.5mol \cdot L^{-1} H_2SO_4 + 0.01mol \cdot L^{-1} KCl$。

【设计要求】

1. 查阅 3～5 篇相关文献，根据本实验所提供的仪器和试剂，设计出研究铁在酸性溶液中的阳极溶解与钝化过程的实验方案。

2. 测定铁电极的极化及钝化曲线，求出致钝电位、致钝电流、钝化区电位范围、钝化电流。

【思考题】

1. 影响金属钝化的因素有哪些？

2. 金属防腐蚀的电化学保护方法及其基本原理是什么？

参 考 文 献

[1] 查全性. 电极过程动力学 [M]. 北京：科学出版社，2002.

[2] 曹楚南. 腐蚀电化学原理 [M]. 北京：化学工业出版社，2004.

[3] 高颖，邬冰. 电化学基础 [M]. 北京：化学工业出版社，2004.

[4] 宋诗哲. 腐蚀电化学研究方法 [M]. 北京：化学工业出版社，1994.

实验三十三　极化曲线法测定自组装膜对金属基底的缓蚀效率

【实验目的】

1. 了解在金属表面上制备自组装膜的技术。

2. 了解缓蚀效率的表示方法及其常用的测定方法。

3. 利用本实验的仪器设备，设计极化曲线法测定自组装膜对金属基底的缓蚀效率的实验。

【实验原理】

铜是重要的商用金属，因为它具有高热稳定性和电导性、高强度和装饰性外观，铜及其合金广泛用于电子工业、加热和冷却系统以及建筑用金属。铜的腐蚀会导致表面凹陷、锈蚀或失去光泽等，从而影响材料及其设备的使用寿命。在各种金属腐蚀的防护技术中，缓蚀剂技术由于工艺简单、适用性强而成为最有效和最常用的方法之一，但是缓蚀剂技术有明显的局限性。在缓蚀剂应用最为广泛的液相介质中，缓蚀剂必须有一定的溶解度，而且必须达到一定的浓度，缓蚀剂用量相对来说也比较大。

新近迅速发展起来的自组装技术可解决这个困难，用它可以简单、方便地制备出稳定性好而且高度有序的超薄有机膜。自组装膜是活性分子通过化学键自发吸附在异相界面上形成的取向、紧密排列的有序单分子膜。自组装技术作为在分子水平上研究并控制表面和界面性质的良好方法，迅速成为有关学科的研究焦点，在金属腐蚀与防护方面具有广泛的应用前景。

在金属表面上组装有序分子膜，可通过设计分子结构单元来赋予膜特定的缓蚀功能，它有可能部分取代在液相介质中缓蚀剂的传统使用方法。

在自组装膜研究中应用广泛的表征技术包括：电化学技术、红外光谱（IR）、扫描隧道显微镜（STM）和原子力显微镜（AFM）等。

电化学主要研究带电相之间界面（尤其是电子导体/离子导体界面的结构）的性质、界面上电荷传递及相关的过程和现象。电化学方法已应用于自组装膜的研究，给出关于自组装膜的界面结构和性质的直接信息。极化曲线可提供有关金属电极腐蚀过程的动力学信息。通过极化曲线的测量，最主要的是可获得腐蚀速率的信息，同时还可以测定与腐蚀过程有关的电极反应的其他动力学参数，如阳极反应和阴极反应的 Tafel 斜率、去极化剂的极限扩散电流等。

本实验用极化曲线法测定铜电极在不同条件下的腐蚀速率。

1. 腐蚀电位及腐蚀电流

金属在溶液中发生电化学腐蚀时，在金属与溶液界面上除了发生金属离子的转移之外，还发生另一组分即去极化剂的转移。应该注意，在一个电极上同时存在着两个反应，所以金属与溶液界面建立的电位差不一定是平衡电位，也就是说，不通过外电流时所测出的电极电位不一定是平衡电位。这种在没有外电流通过的情况下，共轭体系达到稳定后，电荷交换平衡而物质交换不平衡所建立的恒定电极电位，称为稳定电位。此时，各氧化电流密度的总和与各还原电流密度的总和应当相等。

金属的氧化速度与还原速度不相等，它们的差值就是金属的净溶解电流。在不通过外电流的情况下，它就是金属的自溶解电流，也称其为腐蚀电流，此时的稳定电位也称为腐蚀电位。可以通过极化曲线即电位-电流曲线找出该体系的腐蚀电位及腐蚀电流密度值。

2. 极化曲线的测量方法

测定极化曲线的方法有两种，即恒电流法和恒电位法。

恒电流法是控制电流密度，使其分别恒定在不同的电流密度值，测出相应的电极电位值，将此一系列数据绘制成极化曲线。此法的电流密度为自变量，电极电位是因变量。

恒电位法是控制电极电位，使其分别恒定在不同数值上，然后测定相应的电流密度值。电极电位为自变量，电流密度是因变量，电流密度是电极电位的函数。如果函数关系是单值的，两种方法测出的极化曲线完全相同；如果有一关系为多值时，两种方法测出的结果大不相同。例如，金属阳极的钝化曲线，一个电流密度对应几个电极电位值，用恒电流法就得不到完整的图形，只有用恒电位法才能测得完整的极化曲线。

用恒电位法测极化曲线时，电极电位虽然恒定地维持在所需要的数值上，然后测定该电位下的电流密度值，但由于电极表面状态未达到稳定状态之前，电流密度会随时间而变，故在实际测量中又有稳态法与暂态法之分。同样，用恒电流法测极化曲线时，在每给定一个恒电流密度后，电极往往不能立即达到稳定状态，电极电位随时间而变，不同的电极体系，电位趋于稳定所需要的时间不同。稳态是指体系各个变量都不随时间而变化的状态。测定稳态极化曲线，就必须在电极过程达到稳态时才能进行测定。也就是组成电极过程的各基本过程，如双电层充电、电化学反应、液相传质过程等必须达到稳定。它虽能较好地模拟实际情况，但从极化开始到达稳态需要一定的时间。在实际测量中，自动测取稳态极化曲线的方法是慢扫描法。它是利用慢速线性扫描信号控制恒电位仪或恒电流仪，使极化测量的自变量连续线性变化，同时自动测绘极化曲线。测得的极化曲线会因扫描速度不同而有很大的差别。严格地讲，为了测定稳态极化曲线，扫描速度必须足够地慢，但测量时间越长，电极表面状态及其真实表面积变化的积累越严重。为了比较不同电极体系的电化学行为，或者比较各种因素对电极过程的影响，可选适当的扫描速度测定准稳态极化曲线进行对比，但必须保证每次扫描速度相同。

电极从开始极化到电极过程达到稳态的这一阶段称为暂态过程。在该过程中电极电位、电极界面状态等体系的各变量随时间而变化，因此暂态过程比稳态过程复杂得多。暂态过程比稳态过程多了一个时间因素。暂态法就是将指定的小幅度的电流或电位信号加到研究电极上，使处在平衡状态的电极体系发生扰动，同时测量电极参数的响应，来研究电极体系的各种性质。

3. 极化曲线在金属腐蚀方面的应用

(1) 测量极化曲线可以得出阴极保护电位、阳极保护电位、致钝电流、维钝电流、击穿电位、再钝化电位等。

(2) 在稳定电位附近及弱极化区测量极化曲线，可以快速测量腐蚀速率，有利于筛选鉴定金属材料和缓蚀剂。采用多次阴阳极化作出腐蚀行为图用以测金属的腐蚀速率，获得较好的重现性。

(3) 测量阴极区和阳极区的极化，可以研究局部腐蚀。

(4) 分别测量两种金属的极化曲线，可以推算这两种金属连接在一起时的电偶腐蚀。

(5) 测量腐蚀系统的阴阳极化曲线，可以指示腐蚀的控制因素、缓蚀剂的作用类型等。

4. 缓蚀效率的表示方法

当铜电极被自组装膜覆盖时，自组装膜对铜基底的缓蚀效率 $P(\%)$ 用以下公式计算：

$$P = \frac{v_{\text{corr}}^{0} - v_{\text{corr}}}{v_{\text{corr}}^{0}} \times 100\% = \frac{i_{\text{corr}}^{0} - i_{\text{corr}}}{i_{\text{corr}}^{0}} \times 100\%$$

式中，v_{corr}^{0} 和 v_{corr} 分别为空白铜和自组装膜修饰的铜电极的腐蚀速率；i_{corr}^{0} 和 i_{corr} 分别为空白铜和自组装膜修饰的铜电极的腐蚀电流，可从极化曲线获得。

本实验在铜电极表面制备不同缓蚀剂自组装膜，用恒电位法测定其极化曲线，并计算缓蚀效率。

【仪器与试剂】

CHI832 电化学分析仪；纯铜棒；饱和甘汞电极；铂电极。

NaCl（化学纯）；苯并咪唑；咔唑。

【设计要求】

1. 查阅 3～5 篇相关文献，根据本实验所提供的仪器和试剂，设计出研究铜在溶液中的腐蚀及自组装膜缓蚀效率的实验方案。

2. 分别测定空白铜和自组装膜修饰的铜电极在溶液中的稳态极化曲线。

3. 计算并比较不同自组装膜对铜基底的缓蚀效率。

【思考题】

1. 除了极化曲线法之外，还有哪些方法可以测定金属的腐蚀速率？

2. 金属防腐蚀的电化学保护方法及其基本原理是什么？

参 考 文 献

[1] 曹楚南. 腐蚀电化学原理 [M]. 3 版. 北京：化学工业出版社，2008.

[2] 高颖，邬冰. 电化学基础 [M]. 北京：化学工业出版社，2004.

[3] Bard A J，Faulkner L R. 电化学方法 [M]. 邵元华，朱果逸，董献堆，等译. 北京：化学工业出版社，2005.

[4] Quan Zhenlan，Chen Shenhao，Li Ying，et al. Adsorption behaviour of Schiff base and corrosion protection of resulting films to copper substrate [J]. Corrosion Science，2002，44：703-715.

实验三十四　电还原草酸制备乙醛酸

【实验目的】

1. 了解电化学在有机电合成中的应用。

2. 利用本实验提供的设备，设计、实施电还原草酸制备乙醛酸的实验，从而掌握直接电合成的一般方法。

3. 了解电合成实验结果的评价方法。

【实验原理】

许多合成有机化合物的反应中包含着电子的转移，因此可以安排在电池中进行，这就是有机电合成反应。研究用电化学方法进行有机化合物合成的学科叫做有机电合成，其突出优点是：①用最清洁的试剂"电子"代替有毒或危险的氧化剂或还原剂，故环境污染小，产品纯度高，易分离，是今后"绿色化学合成工业"的重要组成部分；②合成工艺路线短，一般可在常温常压下进行，因此操作更安全；③可通过控制电位控制反应，易于实现自动化控制，且设备通用性好。因此有机电合成前景广阔。

基本的有机电合成可分为直接电合成、间接电合成、配对电合成和自发电合成。直接电合成是指原料直接在电极上发生电极反应转化为合成产物；间接电合成是指选择某种氧化还原电对作为"媒质"，这种媒质能在电极表面上首先被氧化或还原，然后再与有机原料反应合成目的产物，分离出产物后，媒质可以在电解槽中通过阳极或阴极反应再生，循环使用；通常的有机电合成反应只发生在某一极，而另一极上发生的反应没有被利用，如果在阴阳两极上同时进行生成目的产物的反应，就称为配对电合成；多数有机电合成都是通过电解过程来实现的，但有的有机化合物生成反应的 $\Delta G < 0$，因此可以安排在电池中进行，在合成目的产物的同时还可以获得电能，这种称为自发电合成。本实验拟采用直接电合成技术，在阴极电还原草酸制备乙醛酸。

乙醛酸的结构简式为 OHC—COOH。它兼有羧酸和醛的双重特性，因而是一种重要的有机合成中间体，被广泛用于香料、医药和农药等精细化学品的生产，也可直接用于食物储存、高分子合成过程中的交联剂及电镀添加剂。其制备方法有乙二醛硝酸氧化法、顺丁烯二酸臭氧氧化法、乙二醛电化学氧化法、草酸电化学还原法等。与其他方法相比，草酸电化学还原法具有原料便宜且来源充足、工艺路线短、工艺条件温和、污染小等优点，因此是一种很有潜力的生产方法。

草酸电还原制备乙醛酸的反应为：

$$HOOC—COOH + 2H^+ + 2e^- \longrightarrow HOOC—CHO + H_2O$$

此外阴极上可能发生以下副反应：

$$HOOC—COOH + 4H^+ + 4e^- \longrightarrow HOOC—CH_2OH + H_2O$$

$$HOOC—COOH + 4H^+ + 4e^- \longrightarrow OHC—CHO + 2H_2O$$

采用合适的电极材料及电解条件可以抑制副反应发生，尽可能多地制取目的产物乙醛酸。电解条件包括温度、槽电压、电流密度、阴阳极面积比等。

评价有机电合成的实验结果的指标有电流效率 η_i、电压效率 η_V、电能效率 η_W、转化率 α、产率 Y、时空产率 Y_{ST} 等，其中最常用的是电流效率 η_i、转化率 α、产率 Y、时空产率 Y_{ST}。

（1）电流效率 $\qquad \eta_i = \dfrac{Q_t}{Q_p} \times 100\% = \dfrac{m_p}{m_t} \times 100\%$

（2）电压效率 $\qquad \eta_V = \dfrac{E_t}{E_p} \times 100\%$

（3）电能效率 $\qquad \eta_W = \dfrac{W_t}{W_p} \times 100\%$

（4）转化率 $\qquad \alpha = \dfrac{\Delta m}{m_0} \times 100\%$

（5）产率 $\qquad Y = \dfrac{\Delta m'}{\Delta m} \times 100\%$

（6）时空产率 $\qquad Y_{ST} = \dfrac{m'}{tV} \times 100\%$

在以上各式中，Q_t 和 Q_p 分别为生成一定量产物所消耗的理论电量和实际电量，C；m_t 和 m_p 分别为通过一定量电量理论上应生成的产物量和实际生成的产物量，kg；E_t 和 E_p 分别为理论分解电压和实际槽电压，V；Δm 为转化的主反应物量，kg；m_0 为主反应初始量，kg；$\Delta m'$ 为转化产物消耗的反应物的量，kg；m' 为生成目的产物的量，kg；t 为反应时间，h；V 为电化学反应器的体积，m^3。

【仪器与试剂】

H 型隔膜式电解槽 1 只；磁力搅拌器 1 台；直流稳压电源（30V，2A）1 台；电炉、电压表 1 只；电流表 1 只；玻璃水浴缸 1 个；铅板 1 块；分析天平 1 台（公用）；螺丝；导线；电工工具；必要的玻璃仪器。

化学纯草酸及分析用试剂。

【设计要求】

1. 查阅 2～4 篇文献，根据本实验所提供的仪器设计出电还原草酸制备乙醛酸的实验方案，并进行实验。

2. 查阅 2～4 篇文献，确定草酸及乙醛酸的分析方法。

3. 根据实验及分析结果用电流效率、产率及转化率对实验结果进行评价。

【思考题】

1. 影响电合成的因素主要有哪些？在研究中通常如何考察这些因素的影响？

2. 优选工艺条件时主要参照哪些指标？

3. 分析电解液中乙醛酸和草酸含量时应注意哪些问题？

4. 如何对电合成结果进行评价？

参 考 文 献

[1] 王光信，张积树. 有机电合成导论 [M]. 北京：化学工业出版社，1997.

[2] 马淳安. 有机电化学合成导论 [M]. 北京：科学出版社，2002.

实验三十五　纳米 SnO_2 的制备及其电化学储锂性能的测定/比较

【实验目的】

1. 了解锂离子电池的特点及工作原理。

2. 了解锂离子电池负极材料的研发现状。

3. 制备纳米 SnO_2 负极材料并测定其储氢性能。

【实验原理】

化学电源又称为电池，是将物质氧化还原反应产生的能量直接转换成电能的一种装置，化学电源的一个典型特点是电极上的电化学反应引起了外电路的电子流动，进而产生电流。

从第一支伏打电池问世开始，在一百多年的发展过程中，新型化学电源不断涌现，化学电源的性能也不断改善。近年来，电子和信息产品的迅速发展不仅要求化学电源体积小，而且要求其比能量高，储能性能好，电压高，寿命长。另外电动汽车，航天技术，现代军事装备的发展也都大大促进了化学电源的发展。

锂离子电池自 1990 年问世以来发展迅猛，且随着性能的日益完善，其市场份额逐年增加。锂离子电池具有电压高、能量密度大、循环性能好、自放电小、无记忆效应等突出优点。锂离子电池的应用前景十分广阔，是人造卫星、潜艇、军用导弹、飞机等现代高科技领域的重要化学电源之一，是推进能源革命的重要产业，也是推进双碳目标的重要抓手。目前，全球科技界和工业界都致力于发展锂离子电池及相关技术，重点研究和开发新型锂离子电池相关材料，提高电池的性能，降低电池材料的成本。

1. 锂离子电池的工作原理

锂离子电池一般由正极、负极、电解液以及隔膜组成。锂离子电池种类较多，但工作原理大致相同。锂离子电池的正负极分别使用具有不同氧化还原电位的电极材料，其充放电过程从本质上来说是锂离子在正负两极间的脱出和嵌入过程，通过锂离子在正负极之间的往返移动产生电流。下面以 $LiMn_2O_4$ 电池为例介绍锂离子电池的工作原理，如图 2-60 所示。

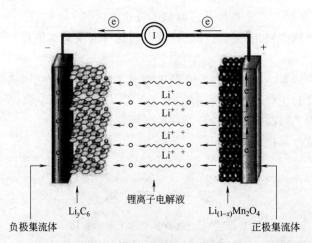

图 2-60　锂离子电池工作原理示意图

对于 $LiMn_2O_4$ 正极材料来说，在充电过程中，Mn^{3+} 失去一个电子变成 Mn^{4+}，电子经外电路从正极流向负极。为保持 $LiMn_2O_4$ 中正负极化合物化合价代数和为零，Li^+ 从正极脱出时，其经过电解质溶液插入负极晶格中，同时与碳材料反应形成层间化合物 Li_xC_n，此时负极材料处于富锂状态，正极材料处于贫锂状态。放电过程与之相反，负极材料中 Li_xC_n 化合物失去电子，从而使 Li^+ 从负极脱出，经过电解质溶液嵌入正极晶格内，正极材料中的 Mn^{4+} 得到一个电子被还原成 Mn^{3+}，正极材料又变成富锂状态。综上可知，电池内部的锂始终以离子的状态存在，不会出现单质的金属锂，因此这类电池被称作锂离子电池。在充放电过程中，Li^+ 在正负极之间反复脱出和嵌入，所以锂离子电池又被称作"摇椅电池"。Li^+ 具有良好的稳定性，并能在电池正负极材料间稳定移动，因此电池具有良好的可逆性，并拥有较长的循环寿命和稳定的储锂性能。其电化学反应方程式见式（1）。

$$LiMnO_2 + 6C \longrightarrow Li_{1-x}MnO_2 + Li_xC_6 \tag{1}$$

2. 锂离子电池负极材料

作为锂离子电池的重要组成部分，锂离子电池负极材料的研究开发一直是研究热点。作为锂离子电池负极材料一般应满足以下基本要求。

（1）在插入反应中氧化还原电位尽可能的低且稳定，接近于金属锂，以保持电池输出的电压高且平稳。

（2）锂能够尽可能多地在主体材料中可逆脱嵌，比容量值大。

（3）电极材料应具有较高的电子电导率和离子电导率以及较大的扩散系数，从而减少极化能，可在较高的倍率下充放电。

（4）具有较高的结构稳定性、化学稳定性和热稳定性，能够在液体电解质中形成良好的 SEI 膜，以保证电池具有良好的循环性能。

（5）电池的成型性要好。

（6）锂离子在主体材料中有较大的扩散系数，便于快速充放电。

（7）制备流程简单，资源丰富，价格低廉，对环境无污染。

目前，锂离子电池所采用的负极材料一般都是碳材料，如石墨、软碳（如焦炭等）、硬碳等。碳材料作为锂离子电池的负极材料，主要的缺点是理论容量较低（370mA·h·g^{-1}）。目前商品化锂离子电池的容量已基本接近其理论容量，难以有较大幅度的提高。而当前手持式小型设备、电动汽车及大型储能装置对锂离子电池的容量提出了较高的要求，碳材料已无法满足其需求。新一代非碳负极材料的研究主要集中在锡基材料、硅基材料以及过渡金属氧化物等。

3. 锡基负极材料

锡基负极材料的研究首先起源于日本精工电子工业公司，随后三洋电机、富士胶片等公司相继开展了相关研究。锡基负极材料包括锡、锡的氧化物、锡基复合氧化物、锡盐、锡合金等。锡之所以能够用做锂离子电池的负极材料，是因为它能够与金属锂发生可逆的合金化和去合金化反应。其主要优点是比容量高（990mA·h·g^{-1}）、加工性能好、对环境的敏感性没有碳材料明显并且可以防止溶剂的共嵌入反应等。但锡在与锂进行合金化和去合金化反应的过程中伴随着巨大的体积膨胀，使合金内部产生应力并使活性材料粉化、剥落，从而造成活性物质之间的电接触性能变差，电池的内阻随之增加，最终导致电池循环性能变差。锡的简单氧化物包括氧化锡、氧化亚锡及其混合物三种。与碳材料的理论比容量 372mA·h·g^{-1} 相比，氧化锡的比容量可达到 870mA·h·g^{-1}，不过首次不可逆容量也较大，循环性能较差。为提高氧化锡的电化学储锂性能，通常可采用两种方法：碳包覆和纳米化。本实验将对后者进行研究，利用两种方法制备纳米氧化锡，并将其作为负极材料组装成纽扣型半电池，比较不同制备方法得到的氧化锡材料的电化学性能。

4. 纳米 SnO_2 负极材料的制备

(1) 均匀沉淀法制备 SnO_2

① 将 $SnCl_4$ 的盐酸溶液（质量分数 3.8%）与一定浓度的尿素溶液混合并稀释，在 90℃ 条件下加热回流 16h（时间可适当缩短，但要形成白色沉淀）。

② 将所得的悬浊液以 6000～8000r/min 离心 3～5min，用去离子水洗涤 3 次。

③ 固体产物在 70℃ 烘箱中干燥 12h，研磨均匀后在马弗炉中 450℃ 条件下煅烧 3h。

注：如果有条件，在反应体系中加入 K30、SDS 或 CTAB 等表面活性剂，能够提高产物的电化学性能。

(2) 溶胶-凝胶法（Sol-Gel）制备 SnO_2

① 将 $SnCl_2 \cdot 2H_2O$ 溶于乙醇，100℃ 回流 8h（注：中间会有一个先生成白色沉淀再溶解的过程），转入烧杯后在 80℃ 烘箱中陈化数小时，变成透明的溶胶（可能显红紫色，逐渐变成黄色），继续干燥至基本失去流动性。

② 将烧杯放入马弗炉中，升温至 200℃，保持 1min（产物会起泡，因此如果产物较多，可能会溢出烧杯，应该用较大一点的烧杯，避免发生危险），最终得到黑色的海苔状产物。

③ 产物经研磨后，在马弗炉中 450℃ 煅烧 3h。

典型的 SnO_2 如图 2-61、图 2-62 所示。

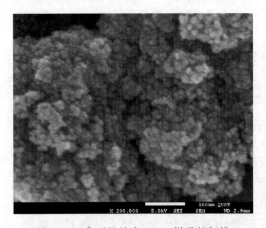

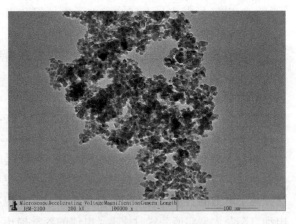

图 2-61 典型的纳米 SnO_2 样品的扫描　　　图 2-62 典型的纳米 SnO_2 样品的透射
电镜（SEM）图　　　　　　　　　　　电镜（TEM）图

5. 电池组装与电化学测试

称取约 300mg 的 SnO_2 产物，分别加入乙炔黑和 9% 的 PVDF 乙醇溶液（三者的质量比为 7：2：1），充分搅拌后在铜箔上涂膜，将膜放入烘箱中 60℃ 干燥 4h，取出冲片（直径为 12mm），将冲出的电极片放入真空干燥箱中在 80℃ 下干燥 8h，取出后在真空手套箱内组装 CR-2016 纽扣型半电池。利用 Land 电池测试系统检测不同制备方法所获得的纳米 SnO_2 的电化学储锂性能。纳米 SnO_2 负极充放电容量-电压关系如图 2-63 所示。

【仪器与试剂】

玻璃仪器；恒温磁力搅拌器；高速离心机；真空烘箱；马弗炉；真空手套箱；Land 电池测试系统。

【设计要求】

1. 查阅 2～4 篇文献，根据本实验所提供的仪器设计出均匀沉淀法制备 SnO_2 和溶胶-凝胶法（Sol-Gel）制备 SnO_2 的实验方案，并进行实验。

2. 查阅 2～4 篇文献，确定电池组装及性能测试方法。

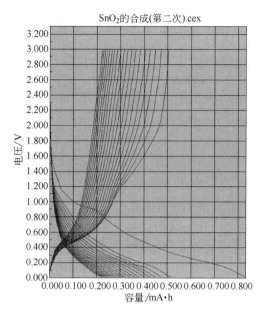

图 2-63　典型的纳米 SnO_2 负极充放电容量-电压关系图

3. 根据实验及分析结果，对两种方法合成的 SnO_2 进行评价。

参 考 文 献

[1] 满丽莹，齐恩磊，徐红燕，等. 二氧化锡纳米粉体的制备及表征 [J]. 山东陶瓷，2011，34 (3)：18-21.

[2] 李玉国，翟冠楠，张晓森，等. 二氧化锡纳米线自催化生长及其发光特性研究 [J]. 半导体光电，2013，34 (1)：62-64.

[3] 刘淑玲，李红霖，闫路. 二氧化锡微球的制备、表征及其性能研究 [J]. 陕西科技大学学报. 2013，(5)：70-78.

[4] 李建昌，王博锋，单麟婷，等. 基于溶胶凝胶法的二氧化锡复合薄膜的制备及表征 [J]. 真空科学与技术学报，2012，32 (3)：225-231.

[5] 庞承新，张丽霞，谭健，等. 溶胶-凝胶法制备纳米二氧化锡的研究 [J]. 广西师范学院学报：自然科学版，2006，23 (3)：26-40.

[6] 魏荣慧，杜凯，巩晓阳，等. 液相沉淀法制备碳纤维/二氧化锡复合材料及其相关性质 [J]. 河南科技大学学报：自然科学版，2010，31 (4)：1-4.

[7] Pan Jia Hong，Chai Seung Yong，Lee Chongmu，et al. Controlled formation of highly crystallized cubic and hexagonal mesoporous SnO_2 thin films [J]. J. phys. chem：C，2007，111 (15)：5582-5587.

[8] 王琦. 锂离子模拟电池组装测试手册 [J]. 锂电资讯，2010，31.

实验三十六　药物插层类水滑石杂化物的制备及性能

【实验目的】

1. 了解类水滑石的结构特点及性能。
2. 学会利用多种方法制备药物-LDHs 杂化物。
3. 测定杂化物的载药量及药物的缓释性能。

【实验原理】

类水滑石（Hydrotalcite-like compounds，HTlc），又叫层状双金属氢氧化物（layered double hydroxyides，LDH），是由二价和三价金属离子组成的具有水滑石层状结构的氢氧化物。图 2-64 为 LDH 的晶体结构示意图。其化学组成通式为 $\left[M_{1-x}^{2+}M_x^{3+}(OH)_2\right]^{x+}A_{x/n}^{n-}\cdot mH_2O$。其中，$M^{2+}$ 和 M^{3+} 分别指二价和三价金属阳离子，A^{n-} 为阴离子，x 是每摩尔 LDH 中 M^{3+} 的摩尔数，m 是每摩尔 LDH 中水合水的摩尔数。由于"同晶置换"，LDH 层片的正电荷过剩，称为结构正电荷；通道中（或层片间）存在可交换的阴离子，以中和层片过剩的结构正电荷。

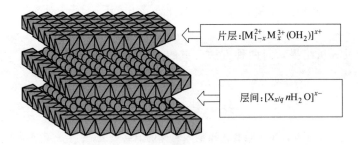

片层：$[M_{1-x}^{2+}M_x^{3+}(OH_2)]^{x+}$

层间：$[X_{x/q}nH_2O]^{x-}$

图 2-64　水滑石结构示意图

1. 药物-类水滑石杂化物的制备方法

（1）离子交换法　离子交换法是利用 LDH 层间阴离子的可交换性，将所需要插入的阴离子药物与 LDH 前驱体的层间阴离子进行交换，从而得到药物-类水滑石杂化物，这种方法仅限于阴离子型药物。研究表明，一些常见的阴离子的交换能力顺序是：$PO_4^{3-}>CO_3^{2-}>SO_4^{2-}>HPO_4^{2-}>F^->Cl^->NO_3^-$，价态高的阴离子易于交换进入层间，低价态阴离子易于被交换出来。

（2）二次自组装法　在离子交换反应中，如果客体阴离子的体积太大，将难以进入水滑石层间，或者对于非离子型的药物，不能直接通过离子交换法插入类水滑石层间，此时可以采用二次自组装法。对于大体积的阴离子客体在类水滑石层间的插层，二次组装法是基于离子交换法的一种制备插层 LDH 的方法。根据动力学原理，客体阴离子向 LDH 层间的扩散过程是离子交换法的速率控制步骤。由于大体积的客体阴离子向层间扩散经常受到层内空间的限制而使其很难插入；对于电荷密度小的阴离子，由于其与主体阳离子层板静电作用力弱也很难插入层间。该方法的具体操作过程是：首先采用共沉淀法或者离子交换法制备插层前驱体 LDH，使层间受到预支撑，从而使层间距增大，降低层与层之间的作用力，再通过前驱体的支撑客体与待插层客体之间的阴离子通过离子交换使大体积或者低电荷密度的客体阴离子插入类水滑石层间，制备得到设想的插层材料。

对于非离子型药物，通过利用客体分子的预支撑，一方面使得层间距增大，另一方面在类水滑石层间形成疏水性的空间，使得非离子型药物通过疏水力插入层间，从而实现药物的有效负载和控释。

（3）结构重建法　结构重建法是建立在类水滑石的"结构记忆效应"特性基础上的一种方法。先将合成的类水滑石一定温度下在空气中焙烧，然后将其与待插层的药物溶液在一定条件下进行反应，使其在恢复类水滑石的层状结构的同时，与药物分子重新组装，从而形成药物-类水滑石纳米杂化物。此方法的优点是可以消除能够与药物分子竞争插层的无机阴离子（如 Cl^-、CO_3^{2-}、OH^- 等）的影响。

（4）共沉淀法　共沉淀法被广泛应用于制备含有各种不同金属阳离子和层间阴离子的双金属氢氧化物。其具体方法是将药物分子与含有层板组成金属阳离子的混合盐溶液通过共同沉淀，直接得到结构规整的插层材料。此方法的关键在于共沉淀时 pH 的调节，要保证共沉淀时的 pH 不低于所使用金属离子的沉淀 pH，但又不能使 pH 过高，以防止形成的沉淀物重新溶解。

传统共沉淀方法分为单滴法和双滴法。单滴法是在搅拌过程中将盐溶液滴入碱溶液，或将碱溶液滴入盐溶液；双滴法是在搅拌过程中将盐溶液和碱溶液同时滴入烧杯中。传统共沉淀法不能精确控制反应物溶液的充分混合、晶核的形成和晶体生长过程，所以无法控制最终颗粒的晶体结构、粒径及其分布等。

微反应器又称作微通道反应器（如图 2-65），是一类新型的反应设备，通常含有当量直径数量级介于微米和毫米之间的流体流动通道，化学反应发生在这些通道中。与传统相比，微反应技术具有如下优点：反应时间可以精确控制；反应温度可以精确控制；物料能够以精确比例瞬时混合；试验结果易于放大。美国 Dupont 公司于 20 世纪 90 年代初率先开展了微化工系统在危险化学品生产中的应用基础研究，成功开发出合成异氰酸甲酯的微型化工装置。

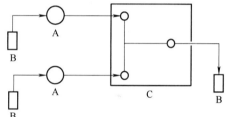

图 2-65　微通道反应器示意图
A—平流泵；B—储液罐；C—T 形微通道反应器

在制备纳米颗粒方面，与传统搅拌釜反应器相比，微反应器的特征尺度在亚毫米量级，因此具有很高的传质速率。利用微反应器进行"液液混合"共沉淀反应，颗粒形成、晶体生长的时间是基本一致的，因此得到的颗粒的粒径分布范围窄。庞秀江等利用 T 形微反应器分别制备了类水滑石纳米颗粒和药物插层类水滑石的纳米杂化物，与传统共沉淀法的实验结果相比较，微通道反应器能够可控备粒径分布范围窄的类水滑石纳米颗粒，所制备的药物-LDH 纳米杂化物的分散性较传统方法有明显的提高。

本实验利用传统共沉淀的方法制备 HCPT-LDH 纳米杂化物，并测定其载药量及缓释性能。

配制羟喜树碱的碱溶液（A）及含有 Mg^{2+}、Al^{3+} 或 Zn^{2+}、Al^{3+} 的盐溶液（B）。搅拌下将 A 溶液逐滴滴入 B 溶液中，并在一定温度下搅拌 1 h，离心（或抽滤）并用去离子水洗涤 3 次，60℃下胶溶 24h，再置于烘箱中在 60℃下干燥 24h，得到的产物记为 HCPT-LDH。

2. 载药量的测定

（1）工作曲线的绘制　精密称取羟喜树碱对照品适量，加 0.4% NaOH 溶液，制成 0.10mg·mL^{-1}、0.20mg·mL^{-1}、0.25mg·mL^{-1}、0.40mg·mL^{-1}、0.50mg·mL^{-1} 的溶液，在 264nm 处测定吸光度 A。以浓度为横坐标，吸光度为纵坐标作图。

（2）载药量的测定　称取约 10mg 的 HCPT-LDH，用 3mL 的 6mol·L^{-1} HCl 溶解，转入 50mL 的容量瓶中，用去离子水定容。用紫外-可见分光光度计测其吸光度，对照 HCPT 的标准工作曲线，计算出样品中 HCPT 的质量，然后和纳米杂化物的质量相比，得出样品的载药量（A_{in}）。

3. 缓释性能的测定

（1）缓冲溶液的配制　量取 0.2mol·L^{-1} 的 Na$_2$HPO$_4$ 溶液 17.39mL，0.1mol·L^{-1} 的柠檬酸 2.61mL，按此比例即可制得 pH＝7.2 磷酸氢二钠-柠檬酸缓冲溶液。

（2）释放率的测定　在 pH＝7.2 缓冲介质中，对纳米杂化物进行缓释性能的研究。称取 20mg HCPT-LDH 纳米杂化物样品加入 500mL pH＝7.2 的磷酸氢二钠-柠檬酸缓冲溶液中，恒温（37±0.5）℃搅拌；每隔一段时间从体系中取出 4mL，用 0.45μm 滤膜过滤，使用紫外分光光度计测定溶液在 264nm 处的吸光度，得出溶液中 HCPT 的含量，进而求得不同时刻（t）的释放量（q_t）和释放百分率（X_t）。

4. 药物的释放行为研究

（1）药物释放模型　药物的扩散释放过程包括类水滑石颗粒内部的扩散和颗粒外部溶剂化层中的扩散，其中速率慢的步骤为整个释放过程的速率控制步骤。Bhaskar 等提出了一个判断颗粒内部扩散是否为速率控制步骤的简单方法。对颗粒内部扩散控制的释放过程，其药物释放率（X_t）与时间（t）的关系为：

$$\ln(1-X_t)=-1.59(6/d_p)^{1.3}D^{0.65}t^{0.65} \tag{1}$$

式中，d_p 为颗粒直径，D 为扩散系数。如果颗粒内部扩散是释放速率控制步骤，则 $\ln(1-X_t)$ 与 $t^{0.65}$ 呈线性关系。

（2）药物释放的动力学模型　特定温度下，测定溶液中药物释放量（q）随时间（t）的变化可以研究释放动力学过程。准一级和准二级动力学方程是近几十年来应用最为广泛的动力学方程。准一级动力学方程表达式为：

$$q_t=q_e(1-e^{-k_1t}) \tag{2}$$

式中，q_t 和 q_e 分别是在 t 时刻的释放量和平衡释放量，k_1（min^{-1}）为准一级动力学常数。

改写为线性形式为：

$$\ln(q_e-q_t) = \ln q_e - k_1t \tag{3}$$

方程可变形为：

$$\ln(q_e-q_t) - \ln q_e = -k_1t \tag{4}$$

$$\ln(1-q_t/q_e)=-k_1t \tag{5}$$

$$\ln(1-X_t)=-k_1t \tag{6}$$

如果释放过程符合准一级动力学方程，以 $\ln(1-X)$ 对 t 作图可以得到一直线，则直线斜率的负值为 k_1。

准二级动力学方程线性形式为：

$$t/q_t=1/h+t/q_e \tag{7}$$

式中，$h=k_2q_e^2$，为 $t\rightarrow0$ 的最初释放速率，k_2 [g·(g·min)$^{-1}$] 为准二级动力学常数。

方程两边同时乘上 q_e 方程可变形为：

$$t/X_t = 1/k_2 q_e + t \qquad (8)$$

如果释放过程符合准二级动力学方程，t/X_t 与 t 值之间呈线性关系。

【仪器与试剂】

紫外-可见分光光度计 1 台；电子天平 1 台；磁力搅拌器 1 台；500mL 烧杯 1 个；10mL 容量瓶 5 个。

羟喜树碱（$C_{20}H_{16}N_2O_5$，364.35，HCPT）；$Mg(NO_3)_2 \cdot 6H_2O$；$Zn(NO_3)_2 \cdot 6H_2O$；$AlCl_3 \cdot 6H_2O$；NaOH；去离子水；醋酸硝酸纤维抽滤膜，孔径 450nm；磷酸氢二钠（$Na_2HPO_4 \cdot 12H_2O$）；柠檬酸（$C_6H_8O_7 \cdot H_2O$）；盐酸。

【设计要求】

1. 查阅 1～3 篇相关文献，根据实验理论和实验所提供的仪器和试剂，设计出制备 HCPT－LDH 纳米杂化物的实验方案。

2. 测定载药量及缓释性能。

3. 提出所用仪器的名称、数量及实验试剂。

【注意事项】

1. 10-羟喜树碱难溶于水，易溶于碱，所以要将其溶于碱溶液中，再与盐溶液进行共沉淀。

2. 由于 Zn^{2+} 易与氨形成络合物，导致生成的 LDH 易于溶解，所以制备锌基 LDH 时，不能使用氨水。

参 考 文 献

[1] 翟利利，路福绥，夏慧，等. 十二烷基磺酸插层类水滑石的制备及其对烟嘧磺隆油悬浮剂流变性的影响 [J]. 应用化学，2013，30(10)：1202-1207.

[2] 马秀明，庞秀江，全贞兰，等. 10-羟喜树碱-癸二酸-LDH 杂化物的制备及性能研究 [J]. 高等学校化学学报，2013，34(4)：913-918.

[3] 郭军，贺深阳，葛科. 不同方法制备水杨酸根插层水滑石 [J]. 湖南人文科技学院学报，2005，5：20-23.

[4] 庞海霞，刘恒胜，刘长珍，等. 荧光黄阴离子插层镁铝水滑石的合成、表征及光学性能研究 [J]. 非金属矿，2011，34 (4)：12-14.

[5] Pang X J, Cheng J M, Chen L, et al. The preparation and characterization of lactone form of 10-Hydroxycamptothecin-layered double hydroxide nanohybrids, appl [J]. *J. Clay Science*，2015，104：128-134.

[6] 庞秀江，马秀明，侯万国. 利用 T 形微反应器制备 10-羟喜树碱-癸二酸-类水滑石纳米杂化物及其性能研究 [J]. 化学研究与应用，2013，10：1357-1363.

[7] Pang X J, Sun M Y, Ma X M, et al. Synthesis of layered double hydroxide nanosheets by coprecipitation using a T－type microchannel reactor [J]. *Solid State Chem*，2013，210(1)：111-115.

第三章

基本实验技术

第一节　温度的测量与控制

温度是表征体系中物质内部大量分子、原子平均动能的一个宏观物理量。物体内部分子、原子平均动能的增加或减少，表现为物体温度的升高或降低。物质的物理化学特性与温度有密切的关系，温度是确定物体状态的一个基本参量，因此准确测量和控制温度，在科学实验中十分重要。

一、温标

温度是一个特殊的物理量，两个物体的温度不能像质量那样互相叠加，两个温度间只有相等或不等的关系。为了表示温度的数值，需要建立温标，即温度间隔的划分与刻度的表示，这样才会有温度计的读数。所以温标是测量温度时必须遵循的带有"法律"性质的规定。国际温标是规定一些固定点，这些固定点用特定的温度计精确测量，在规定的固定点之间的温度的测量是以约定的内插方法及指定的测量仪器以及相应物理量的函数关系来定义的。确立一种温标，需要具备以下三条：

（1）选择测温物质　作为测温物质，它的某种物理性质（如体积、电阻、温差电位以及辐射电磁波的波长等）与温度有依赖关系而又有良好的重现性。

（2）确定基准点　测温物质的某种物理特性，只能显示温度变化的相对值，必须确定其相当的温度值，才能实际使用。通常是以某些高纯物质的相变温度（如凝固点、沸点等）作为温标的基准点。

（3）划分温度值　基准点确定以后，还需要确定基准点之间的分隔。如摄氏温标是以1atm下水的冰点（0℃）和沸点（100℃）为两个定点，定点间分为100等份，每一份为1℃。用外推法或内插法求得其他温度。

实际上，一般所用物质的某种特性与温度之间并非严格地呈线性关系，因此用不同物质做的温度计测量同一物体时，所显示的温度往往不完全相同。

1848年开尔文（Kelvin）提出热力学温标，它是建立在卡诺循环基础上的，与测温物质性质无关：

$$T_2 = \frac{Q_1}{Q_2} T_1 \tag{3-1}$$

开尔文建议用此原理定义温标，称为热力学温标，通常也叫绝对温标，以开（K）表示。理想气体在定容下的压力（或定压下的体积）与热力学温度呈严格的线性函数关系。因此，国际上选定气体温度计，用它来实现热力学温标。氦、氢、氮等气体在温度较高、压力不太大的条件下，其行为接近理想气体。所以，这种气体温度计的读数可以校正为热力学温标。热力学温标用单一固定点定义，规定"热力学温度单位开尔文（K）是水三相点热力学温度的 1/273.16"。水的三相点热力学温度为 273.16K。热力学温标与通常习惯使用的摄氏温度分度值相同，只是差一个常数，换算关系为：

$$T/K = 273.15 + t/℃ \tag{3-2}$$

由于气体温度计的装置复杂，使用很不方便，为了统一国际上的温度量值，1927 年拟定了"国际温标"，建立了若干可靠而又能高度重现的固定点。随着科学技术的发展，又经多次修订，现在采用的是 1990 国际温标（ITS—90），其固定点见表 3-1。

表 3-1　ITS—90 的固定点定义

物质	平衡态	温度 T_{90}/K	物质	平衡态	温度 T_{90}/K
He	VP	3～5	Ga[②]	MP	302.9146
e-H$_2$[①]	TP	13.8033	In[②]	FP	429.7485
e-H$_2$	VP(CVGT)	约 17	Sn	FP	505.078
e-H$_2$	VP(CVGT)	约 20	Zn	FP	692.677
Ne[②]	TP	24.5561	Al[②]	FP	933.473
O$_2$	TP	54.3358	Ag	FP	1234.94
Ar	TP	83.8058	Au	FP	1337.33
Hg	TP	234.3156	Cu[②]	FP	1357.77
H$_2$O	TP	273.16			

① e-H$_2$ 指平衡氢，即正氢和仲氢的平衡分布，在室温下正常氢含 75% 正氢、25% 仲氢。

② 第二类固定点。

注：VP 为蒸气压点；CVGT 为等容气体温度计点；TP 为三相点（固、液和蒸气三相共存的平衡温度）；FP 为凝固点；MP 为熔点（在 101325Pa 下，固、液两相共存的平衡温度）；同位素组成为自然组成状态。

二、温度计

国际温标规定，从低温到高温划分为四个温区，在各温区分别选用一个高度稳定的标准温度计来度量各固定点之间的温度值。这四个温区及相应的标准温度计见表 3-2。

表 3-2　四个温区的划分及相应的标准温度计

温度范围	13.81～273.15K	273.1～903.89K	903.89～1337.58K	＞1337.58K
标准温度计	铂电阻温度计	铂电阻温度计	铂铑(10%)-铂热电偶	光学高温计

下面介绍几种常见的温度计。

（一）水银温度计

水银温度计是实验室常用的温度计。它的结构简单，价格低廉，具有较高的精确度，直接读数，使用方便；但是易损坏，损坏后无法修理。水银温度计适用范围为 238.15～633.15K（水银的熔点为 234.45K，沸点为 629.85K），如果用石英玻璃做管壁，充入氮气或氩气，最高使用温度可达到 1073.15K。常用的水银温度计刻度间隔有 2K、1K、0.5K、0.2K、0.1K等，与温度计的量程范围有关，可根据测定精度选用。

1. 水银温度计的种类和使用范围

(1) 一般使用的有−5～105℃、150℃、250℃、360℃等，每分度1℃或0.5℃。

(2) 供量热学使用的有9～15℃、12～18℃、15～21℃、18～24℃、20～30℃等，每分度0.01℃。

(3) 测温差的贝克曼（Beckmann）温度计，是一种移液式的内标温度计，测量范围为−20～150℃，专用于测量温差。

(4) 电接点温度计，可以在某一温度点上接通或断开，与电子继电器等装置配套，可以用来控制温度。

(5) 分段温度计，从−10～220℃，共有23支，每支温度范围10℃，每分度0.1℃，另外有−40～400℃，每隔50℃1支，每分度0.1℃。

2. 使用注意事项

(1) 读数校正

① 以纯物质的熔点或沸点作为标准进行校正。

② 以标准水银温度计为标准，与待校正的温度计同时测定某一体系的温度，将对应值一一记录，作出校正曲线。

标准水银温度计由多支温度计组成，各支温度计的测量范围不同，交叉组成−10～360℃范围，每支都经过计量部门的鉴定，读数准确。

(2) 露茎校正

水银温度计有"全浸"和"非全浸"两种。非全浸式水银温度计常刻有校正时浸入量的刻度，在使用时若室温和浸入量均与校正时一致，所示温度是正确的。

全浸式水银温度计使用时应当全部浸入被测体系中，如图3-1所示，达到热平衡后才能读数。全浸式水银温度计如不能全部浸没在被测体系中，则因露出部分与体系温度不同，必然存在读数误差，因此必须进行校正。这种校正称为露茎校正。如图3-2所示，校正公式为：

$$\Delta t = \frac{kn}{1-kn}(t_{测}-t_{环}) \tag{3-3}$$

式中，$\Delta t = t_{实} - t_{测}$ 是读数校正值；$t_{实}$ 是温度的正确值；$t_{测}$ 是温度计的读数值；$t_{环}$ 是露出待测体系外水银柱的有效温度（从放置在露出一半位置处的另一支辅助温度计读出）；n 是露出待测体系外部的水银柱长度，称为露茎高度，以温度差值表示；k 是水银对于玻璃的膨胀系数，使用摄氏温标时，$k = 0.00016$，式（3-3）中 kn 远远小于1，所以 $\Delta t \approx kn(t_{测} - t_{环})$。

（二）贝克曼温度计

1. 贝克曼温度计的特点

贝克曼（Beckmann）温度计是精确测量温差的温度计，它的主要特点如下。

(1) 它的最小刻度为0.01℃，用放大镜可以读准到0.002℃，测量精度较高；还有一种最小刻度为0.002℃，可以估计读准到0.0004℃。

(2) 一般只有5℃量程，0.002℃刻度的贝克曼温度计量程只有1℃。为了适用于不同用途，其刻度方式有两种：一种是0℃刻在下端，另一种是0℃刻在上端。

(3) 其结构（见图3-3）与普通温度计不同，在它的毛细管2上端，加装了一个水银贮管4，用来调节水银球1中的水银量。因此虽然量程只有5℃，却可以在不同范围内使用。一般可以在−6～120℃使用。

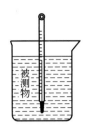

图 3-1　全浸式水银温度计的使用

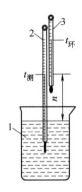

图 3-2　温度计的露茎校正

1—被测体系；2—测量温度计；3—辅助温度计

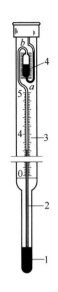

图 3-3　贝克曼温度计

1—水银球；2—毛细管；3—温
度标尺；4—水银贮管；
a—最高刻度；b—毛细管末端

（4）由于水银球 1 中的水银量是可变的，因此水银柱的刻度值不是温度的绝对值，只是在量程范围内的温度变化值。

2. 使用方法

首先根据实验的要求确定选用哪一类型的贝克曼温度计。使用时需经过以下步骤。

（1）测定贝克曼温度计的 R 值　贝克曼温度计最上部刻度处 a 到毛细管末端 b 处所相当的温度值称为 R 值。将贝克曼温度计与一支普通温度计（最小刻度 0.1℃）同时插入盛水或其他液体的烧杯中加热，贝克曼温度计的水银柱就会上升，由普通温度计读出从 a 到 b 段相当的温度值，称为 R 值。一般取几次测量值的平均值。

（2）水银球 1 中水银量的调节　在使用贝克曼温度计时，首先应当将它插入一杯与待测体系温度相同的水中，达到热平衡以后，如果毛细管内水银面在所要求的合适刻度附近，说明水银球 1 中的水银量合适，不必进行调节。否则，就应当调节水银球中的水银量。若球内水银过多，毛细管水银量超过 b 点，就应当左手握贝克曼温度计中部，将温度计倒置，右手轻击左手手腕，使水银贮管 4 内水银与 b 点处水银相连接，再将温度计轻轻倒转放置在温度为 t' 的水中，平衡后用左手握住温度计的顶部，迅速取出，离开水面和实验台，立即用右手轻击左手手腕，使水银贮管 4 内水银在 b 点处断开。此步骤要特别小心，切勿使温度计与硬物碰撞，以免损坏温度计。温度 t' 的选择可以按照下式计算：

$$t' = t + R + (5-x) \tag{3-4}$$

式中，t 为实验温度；x 为 t℃时贝克曼温度计的设定读数。

当水银球 1 中的水银量过少时，左手握住贝克曼温度计中部，将温度计倒置，右手轻击左手腕，水银就会在毛细管中向下流动，待水银贮管 4 内水银与 b 点处水银相接后，再按上述方法调节。

调节后，将贝克曼温度计放在实验温度 $t℃$ 的水中，观察温度计水银柱是否在所要求的刻度 x 附近，如相差太大，再重新调节。

3. 注意事项

（1）贝克曼温度计由薄玻璃组成，易被损坏，一般只能放置三处：安装在使用仪器上；放在温度计盒内；握在手中。不准随意放置在其他地方。

（2）调节时，应当注意防止骤冷或骤热，还应避免重击。

（3）已经调节好的温度计，注意不要使毛细管中水银再与水银贮管 4 中的水银相连接。

（4）使用夹子固定温度计时，必须垫有橡胶垫，不能用铁夹直接夹温度计。

4. 电子贝克曼温度计简介

在物理化学实验中，对体系的温差进行精确测量时（如燃烧焓和中和焓的测定），以往使用的都是水银贝克曼温度计。这种水银玻璃仪器虽然原理简单、形象直观，但使用时易破损，且不能实现自动化控制，特别是在使用前的调节比较麻烦，近年来逐渐被电子贝克曼温度计所取代。电子贝克曼温度计的热电偶通常采用的是对温度极为敏感的热敏电阻，它是由金属氧化物半导体材料制成的，其电阻与温度的关系为 $R = Ae^{-B/t}$（R 为电阻；t 为摄氏温度；A、B 为与材料有关的参数）。通过温度的变化，转换成电性能变化，测量电性能变化便可测出温度的变化。

（三）电阻温度计

大多数金属导体的电阻值都随着它自身温度的变化而变化，并具有正的温度系数，一般是当温度每升高 1℃时，电阻值要增加 0.4%～0.6%。半导体材料则具有负温度系数，其值为（以 20℃为参考点）温度每升高 1℃时，电阻值要降低 2%～6%。利用其电阻的温度函数关系，把它们当作一种"温度→电阻"的传感器，作为测量温度的敏感元件，并将之统称为电阻温度计。

电阻温度计广泛应用于中、低温度范围（-200～850℃）的温度测量。随着科学技术的发展，电阻温度计的应用已扩展到 1～5K 的超低温领域。同时，研究证明，在高温范围（1000～1200℃）内，电阻温度计也表现了足够好的特性。

1. 金属电阻温度计

比较适用的材料为铂、铜、铁和镍。

铂是一种金属，由于其物理化学性质非常稳定，又易得到纯态，因此，被公认为目前最好的制造热电阻材料。铂电阻在国际实用温标中取其在 13.81～630.74℃范围内的复现温标。除此之外，铂也用来做成标准热电阻及工业用热电阻，是实验室最常用的温度传感器。

铜丝可用来制成-50～150℃范围内的工业电阻温度计，其特点为价格便宜，易于提纯因而复制性好。在上述温度范围内线性度极好。其电阻温度系数 α 较铂为高，但电阻率较铂小。缺点是易于氧化，只能用于 150℃以下的较低温度，而体积也较大，所以一般只可用于对敏感元件尺寸要求不高的情况。

铁和镍这两种金属的电阻温度系数较高，电阻率也较大，因此，可以制成体积较小而灵敏度高的热电阻。但它们容易氧化，化学稳定性差，不易提纯，复制性差，非线性较大。

图 3-4 表示出一个典型的电阻温度计的电桥线路。这里热电阻 R_t 作为一个臂接入测量

电桥。R_{ref} 与 R_{FS} 为锰铜电阻，分别代表电阻温度计的起始温度（如取为 0℃）及满刻度温度（如取为 100℃）时的电阻值。首先，将开关 K 接在位置"1"上，调整调零电位器 R_0 使仪表 G 指示为零。然后将开关接在位置"3"上，调整满度电位器 R_F 使仪表 G 满刻度偏转，如显示 100.0℃。再把开关接在测量位置"2"上，即可进行温度测量。

2. 半导体热敏电阻温度计

半导体热敏电阻有很高的负电阻温度系数，其灵敏度较上述的电阻丝式热电阻高得多。尤其是体积可以做得很小，故动态特性很好，特别适于在 $-100\sim300℃$ 之间测温。它在自动控制及电子线路的补偿电路中都有广泛的应用。图 3-5 是珠形热敏电阻器示意图。

制造热敏电阻的材料为各种金属氧化物（如采用锰、镍、钴、铜或铁的氧化物）的混合物，按一定比例混合后压制而成。其形状多种多样，有球状、圆片状、圆筒状等。

热敏电阻是非线性电阻，它的非线性特性表现在其电阻值与温度间呈指数关系和电流随电压的变化不服从欧姆定律。负温度系数热敏电阻的温度系数一般为 $-2\%\sim-6\%℃$；缓变型正温度系数热敏电阻的温度系数为 $1\%\sim10\%℃$。热敏电阻的 $V-A$ 特性在电流小时近似线性。

随着生产工艺的不断改进，我国热敏电阻线性度、稳定性、一致性都达到一定水平。有的厂家已经能够大量生产线性度、长期稳定性都优于 $\pm3\%$ 的热敏电阻，这就使得元件小型、廉价和快速测温成为可能。

半导体热敏电阻的测温电路一般也是桥路。其具体电路和图 3-5 所示的热电阻测温电路相同，一般半导体点温计采用的就是这种测量电路。

（四）热电偶温度计

自 1821 年塞贝克（Seebeck）发现热电效应起，热电偶的发展已经历了一个多世纪。据统计，在此期间曾有 300 余种热电偶问世，但应用较广的热电偶仅有 $40\sim50$ 种。国际电工委员会（IEC）对其中被国际公认、性能优良和产量最大的七种制定标准，即 IEC 584—1 和 IEC 584—2 中所规定的：S 分度号（铂铑 10-铂）；B 分度号（铂铑 30-铂铑 6）；K 分度号（镍铬-镍硅）；T 分度号（铜-康铜）；E 分度号（镍铬-康铜）；J 分度号（铁-康铜）；R 分度号（铂铑 13-铂）等热电偶。

热电偶是目前工业测温中最常用的传感器，这是由于它具有以下优点：
① 测温点小，准确度高，反应灵敏；
② 品种规格多，测温范围广，在 $-270\sim2800℃$ 范围内有相应产品可供选用；
③ 结构简单，使用维修方便，可作为自动控温检测器等。

1. 工作原理

把两种不同的导体或半导体接成如图 3-6 所示的闭合回路，如果将它的两个接点分别置于温度各为 T 及 T_0（假定 $T>T_0$）的热源中，则在其回路内就会产生热电动势（简称热电势），这个现象称作热电效应。

在热电偶回路中所产生的热电势由两部分组成：温差电势和接触电势。

（1）温差电势　温差电势是在同一导体的两端因其温度不同而产生的一种热电势。由于高温端（T）的电子能量比低温端的电子能量大，因而从高温端跑到低温端的电子数比从低温端跑到高温端的电子数多，结果高温端因失去电子而带正电荷，低温端因得到电子而带负电荷，从而形成一个静电场。此时，在导体的两端便产生一个相应的电势差 $U_T-U_{T_0}$，即为温差电势。图 3-6 中的 A、B 导体都有温差电势，分别用 $E_A(T,T_0)$、$E_B(T,T_0)$ 表示。

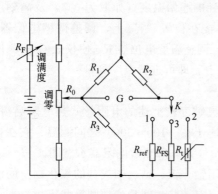

图 3-4　典型的电阻温度计的电桥线路

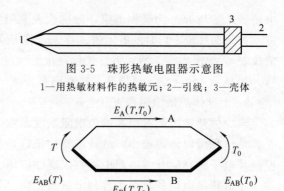

图 3-5　珠形热敏电阻器示意图

1—用热敏材料作的热敏元；2—引线；3—壳体

图 3-6　热电偶回路中热电势的分布

（2）接触电势　接触电势产生的原因是，当两种不同导体 A 和 B 接触时，由于两者电子密度不同（如 $N_A > N_B$），电子在两个方向上扩散的速率就不同，从 A 到 B 的电子数要比从 B 到 A 的多，结果 A 因失去电子而带正电荷，B 因得到电子而带负电荷，在 A、B 的接触面上便形成一个从 A 到 B 的静电场 E，这样在 A、B 之间也形成一个电势差 $U_A - U_B$，即为接触电势。其数值取决于两种不同导体的性质和接触点的温度，分别用 $E_{AB}(T)$、$E_{AB}(T_0)$ 表示。

这样，在热电偶回路中产生的总电势 $E_{AB}(T, T_0)$ 由四部分组成：

$$E_{AB}(T, T_0) = E_{AB}(T) + E_B(T, T_0) - E_{AB}(T_0) - E_A(T, T_0) \tag{3-5}$$

由于热电偶的接触电势远远大于温差电势，且 $T > T_0$，所以在总电势 $E_{AB}(T, T_0)$ 中，以导体 A、B 在 T 端的接触电势 $E_{AB}(T)$ 为最大，故总电势 $E_{AB}(T, T_0)$ 的方向取决于 $E_{AB}(T)$ 的方向。因 $N_A > N_B$，故 A 为正极，B 为负极。

热电偶总电势与电子密度及两接点温度有关。电子密度不仅取决于热电偶材料的特性，而且随温度变化而变化，它并非常数。所以当热电偶材料一定时，热电偶的总电势成为温度 T 和 T_0 的函数差。又由于冷端温度 T_0 固定，因此对一定材料的热电偶，其总电势 $E_{AB}(T, T_0)$ 就只与温度 T 呈单值函数关系：

$$E_{AB}(T, T_0) = f(T) - C \tag{3-6}$$

每种热电偶都有它的分度表（参考端温度为 0℃），分度值一般取温度每变化 1℃ 所对应的热电势的电压值。

2. 热电偶基本定律

（1）中间导体定律　将 A、B 构成的热电偶的 T_0 端断开，接入第三种导体，只要保持第三种导体 C 两端温度相同，则接入导体 C 后对回路总电势无影响。这就是中间导体定律。

根据这个定律，可以把第三种导体换上毫伏表（一般用铜导线连接），只要保证两个接点温度一样就可以对热电偶的热电势进行测量，而不影响热电偶的热电势数值。同时，也不必担心采用任意的焊接方法来焊接热电偶。同样，应用这一定律可以采用开路热电偶对液态金属和金属壁面进行温度测量。

（2）标准电极定律　如果两种导体（A 和 B）分别与第三种导体（C）组成热电偶产生的热电势已知，则由这两种导体（AB）组成的热电偶产生的热电势可以由下式计算：

$$E_{AB}(T, T_0) = E_{AC}(T, T_0) - E_{BC}(T, T_0) \tag{3-7}$$

这里采用的电极 C 称为标准电极，在实际应用中标准电极材料为铂。这是因为铂易得到纯态，物理化学性能稳定，熔点极高。采用参考电极后，大大方便了热电偶的选配工作，只要知道一些材料与标准电极相配的热电势，就可以用上述定律求出任何两种材料配成热电偶的热电势。

3. 热电偶电极材料

为了保证在工程技术中应用可靠，并且具有足够精确度，对热电偶电极材料有以下要求：

（1）在测温范围内，热电性质稳定，不随时间变化；

（2）在测温范围内，电极材料要有足够的物理化学稳定性，不易氧化或腐蚀；

（3）电阻温度系数要小，电导率要高；

（4）由它们所组成的热电偶，在测温中产生的电势要大，并希望这个热电势与温度呈单值的线性或接近线性关系；

（5）材料复制性好，可制成标准分度，机械强度高，制造工艺简单，价格便宜。

最后还应强调一点，热电偶的热电特性仅决定于选用的热电极材料的特性，而与热电极的直径、长度无关。

4. 热电偶的结构和制备

在制备热电偶时，热电极的材料、直径的选择应根据测量范围、测定对象的特点以及电极材料的价格、机械强度、热电偶的电阻值而定。热电偶的长度应由它的安装条件及需要插入被测介质的深度决定。

热电偶接点常见的结构形式如图 3-7 所示。

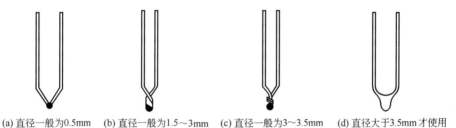

(a) 直径一般为0.5mm　　(b) 直径一般为1.5～3mm　　(c) 直径一般为3～3.5mm　　(d) 直径大于3.5mm 才使用

图 3-7　热电偶接点常见的结构示意图

热电偶热接点可以是对焊，也可以预先把两端线绕在一起再焊。应注意绞焊圈不宜超过 2～3 圈，否则工作端将不是焊点，而向上移动，测量时有可能带来误差。

普通热电偶的热接点可以用电弧、乙炔焰、氢气吹管的火焰来焊接。当没有这些设备时，也可以用简单的点熔装置来代替。用一只调压变压器把市用 220V 电压调至所需电压，以内装石磨粉的铜杯为一极，热电偶作为另一极，将已经绞合的热电偶接点处沾上一点硼砂，熔成硼砂小珠，插入石磨粉中（不要接触铜杯），通电后，使接点处发生熔融，成一光滑圆珠即成。

5. 热电偶的校正和使用

图 3-8 示出热电偶的校正和使用装置。使用时一般将热电偶的一个接点放在待测物体中（热端），而

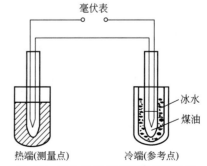

图 3-8　热电偶的校正和使用装置图

将另一端放在储有冰水的保温瓶中（冷端），这样可以保持冷端的温度恒定。校正一般通过用一系列温度恒定的标准体系，测得热电势和温度的对应值来得到热电偶的工作曲线。

表 3-3 列出热电偶基本参数。热电偶经过一个多世纪的发展，品种繁多，而国际公认、性能优良、产量最大的共有七种。目前在我国常用的有以下几种热电偶。

表 3-3 热电偶基本参数

热电偶类别	材质及组成	新分度号	旧分度号	使用范围/℃	热电势系数/(mV·K^{-1})
廉价金属	铁-康铜（CuNi$_{40}$)		FK	0～+800	0.0540
	铜-康铜	T	CK	−200～+300	0.0428
	镍铬 10-考铜（CuNi$_{43}$)		EA-2	0～+800	0.0695
	镍铬-考铜		NK	0～+800	
	镍铬-镍硅	K	EU-2	0～+1300	0.0410
	镍铬-镍铝（NiAl$_2$Si$_1$Mg$_2$)			0～+1100	0.0410
贵金属	铂铑 10-铂	S	LB-3	0～+1600	0.0064
	铂铑 30-铂铑 6	B	LL-2	0～+1800	0.00034
难熔金属	钨铼 5-钨铼 20		WR	0～+200	

（1）铂铑 10-铂热电偶　它由纯铂丝和铂铑丝（90％铂＋10％铑）制成。由于铂和铂铑能得到高纯度材料，故其复制精度和测量的准确性较高，可用于精密温度测量和作基准热电偶，有较高的物理化学稳定性，可在 1300℃以下温度范围内长期使用。主要缺点是热电势较弱，在长期使用后，铂铑丝中的铑分子产生扩散现象，使铂丝受到污染而变质，从而引起热电特性失去准确性，成本高。

（2）镍铬-镍硅（镍铬-镍铝）热电偶　它由镍铬与镍硅制成，化学稳定性较高，可用于900℃以下温度范围。复制性好，热电势大，线性好，价格便宜。虽然测量精度偏低，但基本上能满足工业测量的要求，是目前工业生产中最常见的一种热电偶。镍铬-镍铝和镍铬-镍硅两种热电偶的热电性质几乎完全一致。由于后者在抗氧化及热电势稳定性方面都有很大提高，因而逐渐代替前者。

（3）铂铑 30-铂铑 6 热电偶　这种热电偶可以测量 1600℃以下的高温，其性能稳定，精确度高；但它产生的热电势小，价格高。由于其热电势在低温时极小，因而冷端在 40℃以下范围时，对热电势值可以不必修正。

（4）镍铬-考铜热电偶　这种热电偶灵敏度高，价廉，测温范围在 800℃以下。

（5）铜-康铜热电偶　铜-康铜热电偶的两种材料易于加工成漆包线，而且可以拉成细丝，因而可以做成极小的热电偶。其测量低温性极好，可达−270℃。测温范围为−270～400℃，而且热电灵敏度也高。它是标准型热电偶中准确度最高的一种，在 0～100℃范围可以达到0.05℃（对应热电势为 2μV 左右）。它在医疗方面得到广泛的应用，由于铜和康铜都可拉成细丝便于焊接，因而时间常数很小，为 ms 级。

（五）集成温度计

随着集成技术和传感技术的飞速发展，人们已能在一块极小的半导体芯片上集成包括敏感器件、信号放大电路、温度补偿电路、基准电源电路等在内的各个单元。这是所谓的敏感集成温度计，它将传感器和集成电路成功地融为一体，并且极大地提高了测温度的性能。它是目前测温度的发展方向，是实现测温的智能化、小型化（微型化）、多功能化的重要途径，同时也提高了灵敏度。它跟传统的热电阻、热电偶、半导体 PN 结等温度传感器相比，具有体积小、热容量小、线性度好、重复性好、稳定性好、输出信号大且规范化等优点。其中尤以其线性度好及输出信号大且规范化、标准化是其他温度计无法比拟的。

集成温度计的输出形式可分为电压型和电流型两大类。其中电压型温度系数几乎都是 $10\mathrm{mV}\cdot{}^{\circ}\mathrm{C}^{-1}$，电流型的温度系数则为 $1\mu\mathrm{A}\cdot{}^{\circ}\mathrm{C}^{-1}$，它还具有相当于绝对零度时输出电量为零的特性，因而可以利用这个特性从它的输出电量的大小直接换算，而得到绝对温度值。

集成温度计的测温范围通常为 $-50\sim150{}^{\circ}\mathrm{C}$，而这个温度范围恰恰是最常见、最有用的。因此，它广泛应用于仪器仪表、航天航空、农业、科研、医疗监护、工业、交道、通信、化工、环保、气象等领域。

三、温度控制

物质的物理化学性质，如黏度、密度、蒸气压、表面张力、折射率等都随温度而改变，要测定这些性质必须在恒温条件下进行。一些物理化学常数如平衡常数、化学反应速率常数等也与温度有关，这些常数的测定也需恒温，因此，掌握恒温技术非常必要。

恒温控制可分为两类：一类是利用物质的相变点温度来获得恒温，但温度的选择受到很大限制；另一类是利用电子调节系统进行温度控制，此方法控温范围宽，可以任意调节设定温度。

（一）电接点温度计温度控制

恒温槽是实验工作中常用的一种以液体为介质的恒温装置，根据温度控制范围，可用以下液体介质：$-60\sim30{}^{\circ}\mathrm{C}$ 用乙醇或乙醇水溶液；$0\sim90{}^{\circ}\mathrm{C}$ 用水；$80\sim160{}^{\circ}\mathrm{C}$ 用甘油或甘油水溶液；$70\sim300{}^{\circ}\mathrm{C}$ 用液体石蜡、汽缸润滑油、硅油。

恒温槽由浴槽、电接点温度计、继电器、加热器、搅拌器和温度计组成，具体装置示意图如图 3-9 所示。继电器必须和电接点温度计、加热器配套使用。电接点温度计是一支可以导电的特殊温度计，又称为导电表。如图 3-10 所示，它有两个电极，一个固定与底部的水

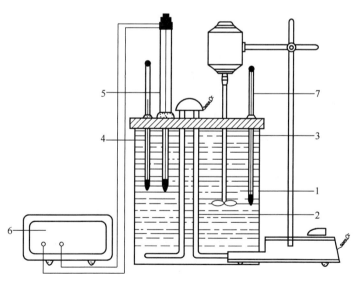

图 3-9　恒温槽的装置示意图

1—浴槽；2—加热器；3—搅拌器；4—温度计；5—电接点温度计；6—继电器；7—贝克曼温度计

图 3-10　电接点温度计

1—磁性螺旋调节器；2—电极引出线；3—指示螺母；4—可调电极；5—上标尺；6—下标尺

银球相连，另一个可调电极 4 是金属丝，由上部伸入毛细管内。顶端有一磁铁，可以旋转螺旋丝杆，用以调节金属丝的高低位置，从而调节设定温度。当温度升高时，毛细管中水银柱上升与一金属丝接触，两电极导通，使继电器线圈中电流断开，加热器停止加热；当温度降低时，水银柱与金属丝断开，继电器线圈通过电流，使加热器线路接通，温度又回升。如此不断反复，使恒温槽控制在一个微小的温度区间波动，被测体系的温度也就限制在一个相应的微小区间内，从而达到恒温的目的。

恒温槽的温度控制装置属于"通"、"断"类型。当加热器接通后，恒温介质温度上升，热量的传递使水银温度计中的水银柱上升。但热量的传递需要时间，因此常出现温度传递的滞后，往往是加热器附近介质的温度超过设定温度，所以恒温槽的温度超过设定温度。同理，降温时也会出现滞后现象。由此可知，恒温槽控制的温度有一个波动范围，并不是控制在某一固定不变的温度。控温效果可以用灵敏度 Δt 表示：

$$\Delta t = \pm \frac{t_1 - t_2}{2}$$

式中，t_1 为恒温过程中水浴的最高温度；t_2 为恒温过程中水浴的最低温度。

从图 3-11 可以看出：曲线（a）表示恒温槽灵敏度较高；（b）表示恒温槽灵敏度较差；（c）表示加热器功率太大；（d）表示加热器功率太小或散热太快。

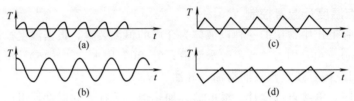

图 3-11 控温灵敏度曲线

影响恒温槽灵敏度的因素很多，大体有：

（1）恒温介质流动性好，传热性能好，控温灵敏度就高；

（2）加热器功率要适宜，热容量要小，控温灵敏度就高；

（3）搅拌器搅拌速度要足够大，才能保证恒温槽内温度均匀；

（4）继电器电磁吸引电键，后者发生机械作用的时间愈短，断电时线圈中的铁芯剩磁愈小，控温灵敏度就高；

（5）电接点温度计热容小，对温度的变化敏感，则灵敏度高；

（6）环境温度与设定温度的差值越小，控温效果越好。

控温灵敏度测定步骤如下。

（1）按图 3-9 接好线路，经教师检查无误后，接通电源，使加热器加热，观察温度计读数，到达设定温度时，旋转温度计调节器上端的磁铁，使金属丝刚好与水银面接触（此时继电器应当跳动，绿灯亮，停止加热），然后再观察几分钟，如果温度不符合要求，则需继续调节。

（2）作灵敏度曲线：将贝克曼温度计的起始温度读数调节在标尺中部，放入恒温槽。当 0.1 分度温度计读数刚好为设定温度时，立刻用放大镜读取贝克曼温度计读数，然后每隔 30s 记录一次，连续观察 15min。如有时间可改变设定温度，重复上述步骤。

（3）结果处理

① 将时间、温度读数列表。

② 用坐标纸绘出温度-时间曲线。

③ 求出该套设备的控温灵敏度并加以讨论。

（二）自动控温简介

实验室内都有自动控温设备，如电冰箱、恒温水浴、高温电炉等。多数采用电子调节系统进行温度控制，具有控温范围广、可任意设定温度、控温精度高等优点。电子调节系统种类很多，但从原理上讲，它必须包括三个基本部件，即变换器、电子调节器和执行机构。变换器的功能是将被控对象的温度信号变换成电信号；电子调节器的功能是对来自变换器的信号进行测量、比较、放大和运算，最后发出某种形式的指令，使执行机构进行加热或制冷（如图 3-12 所示）。电子调节系统按其自动调节规律可以分为断续式二位置控制（如继电器）和比例-积分-微分控制两种，简介如下。

1. 断续式二位置控制

实验室常用的电烘箱、电冰箱、高温电炉和恒温水浴等，大多采用这种控制方法。变换器的形式分为以下两种。

（1）双金属膨胀是利用不同金属的线膨胀系数不同，选择线膨胀系数差别较大的两种金属，线膨胀系数大的金属棒在中心，另一个套在外面，两种金属内端焊接在一起，外套管的另一端固定，如图 3-13 所示。在温度升高时，中心金属棒便向外伸长，伸长长度与温度成正比。通过调节触点开关的位置，可使其在不同温度区间内接通或断开，达到控制温度的目的。其缺点是控温精度差，范围一般有几开（尔文）。

图 3-12　电子调节系统的控温原理

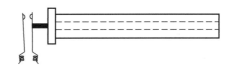

图 3-13　双金属膨胀式温度控制器示意图

（2）若控温精度要求在 1K 以内，实验室多用导电表或温度控制表（电接点温度计）作变换器（如图 3-10 所示）。

2. 继电器

（1）电子管继电器　电子管继电器由继电器和控制电路两部分组成，其工作原理如下：可以把电子管的工作看成一个半波整流器（如图 3-14 所示），$R_e \sim C_1$ 并联电路的负载，负载两端的交流分量用来作为栅极的控制电压。当电接点温度计的触点为断路时，栅极与阴极之间由于 R_1 的耦合而处于同位，即栅极偏压为零。这时板流较大，约有 18mA 通过继电器，能使衔铁吸下，加热器通电加热；当电接点温度计为通路时，板极是正半周，这时 $R_e \sim C_1$ 的负端通过 C_2 和电接点温度计加在栅极上，栅极出现负偏压，使板极电流减小到 2.5mA，衔铁弹开，电加热器断路。

因控制电压是利用整流后的交流分量，R_e 的旁路电流 C_1 不能过大，以免交流电压值过小，引起栅极偏压不足，衔铁吸下不能断开；C_1 太小，则继电器衔铁会颤动，这是因为板流在负半周时无电流通过，继电器会停止工作，并联电容后依靠电容的充放电而维持其连续工作，如果 C_1 太小就不能满足这一要求。C_2 用来调整板极的电压相位，使其与栅压有相同的峰值。R_2 用来防止触电。

电子继电器控制温度的灵敏度很高。通过电接点温度计的电流最大为 $30\mu A$，因而电接点温度计使用寿命很长，故获得普遍使用。

（2）晶体管继电器　随着科技的发展，电子管继电器中电子管逐渐被晶体管代替，典型线路如图 3-15 所示。

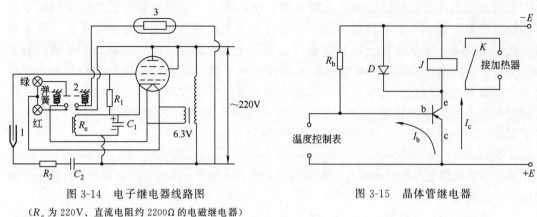

图 3-14　电子继电器线路图

（R_e 为 220V、直流电阻约 2200Ω 的电磁继电器）

1—电接点温度计；2—衔铁；3—电热器

图 3-15　晶体管继电器

当温度控制表呈断开时，E 通过电阻 R_b 给 PNP 型三极管的基极 b 通入正向电流 I_b，使三极管导通，电极电流 I_c 使继电器 J 吸下衔铁，K 闭合，加热器加热。当温度控制表接通时，三极管发射极 e 与基极 b 被短路，三极管截止，J 中无电流，K 被断开，加热器停止加热。当 J 中线圈电流突然减小时会产生反电动势，二极管 D 的作用是将它短路，以保护三极管避免被击穿。

（3）动圈式温度控制器　由于温度控制表、双金属膨胀类变换器不能用于高温，因而产生了可用于高温控制的动圈式温度控制器。采用能工作于高温的热电偶作为变换器，其原理如图 3-16 所示。热电偶将温度信号变换成电压信号，加于动圈式毫伏计的线圈上，当线圈中因为电流通过而产生的磁场与外磁场相作用时，线圈就偏转一个角度，故称为"动圈"。偏转的角度与热电偶的热电势成正比，并通过指针在刻度板上直接将被测温度指示出来，指针上有一片"铝旗"，它随指针左右偏转。另有一个调节设定温度的检测线圈，它分成前后两半，安装在刻度的后面，并且可以通过机械调节机构沿刻度板左右移动。检测线圈的中心位置通过设定针在刻度板上显示出来。当高温设备的温度未达到设定温度时，铝旗在检测线圈之外，电热器在加热；当温度达到设定温度时，铝旗全部进入检测线圈，改变了电感量，电子系统使加热器停止加热。为防止当被控对象的温度超过设定温度时，铝旗冲出检测线圈而产生加热的错误信号，在温度控制器内设有挡针。

3. 比例-积分-微分控制（简称 PID）

随着科学技术的发展，控温范围的要求日益广泛，控温精度的要求也大大提高。在通常温度下，使用上述的断续式二位置控制器比较方便，但是由于只存在通、断两个状态，电流大小无法自动调节，控制精度较低，特别在高温时精度更低。20 世纪 60 年代以来，控温手段和控温精度有了新的进展，广泛采用 PID 调节器，使用可控硅控制加热电流随偏差信号大小而作相应变化，提高了控温精度。

PID 温度调节系统原理如图 3-17 所示。

炉温用热电偶测量，由毫伏定值器给出与设定温度相应的毫伏值，热电偶的热电势与定值器给出的毫伏值进行比较，如有偏差，说明炉温偏离设定温度。此偏差经过放大后送入 PID 调节器，再经可控硅触发器推动可控硅执行器，以相应调整炉丝加热功率，从而使偏差

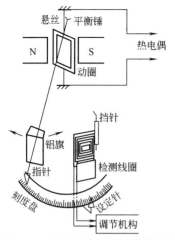

图 3-16　动圈式温度控制器的原理

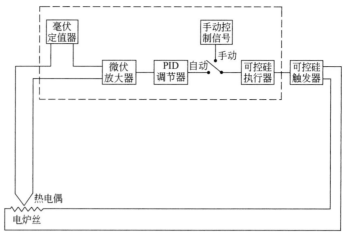

图 3-17　PID 温度调节系统方框图

消除，炉温保持在所要求的温度控制精度范围内。比例调节作用，就是要求输出电压能随偏差（炉温与设定温度之差）电压的变化，自动按比例增加或减少，但在比例调节时会产生"静差"，要使被控对象的温度能在设定温度处稳定下来，必须使加热器继续给出一定热量，以补偿炉体与环境热交换产生的热量损耗。但由于在单纯的比例调节中，加热器发出的热量会随温度回升时偏差的减小而减少，当加热器发出的热量不足以补偿热量损耗时，温度就不能达到设定值，这被称为"静差"。

为了克服"静差"，需要加入积分调节，也就是输出控制电压与偏差信号电压与时间的积分成正比，只要有偏差存在，即使非常微小，经过长时间的积累，就会有足够的信号去改变加热器的电流，当被控对象的温度回升到接近设定温度时，偏差电压虽然很小，加热器仍然能够在一段时间内维持较大的输出功率，因而消除"静差"。

微分调节作用，就是输出控制电压与偏差信号电压的变化速率成正比，而与偏差电压的大小无关。这在情况多变的控温系统中，如果产生偏差电压的突然变化，微分调节器会减小或增大输出电压，以克服由此而引起的温度偏差，保持被控对象的温度稳定。

PID 控制是一种比较先进的模拟控制方式，适用于各种条件复杂、情况多变的实验系统。目前，已有多种 PID 控温仪可供选用，常用型号一般有：DWK-720、DWK-703、DDZ-1、DDZ-1、DTL-121、DTL-161、DTL-152、DTL-154 等，其中 DWK 系列属于精密温度自动控制仪，其他是 PID 的调节单元，DDZ-1I 型调节单元可与计算机联用，使模拟调节更加完善。

PID 控制的原理及线路分析比较复杂，请参阅有关专门著作。

第二节　压力及流量的测量

压力是用来描述体系状态的一个重要参数。许多物理、化学性质，如熔点、沸点、蒸气压几乎都与压力有关。在化学热力学和化学动力学研究中，压力也是一个很重要的因素。因此，压力的测量具有重要的意义。

就物理化学实验来说，压力的应用范围高至气体钢瓶的压力，低至真空系统的真空度。压力通常可分为高压（钢瓶）、常压和负压（真空系统）。压力范围不同，测量方法不一样，精确度要求不同，所使用的单位也各有不同的传统习惯。

一、压力的测量及仪器

压力是指均匀垂直作用于单位面积上的力，也可把它叫做压力强度，或简称压强。国际单位制（SI）用帕斯卡作为通用的压力单位，以 Pa 或帕表示。当作用于 $1m^2$ 面积上的力为 1N 时就是 1Pa：

$$1Pa = \frac{1N}{1m^2}$$

但是，原来的许多压力单位，如标准大气压（或称物理大气压，简称大气压）、工程大气压（即 $kg \cdot cm^{-2}$）、巴等现在仍在使用。物理化学实验中还常选用一些标准液体（如汞）制成液体压力计，压力大小就直接以液体的高度来表示。它的意义是作用在液柱单位底面积上的液体重量与气体的压力相平衡或相等。例如，1atm 可以定义为：在 0℃、重力加速度等于 $9.80665m \cdot s^{-2}$ 时，760mm 高的汞柱垂直作用于底面积上的压力。此时汞的密度为 $13.5951g \cdot cm^{-3}$，因此，1atm 又等于 $1.03323kg \cdot cm^{-2}$。上述压力单位之间的换算关系见表 3-4。

表 3-4　常用压力单位换算表

压力单位	Pa	$kg \cdot cm^{-2}$	atm	bar	mmHg
Pa	1	1.019716×10^{-2}	0.9869236×10^{-5}	1×10^{-5}	7.5006×10^{-3}
$kg \cdot cm^{-2}$	9.800665×10^{-4}	1	0.967841	0.980665	753.559
atm	1.01325×10^5	1.03323	1	1.01325	760.0
bar	1×10^5	1.019716	6.986923	1	750.062
mmHg	133.3224	1.35951×10^{-3}	1.3157895×10^{-3}	1.33322×10^{-3}	1

除了所用单位不同之外，压力还可用绝对压力、表压和真空度来表示。图 3-18 说明三者的关系。

显然，在压力高于大气压时：

$$绝对压力 = 大气压 + 表压$$

或

$$表压 = 绝对压力 - 大气压$$

在压力低于大气压时：

$$绝对压力 = 大气压 - 真空度$$

或

$$真空度 = 大气压 - 绝对压力$$

当然，上述式子等号两端各项都必须采用相同的压力单位。

（一）测压仪表

1. 液柱式压力计

液柱式压力计是物理化学实验中用得最多的压力计。它构造简单、使用方便，能测量微小压力差，测量准确度比较高，且制作容易、价格低廉，但是测量范围不大，示值与工作液密度有关。它的结构不牢固，耐压程度较差。现简单介绍一下 U 形压力计。液柱式 U 形压力计由两端开口的垂直 U 形玻璃管及垂直放置的刻度标尺所构成，管内下部盛有适量工作液体作为指示液。图 3-19 中 U 形管的两支管分别连接于两个测压口。因为气体的密度远小于工作液的密度，因此，由液面差 Δh 及工作液的密度 ρ、重力加速度 g 可以得到下式：

$$p_1 = p_2 + \rho g \Delta h \quad 或 \quad \Delta h = \frac{p_1 - p_2}{\rho g}$$

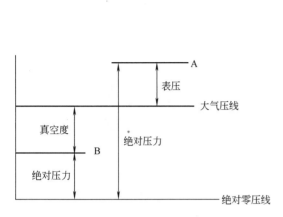

图 3-18　绝对压力、表压与真空度的关系

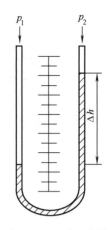

图 3-19　U 形压力计

U 形压力计可用来测量：①两气体压力差；②气体的表压（p_1 为测量气压，p_2 为大气压）；③气体的绝对压力（令 p_2 为真空，p_1 所示即为绝对压力）；④气体的真空度（p_1 通大气，p_2 为负压，可测其真空度）。

2. 弹性式压力计

利用弹性元件的弹性力来测量压力，是测压仪表中相当重要的一种形式。由于弹性元件的结构和材料不同，它们具有各不相同的弹性位移与被测压力的关系。物化实验室中接触较多的为单管弹簧管式压力计。这种压力计的压力由弹簧管固定端进入，通过弹簧管自由端的位移带动指针运动，指示压力值，如图 3-20 所示。

使用弹性式压力计时应注意以下几点：

（1）合理选择压力表量程。为了保证足够的测量精度，选择的量程应在仪表分度标尺的 12～34 范围内。

（2）使用时环境温度不得超过 35℃，如超过应给予温度修正。

（3）测量压力时，压力表指针不应有跳动和停滞现象。压力表应定期进行校验。

3. 福廷式气压计

福廷式气压计的构造如图 3-21 所示。它的外部是一黄铜管，管的顶端有悬环，用以悬挂在实验室的适当位置。气压计内部是一根一端封闭的装有水银的长玻璃管。玻璃管封闭的一端向上，管中汞面的上部为真空，管下端插在水银槽内。水银槽底部是一羚羊皮袋，下端由螺旋支持，转动此螺旋可调节槽内水银面的高低。水银槽的顶盖上有一倒置的象牙针，其针尖是黄铜标尺刻度的零点。此黄铜标尺上附有游标尺，转动游标调节螺旋，可使游标尺上下游动。

福廷式气压计是一种真空压力计，其原理如图 3-22 所示：它以汞柱所产生的静压力来平衡大气压力 P，由汞柱的高度可以度量大气压力的大小。实验室通常用毫米汞柱（mmHg）作为大气压力的单位。毫米汞柱作为压力单位时，它的定义是：当汞的密度为 13.5951g·cm^{-3}（即 0℃时汞的密度，通常作为标准密度，用符号 ρ_0 表示），重力加速度为 980.665cm·s^{-2}（即纬度 45° 的海平面上的重力加速度，通常作为标准重力加速度，用

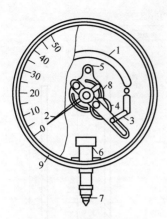

图 3-20　弹簧管式压力计

1—金属弹簧管；2—指针；3—连杆；

4—扇形齿轮；5—弹簧；6—底座；

7—测压接头；8—小齿轮；9—外壳

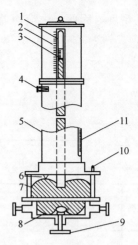

图 3-21　福廷式气压计

1—玻璃管；2—黄铜标尺；3—游标尺；4—调

节螺栓；5—黄铜管；6—象牙针；

7—汞槽；8—羚羊皮袋；9—调节汞

面的螺栓；10—气孔；11—温度计

符号 g_0 表示）时，1mm 高的汞柱所产生的静压力为 1mmHg。mmHg 与 Pa 单位之间的换算关系为：

$$1mmHg = 10^{-3}m \times \frac{13.5951 \times 10^{-3}}{10^{-6}} kg \cdot m^{-3} \times 980.665 \times 10^{-2} \ m \cdot s^{-2}$$

$$= 133.322Pa$$

（1）福廷式气压计的使用方法

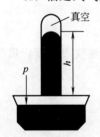

图 3-22　福廷式气
压计原理图

① 慢慢旋转螺旋，调节水银槽内水银面的高度，使槽内水银面升高。利用水银槽后面磁板的反光，注视水银面与象牙针尖的空隙，直至水银面与象牙针尖刚刚接触，然后用手轻轻扣一下铜管上面，使玻璃管上部水银面凸面正常。稍等几秒钟，待象牙针尖与水银面的接触无变动为止。

② 调节游标尺。转动气压计旁的螺旋，使游标尺升起，并使下沿略高于水银面。然后慢慢调节游标，直到游标尺底边及其后边金属片的底边同时与水银面凸面顶端相切。这时观察者眼睛的位置应和游标尺前后两个底边的边缘在同一水平线上。

③ 读取汞柱高度。当游标尺的零线与黄铜标尺中某一刻度线恰好重合时，黄铜标尺上该刻度的数值便是大气压值，不需使用游标尺。当游标尺的零线不与黄铜标尺上任何一刻度重合时，那么游标尺零线所对标尺上的刻度，则是大气压值的整数部分（mm）。再从游标尺上找出一根恰好与标尺上的刻度相重合的刻度线，则游标尺上刻度线的数值便是气压值的小数部分。

④ 整理工作。记下读数后，将气压计底部螺旋向下移动，使水银面离开象牙针尖。记下气压计的温度及所附卡片上气压计的仪器误差值，然后进行校正。

（2）气压计读数的校正　水银气压计的刻度是以温度为 0℃、纬度为 45° 的海平面高度为标准的。当不符合上述规定时，从气压计上直接读出的数值，除进行仪器误差校正外，在

174

精密的工作中还必须进行温度、纬度及海拔高度的校正。

① 仪器误差的校正。由于仪器本身制造的不精确而造成读数上的误差称为"仪器误差"。仪器出厂时都附有仪器误差的校正卡片,应首先加上此项校正。

② 温度影响的校正。由于温度的改变,水银密度也随之改变,因而会影响水银柱的高度。同时由于铜管本身的热胀冷缩,也会影响刻度的准确性。当温度升高时,前者引起偏高,后者引起偏低。由于水银的膨胀系数较铜管的大,因此当温度高于0℃时,经仪器校正后的气压值应减去温度校正值;当温度低于0℃时,要加上温度校正值。气压计的温度校正公式如下:

$$p_0 = \frac{1+\beta t}{1+\alpha t}p = p - p\frac{\alpha-\beta}{1+\alpha t}t$$

式中,p 为气压计读数,mmHg;t 为气压计的温度,℃;α 为水银柱在 0～35℃ 之间的平均体膨胀系数,$\alpha=0.0001818$;β 为黄铜的线膨胀系数,$\beta=0.0000184$;p_0 为读数校正到 0℃ 时的气压值,mmHg。显然,温度校正值即为 $p\frac{\alpha-\beta}{1+\alpha t}$。其数值列于数据表,实际校正时,读取 p、t 后可查表 3-5 求得。

表 3-5 气压计读数的温度校正值

温度/℃	740mmHg	750mmHg	760mmHg	770mmHg	780mmHg
1	0.12	0.12	0.12	0.13	0.13
2	0.24	0.25	0.25	0.25	0.15
3	0.36	0.37	0.37	0.38	0.38
4	0.48	0.49	0.50	0.50	0.51
5	0.60	0.61	0.62	0.63	0.64
6	0.72	0.73	0.74	0.75	0.76
7	0.85	0.86	0.87	0.88	0.89
8	0.97	0.98	0.99	1.01	1.02
9	1.09	1.10	1.12	1.13	1.15
10	1.21	1.22	1.24	1.26	1.27
11	1.33	1.35	1.36	1.38	1.40
12	1.45	1.47	1.49	1.51	1.53
13	1.57	1.59	1.61	1.63	1.65
14	1.69	1.71	1.73	1.76	1.78
15	1.81	1.83	1.86	1.88	1.91
16	1.93	1.96	1.98	2.01	2.03
17	2.05	2.08	2.10	2.13	2.16
18	2.17	2.20	2.23	2.26	2.29
19	2.29	2.32	2.35	2.38	2.41
20	2.41	2.44	2.47	2.51	2.54
21	2.53	2.56	2.60	2.63	2.67
22	2.65	2.69	2.72	2.76	2.79
23	2.77	2.81	2.84	2.88	2.92
24	2.89	2.93	2.97	3.01	3.05
25	3.01	3.05	3.09	3.13	3.17
26	3.13	3.17	3.21	3.26	3.30
27	3.25	3.29	3.34	3.38	3.42
28	3.37	3.41	3.46	3.51	3.55
29	3.49	3.54	3.58	3.63	3.68
30	3.61	3.66	3.71	3.75	3.80
31	3.73	3.78	3.83	3.88	3.93
32	3.85	3.90	3.95	4.00	4.05
33	3.97	4.02	4.07	4.13	4.18
34	4.09	4.14	4.20	4.25	4.31
35	4.21	4.26	4.32	4.38	4.43

③ 海拔高度及纬度的校正。重力加速度 g 随海拔高度及纬度不同而异，致使水银的重量受到影响，从而导致气压计读数的误差。可以根据气压计所在地纬度及海拔高度进行校正。此项校正值很小，在一般实验中可不必考虑。

④ 水银蒸气压的校正、毛细管效应的校正等。因校正值极小，一般都不考虑。

（3）使用注意事项

① 调节螺旋时动作要缓慢，不可旋转过急。

② 在调节游标尺与汞柱凸面相切时，应使眼睛的位置与游标尺前后下沿在同一水平线上，然后再调到与水银柱凸面相切。

③ 发现槽内水银不清洁时，要及时更换水银。

4. 空盒气压表

空盒气压表是由随大气压变化而产生轴向移动的空盒组作为感应元件，通过拉杆和传动机构带动指针，指示出大气压值的。

当大气压升高时，空盒组被压缩，通过传动机构使指针顺时针转动一定角度；当大气压降低时，空盒组膨胀，通过传动机构使指针逆向转动一定角度。空盒气压表测量范围在 $600\sim800\text{mmHg}$ 之间，度盘最小分度值为 0.5mmHg。测量温度在 $-10\sim40\text{℃}$ 之间。读数经仪器校正和温度校正后，误差不大于 1.5mmHg。气压计的仪器校正值为 $+0.7\text{mmHg}$。温度每升高 1℃，气压校正值为 -0.05mmHg。仪器刻度校正值见表 3-6。例如，16.5℃ 时，空盒气压表上的读数为 724.2mmHg。仪器校正值为 $+0.7\text{mmHg}$，温度校正值为 $16.5\times(-0.05)=-0.8$（mmHg），仪器刻度校正值由表 3-6 查得是 $+0.6\text{mmHg}$，校正后大气压为：

$$724.2+0.7-0.8+0.6=724.7(\text{mmHg})=9.662\times10^4(\text{Pa})$$

表 3-6　仪器刻度校正值　　　　　　　　　　　　单位：mmHg

仪 器 刻 度	校 正 值	仪 器 刻 度	校 正 值
790	−0.8	690	+0.2
780	−0.4	680	+0.2
770	0.0	670	0.0
760	0.0	660	−0.2
750	+0.1	650	−0.1
740	+0.2	640	0.0
730	+0.5	630	−0.2
720	+0.7	620	−0.4
710	+0.4	610	+0.6
700	+0.2	600	−0.8

空盒气压表体积小、重量轻，不需要固定，只要求仪器工作时水平放置，但其精确度不如福廷式气压计。

在使用空盒气压表时应注意，因每台仪器在鉴定时的环境温度和大气压都不尽相同，所以每台仪器的仪器刻度校正值、温度校正值和仪器校正值也都不相同。应根据每台仪器所提供的校正表格里的数据进行校正。

5. 数字式低真空压力测试仪

数字式低真空压力测试仪是运用压阻式压力传感器原理测定实验系统与大气压之间压差的仪器。它可取代传统的 U 形水银压力计，无汞污染现象，对环境保护和人类健康有极大的好处。该仪器的测压接口在仪器后的面板上。使用时，先将仪器按要求连接在实验系统上

（注意实验系统不能漏气），再打开电源预热 10min；然后选择测量单位，调节旋钮，使数字显示为零；最后开动真空泵，仪器上显示的数字即为实验系统与大气压之间的压差值。

（二）真空技术

真空是指压力小于一个大气压的气态空间。真空状态下气体的稀薄程度，常以压强值表示，习惯上称为真空度。不同的真空状态，意味着该空间具有不同的分子密度。在现行的国际单位制（SI）中，真空度的单位与压力的单位均为 Pa。在物理化学实验中，通常按真空度的获得和测量方法的不同，将真空区域划分为：粗真空（$101325 \sim 1333$Pa）、低真空（$1333 \sim 0.1333$Pa）、高真空（$0.1333 \sim 1.333 \times 10^{-6}$Pa）、超高真空（$< 1.333 \times 10^{-6}$Pa）。为了获得真空，就必须设法将气体分子从容器中抽出。凡是能从容器中抽出气体，使气体压力降低的装置，均可称为真空泵，如水流泵、机械真空泵、油泵、扩散泵、吸附泵、钛泵等。实验室常用的真空泵为旋片式真空泵，如图 3-23 所示。它主要由泵体和偏心转子组成。经过精密加工的偏心转子下面安装有带弹簧的滑片，由电动机带动，偏心转子紧贴泵腔壁旋转。滑片靠弹簧的压力也紧贴泵腔壁。滑片在泵腔中连续运转，使泵腔被滑片分成的两个不同的容积呈周期性的扩大和缩小。气体从进气嘴进入，被压缩后经过排气阀排出泵体外。如此循环往复，将系统内的压力减小。

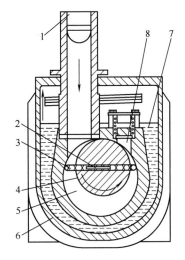

图 3-23 旋片式真空泵
1—进气嘴；2—旋片弹簧；3—旋片；
4—转子；5—泵体；6—油箱；
7—真空泵油；8—排气嘴

旋片式机械泵的整个机件浸在真空油中，这种油的蒸气压很低，既可起润滑作用，又可起封闭微小的漏气和冷却机件的作用。

使用机械泵时应注意以下几点。

（1）机械泵不能直接抽含可凝性气体的蒸气、挥发性液体等。因为这些气体进入泵后会破坏泵油的品质，降低油在泵内的密封和润滑作用，甚至会导致泵的机件生锈。因而必须在可凝气体进泵前先通过纯化装置。例如，用无水氯化钙、五氧化二磷、分子筛等吸收水分；用石蜡吸收有机蒸气；用活性炭或硅胶吸收其他蒸气等。

（2）机械泵不能用来抽含腐蚀性成分的气体，如含氯化氢、氯气、二氧化氮等的气体。因这类气体能迅速侵蚀泵中精密加工的机件表面，使泵漏气，不能达到所要求的真空度。遇到这种情况时，应当使气体在进泵前先通过装有氢氧化钠固体的吸收瓶，以除去有害气体。

（3）机械泵由电动机带动。使用时应注意马达的电压。若是三相电动机带动的泵，第一次使用时特别要注意三相马达旋转方向是否正确。正常运转时不应有摩擦、金属碰击等异声。运转时电动机温度不能超过 $50 \sim 60℃$。

（4）机械泵的进气口前应安装一个三通活塞。停止抽气时应使机械泵与抽空系统隔开而与大气相通，然后再关闭电源。这样既可保持系统的真空度，又可避免泵油倒吸。

（三）气体钢瓶及其使用

1. 气体钢瓶的颜色标记

我国气体钢瓶常用的标记见表 3-7。

表 3-7　我国气体钢瓶常用的标记

气体类别	瓶身颜色	标字颜色	字样
氮气	黑	淡黄	氮
氧气	淡酞蓝	黑	氧
氢气	淡绿	大红	氢
空气	黑	白	空气
二氧化碳	铝白	黑	液化二氧化碳
氦	银灰	深绿	氦
氨	淡黄	黑	氨
氯	深绿	白	氯
乙炔	白	大红	乙炔不可近火
四氟甲烷	铝白	黑	氟氯烷-14
液化石油气	银灰	大红	液化石油气
甲烷	棕	白	甲烷
氩	银灰	深绿	氩

2. 气体钢瓶的使用

(1) 在钢瓶上装上配套的减压阀。检查减压阀是否关紧，方法是逆时针旋转调压手柄至螺杆松动为止。

(2) 打开钢瓶总阀门，此时高压表显示出瓶内贮气总压力。

(3) 慢慢地顺时针转动调压手柄，至低压表显示出实验所需压力为止。

(4) 停止使用时，先关闭总阀门，待减压阀中余气逸尽后，再关闭减压阀。

3. 使用注意事项

(1) 钢瓶应存放在阴凉、干燥、远离热源的地方。可燃性气瓶应与氧气瓶分开存放。

(2) 搬运钢瓶要小心轻放，钢瓶帽要旋上。

(3) 使用时应装减压阀和压力表。可燃性气瓶（如 H_2、C_2H_2）气门螺丝为反丝；不燃性或助燃性气瓶（如 N_2、O_2）为正丝。各种压力表一般不可混用。

(4) 不要让油或易燃有机物沾染在气瓶上（特别是气瓶出口和压力表上）。

(5) 开启总阀门时，不要将头或身体正对总阀门，防止万一阀门或压力表冲出伤人。

(6) 不可把气瓶内气体用尽，以防重新充气时发生危险。

(7) 使用中的气瓶每三年应检查一次，装腐蚀性气体的钢瓶每两年检查一次，不合格的气瓶不可继续使用。

(8) 氢气瓶应放在远离实验室的专用小屋内，用紫铜管引入实验室，并安装防止回火的装置。

4. 氧气减压阀的工作原理

氧气减压阀的外观及工作原理见图 3-24 和图 3-25。

氧气减压阀的高压腔与钢瓶连接，低压腔为气体出口，并通往使用系统。高压表的示值为钢瓶内贮存气体的压力。低压表的出口压力可由调节螺杆控制。

使用时先打开钢瓶总开关，然后顺时针转动低压表压力调节螺杆，使其压缩主弹簧并传动薄膜、弹簧垫块和顶杆而将活门打开。这样进口的高压气体由高压室经节流减压后进入低压室，并经出口通往工作系统。转动调节螺杆，改变活门开启的高度，从而调节高压气体的通过量并达到所需的压力值。

减压阀都装有安全阀。它是保护减压阀并使之安全使用的装置，也是减压阀出现故障的信号装置。当由于活门垫、活门损坏或由于其他原因，导致出口压力自行上升并超过一定许可值时，安全阀会自动打开排气。

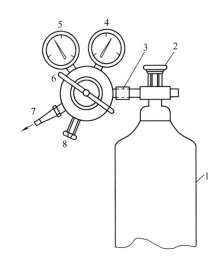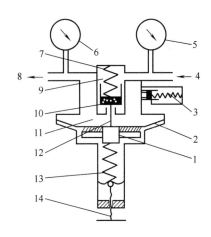

图 3-24　安装在气体钢瓶上的

氧气减压阀示意图

1—钢瓶；2—钢瓶开关；3—钢瓶与减压

表连接螺母；4—高压表；5—低压表；

6—低压表压力调节螺杆；7—出口；8—安全阀

图 3-25　氧气减压阀工作原理示意图

1—弹簧垫块；2—传动薄膜；3—安全阀；4—进口（接气体钢瓶）；

5—高压表；6—低压表；7—压缩弹簧；8—出口（接使用系统）；

9—高压气室；10—活门；11—低压气室；12—顶杆；

13—主弹簧；14—低压表压力调节螺杆

5. 氧气减压阀的使用方法

（1）按使用要求的不同，氧气减压阀有许多规格。最高进口压力大多为 $150kg \cdot cm^{-2}$（约 $150 \times 10^5 Pa$），最低进口压力不小于出口压力的 2.5 倍。出口压力规格较多，一般为 $0 \sim 1kg \cdot cm^{-2}$（$1 \times 10^5 Pa$），最高出口压力为 $40kg \cdot cm^{-2}$（约 $40 \times 10^5 Pa$）。

（2）安装减压阀时应确定其连接规格是否与钢瓶和使用系统的接头相一致。减压阀与钢瓶采用半球面连接，靠旋紧螺母使二者完全吻合。因此，在使用时应保持两个半球面的光洁，以确保良好的气密效果。安装前可用高压气体吹除灰尘。必要时也可用聚四氟乙烯等材料作垫圈。

（3）氧气减压阀应严禁接触油脂，以免发生火灾。

（4）停止工作时，应将减压阀中余气放净，然后拧松调节螺杆，以免弹性元件长久受压变形。

（5）减压阀应避免撞击振动，不可与腐蚀性物质相接触。

6. 其他气体减压阀

有些气体，如氮气、空气、氩气等永久性气体，可以采用氧气减压阀。但还有一些气体，如氨等腐蚀性气体，则需要专用减压阀。市面上常见的有氮气、空气、氢气、氨、乙炔、丙烷、水蒸气等专用减压阀。

这些减压阀的使用方法及注意事项与氧气减压阀基本相同。但是，还应该指出：专用减压阀一般不用于其他气体。为了防止误用，有些专用减压阀与钢瓶之间采用特殊连接口。例如氢气和丙烷均采用左牙螺纹，也称反向螺纹，安装时应特别注意。

二、流量的测量及仪器

流体分为可压缩流体和不可压缩流体两类。流量的测定在科学研究和工业生产上都有广泛应用。在此仅就实验室的几种流量计作简单的介绍。测定流体流量的装置称为流量计或流速计。实验室常用的主要有转子流量计、毛细管流量计、皂膜流量计、湿式流量计。

1. 转子流量计

转子流量计又称浮子流量计，是目前工业上或实验室常用的一种流量计，其结构如图3-26所示。它由一根锥形的玻璃管和一个能上下移动的浮子所组成。当气体自下而上流经锥形管时，被浮子节流，在浮子上下端之间产生一个压差。浮子在压差作用下上升，当浮子上、下压差与其所受的黏性力之和等于浮子所受的重力时，浮子就处于某一高度的平衡位置。当流量增大时，浮子上升，浮子与锥形管间的环隙面积也随之增大，则浮子在更高位置上重新达到受力平衡。因此流体的流量可用浮子升起的高度表示。

这种流量计很少自制，市售的标准系列产品，规格型号很多，测量范围也很广，流量每分钟几毫升至几十毫升。这些流量计用于测量哪一种流体，如气体或液体，是氮气或氢气，市售产品均有说明，并附有某流体的浮子高度与流量的关系曲线。若改变所测流体的种类，可用皂膜流量计或湿式流量计另行标定。

使用转子流量计需注意几点：①流量计应垂直安装；②要缓慢开启控制阀；③待浮子稳定后再读取流量；④避免被测流体的温度、压力突然急剧变化；⑤为确保计量的准确、可靠，使用前均需进行校正。

2. 毛细管流量计

毛细管流量计的外表形式很多，如图3-27所示是其中的一种。它是根据流体力学原理制成的。当气体通过毛细管时，阻力增大，线速度（即动能）增大，而压力降低（即位能减小），这样气体在毛细管前后就产生压差，借流量计中两液面高度差（Δh）显示出来。当毛细管长度 L 与其半径之比等于或大于 100 时，气体流量 V 与毛细管两端压差 Δh 存在线性关系

$$V = \frac{\pi r^4 \rho}{8L\eta} \Delta h = f \frac{\rho}{\eta} \Delta h$$

式中，$f = \dfrac{\pi r^4}{8L\eta}$ 为毛细管特征系数；r 为毛细管半径；ρ 为流量计所盛液体的密度；η 为气体黏度系数。当流量计的毛细管和所盛液体一定时，气体流量 V 和压差 Δh 呈直线关系。对不同的气体，V 和 Δh 有不同的直线关系；对同一气体，更换毛细管后，V 和 Δh 的直线关系也与原来不同。而流量与压差这一直线关系不是由计算得来的，而是通过实验标定，绘制出 V-Δh 的关系曲线。因此，绘制出的这一关系曲线，必须说明使用的气体种类和对应的毛细管规格。

这种流量计多为自行装配，根据测量流速的范围，选用不同孔径的毛细管。流量计所盛的液体可以是水、液体石蜡或水银等。在选择液体时，要考虑被测气体与该液体不互溶，也不起化学反应，同时对速度小的气体采用密度小的液体，对流速大的采用密度大的液体，在使用和标定过程中要保持流量计的清洁与干燥。

3. 皂膜流量计

这是实验室常用的构造十分简单的一种流量计，它可用滴定管改制而成，如图3-28所示。橡皮头内装有肥皂水，当待测气体经侧管流入后，用手将橡皮头一捏，气体就把肥皂水

吹成一圈圈的薄膜，并沿管上升，用停表记录某一皂膜移动一定体积所需的时间，即可求出流量（体积·时间$^{-1}$）。这种流量计的测量是间断式的，宜用于测定尾气流量和标定测量范围较小的流量计（约100mL·min^{-1}以下），而且只限于对气体流量的测定。

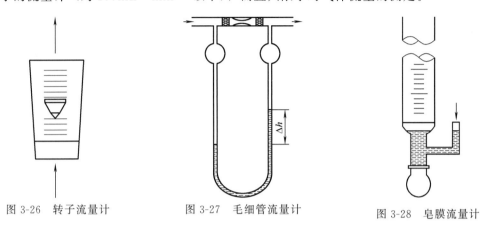

图 3-26　转子流量计　　　图 3-27　毛细管流量计　　　图 3-28　皂膜流量计

4. 湿式流量计

湿式流量计也是实验室常用的一种流量计。它的构造主要由圆鼓形壳体、转鼓及传动计数装置所组成，如图3-29所示。转鼓由圆筒及四个变曲形状的叶片所构成。四个叶片构成 A、B、C、D 四个体积相等的小室。鼓的下半部浸在水中，水位高低由水位器指示。气体从背部中间的进气管依次进入各室，并不断地由顶部排出，迫使转鼓不停地转动。气体流经流量计的体积由盘上的计数装置和指针显示，用停表记录流经某一体积所需的时间，便可求得气体流量。图3-29中所示位置，表示 A 室开始进气，B 室正在进气，C 室正在排气，D 室排气将完毕。湿式流量计的测量是累积式的，它用于测量气体流量和标定流量计。湿式流量计事先应经标准容量瓶进行校准。

使用时应注意：①先调整湿式流量计的水平，使水平仪内气泡居中；②流量计内注入蒸馏水，其水位高低应使水位器中液面与针尖接触；③被测气体应不溶于水且不腐蚀流量计；④使用时，应记录流量计的温度。

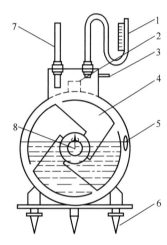

图 3-29　湿式流量计
1—压差计；2—水平仪；3—排气管；
4—转鼓；5—水位器；6—支脚；
7—温度计；8—进气管

第三节　热分析测量技术及仪器

热分析技术是研究物质的物理、化学性质与温度之间的关系，或者说研究物质的热态随温度进行的变化的技术。温度本身是一种量度，它几乎影响物质的所有物理常数和化学常数。概括地说，整个热分析内容应包括热转变机理和物理化学变化的热动力学过程的研究。

国际热分析联合会（International Conference on Thermal Analysis，ICTA）规定的热分析定义为：热分析法是在控制温度下测定一种物质及其加热反应产物的物理性质随温度变化的一组技术。根据所测定物理性质种类的不同，热分析技术分类见表3-8。

表 3-8　热分析技术分类

物理性质	技术名称	简　称	物理性质	技术名称	简　称
质量	热重法	TG	机械特性	机械热分析	TMA
	热导率法	DTG		动态热	
	逸出气检测法	EGD		机械热	
	逸出气分析法	EGA	声学特性	热发声法	
温度	差热分析法	DTA		热传声法	
熵	差示扫描量热法[①]	DSC	光学特性	热光学法	
尺度	热膨胀法	TD	电学特性	热电学法	
			磁学特性	热磁学法	

① DSC 分为功率补偿 DSC 和热流 DSC。

热分析是一类多学科的通用技术，应用范围极广。本章只简单介绍 DTA、DSC 和 TG 等基本原理和技术。

一、差热分析法（DTA）

物质在物理变化和化学变化过程中，往往伴随着热效应，放热或吸热现象反映了物质热焓发生了变化，记录试样温度随时间的变化曲线，可直观地反映出试样是否发生了物理（或化学）变化，这就是经典的热分析法。但该种方法很难显示热效应很小的变化，为此逐步发展形成了差热分析法（Differential Thermal Analysis，简称 DTA）。

（一）DTA 的基本原理

DTA 是在程序控制温度下，测量物质与参比物之间的温度差与温度关系的一种技术。DTA 曲线是描述样品与参比物之间的温差（ΔT）随温度或时间的变化关系。在 DTA 实验中，样品温度的变化是由于相转变或反应的吸热或放热效应引起的，如相转变、熔化、结晶结构的转变、升华、蒸发、脱氢反应、断裂或分解反应、氧化或还原反应、晶格结构的破坏和其他化学反应。一般来说，相转变、脱氢还原和一些分解反应产生吸热效应；而结晶、氧化等反应产生放热效应。

DTA 的原理如图 3-30 所示。将试样和参比物分别放入坩埚，置于炉中以一定速率 $v=\mathrm{d}T/\mathrm{d}t$ 进行程序升温，以 T_s、T_r 表示试样和参比物的温度，设试样和参比物（包括容器、温差电偶等）的热容量 C_s、C_r 不随温度而变，则它们的升温曲线如图 3-31 所示。若以 $\Delta T=T_s-T_r$ 对 t 作图，所得 DTA 曲线如图 3-32 所示，在 0～a 区间，ΔT 大体上是一致的，形成 DTA 曲线的基线。随着温度的增加，试样产生了热效应（如相转变），则与参比物间的温差变大，在 DTA 曲线中表现为峰。显然，温差越大，峰也越大，试样发生变化的次数多，峰的数目也多，所以各种吸热和放热峰的个数、形状和位置与相应的温度可用来定性地鉴定所研究的物质，而峰面积与热量的变化有关。

DTA 曲线所包围的面积 S 可用下式表示：

$$\Delta H = \frac{gC}{m}\int_{t_2}^{t_1} \Delta T \mathrm{d}t = \frac{gC}{m}S$$

式中，m 为反应物的质量；ΔH 为反应热；g 为仪器的几何形态常数；C 为样品的热导率；ΔT 是温差；t_1、t_2 是 DTA 曲线的积分限。这是一种最简单的表达式，它是通过运用比例或近似常数 g 和 C 来说明样品反应热与峰面积的关系。这里忽略了微分项和样品的温度梯度，并假设峰面积与样品的比热容无关，所以它是一个近似关系式。

182

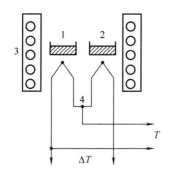

图 3-30　差热分析的原理图

1—参比物；2—试样；3—炉体；4—热电偶（包括吸热转变）

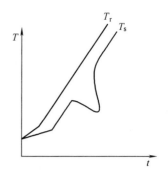

图 3-31　试样和参比物
的升温曲线

（二）DTA 曲线起止点温度和面积的测量

1. DTA 曲线起止点温度的确定

如图 3-32 所示，DTA 曲线的起始温度可取下列任一点温度：曲线偏离基线之点 T_a；曲线的峰值温度 T_p；曲线陡峭部分的切线和基线延长线的交点 T_e（外推始点）。其中 T_a 与仪器的灵敏度有关，灵敏度越高则出现得越早，即 T_a 值越低，故一般重复性较差，T_p 和 T_e 的重复性较好，其中 T_e 最接近热力学的平衡温度。

从外观上看，曲线回复到基线的温度是 T_f（终止温度）。而反应的真正终点温度是 $T_{f'}$，由于整个体系的热惰性，即使反应终了，热量仍有一个散失过程，使曲线不能立即回到基线。$T_{f'}$ 可以通过作图的方法来确定，$T_{f'}$ 之后，ΔT 即以指数函数降低，因而如以 $\Delta T - (\Delta T)_a$ 的对数对时间作图，可得一直线。当从峰的高温侧的底沿逆查这张图时，则偏离直线的那点，即表示终点 $T_{f'}$。

2. DTA 峰面积的确定

DTA 的峰面积为反应前后基线所包围的面积，其测量方法有以下几种：①使用积分仪，可以直接读数或自动记录差热峰的面积；②如果差热峰的对称性好，可作等腰三角形处理，用峰高乘以半峰宽（峰高 1/2 处的宽度）的方法求面积；③剪纸称重法。若记录纸厚薄均匀，可将差热峰剪下来，在分析天平上称其质量，其数值可以代表峰面积。

对于反应前后基线没有偏移的情况，只要联结基线就可求得峰面积，这是不言而喻的。对于基线有偏移的情况，下面两种方法是经常采用的。

（1）分别作反应开始前和反应终止后的基线延长线，它们离开基线的点分别是 T_a 和 T_f，联结 T_a、T_p、T_f 各点，便得峰面积，这就是 ICTA（国际热分析联合会）所规定的方法 [见图 3-33(a)]。

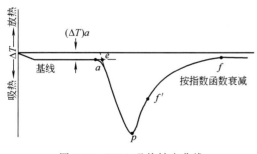

图 3-32　DTA 吸热转变曲线

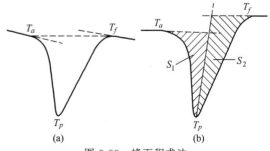

图 3-33　峰面积求法

（2）由基线延长线和通过峰顶 T_p 所作的垂线，与 DTA 曲线的两个半侧所构成的两个近似三角形面积 S_1、S_2 ［图 3-33（b）中以阴影表示］之和

$$S=S_1+S_2$$

表示峰面积。这种求面积的方法是认为在 S_1 中丢掉的部分与 S_2 中多余的部分可以得到一定程度的抵消。

（三）DTA 的仪器结构

DTA 分析仪种类很多，目前国产的有 CRY 系列，如 CRY-1、CRY-1P、CRY-2P 等型号，还有 CDR 系列差动热分析仪（又称差示扫描量热仪，两用，即可以做 DTA，又可以做 DSC）。

尽管仪器种类繁多，但 DTA 分析仪内部结构装置大致相同，如图 3-34 所示。DTA 仪器一般由下面几个部分组成：温度程序控制单元、可控硅加热单元、差热信号放大单元、信号记录单元（记录仪或微机）等部分组成。

1. 温度程序控制单元和可控硅加热单元

温度控制系统由程序信号发生器、微伏放大器、PID 调节器和可控硅执行元件等几部分组成。

程序信号发生器按给定的程序方式（升温、降温、恒温、循环）给出毫伏信号。当温控热电偶的热电势与程序信号发生器给出的毫伏值有差别时，说明炉温偏离给定值，此偏差值经微伏放大器放大，送入 PID 调节器，再经可控硅触发器导通可控硅执行元件，调整电炉的加热电流，从而使偏差消除，达到使炉温按一定的速度上升、下降或恒定的目的。

2. 差热放大单元

用以放大温差电势，由于记录仪量程为毫伏级，而差热分析中温差信号很小，一般只有几微伏到几十微伏，因此差热信号需经放大后再送入记录仪（或微机）中记录。

3. 信号记录单元

由双笔自动记录仪（或微机）将测温信号和温差信号同时记录下来。例如锡在加热熔化时的差热图如图 3-35 所示。

在进行 DTA 过程中，如果升温时试样没有热效应，则温差电势应为常数，DTA 曲线为一直线，称为基线。但是由于两个热电偶的热电势和热容量以及坩埚形态、位置等不可能完全对称，在温度变化时仍有不对称电势产生。此电势随温度升高而变化，造成基线

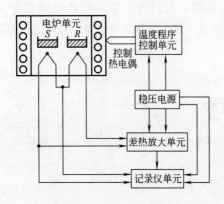

图 3-34　DTA 装置简图

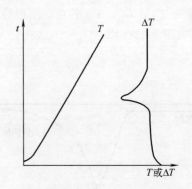

图 3-35　锡加热时的差热图

不直，这时可以用斜率调整线路加以调整。CRY-1 型差热仪调整方法：坩埚内不放参比物和样品，将差热放大量程置于 $100\mu V$，升温速度置于 $10℃\cdot min^{-1}$，用移位旋钮使温差记录笔处于记录纸中部，这时记录笔应画出一条直线。在升温过程中如果基线偏离原来的位置，则主要是由于热电偶不对称电势引起基线漂移。待炉温升到 $750℃$ 时，通过斜率调整旋钮校正到原来位置即可。此外，基线漂移还和样品杆的位置、坩埚位置、坩埚的几何尺寸等因素有关。

（四）影响差热分析的主要因素

差热分析操作简单，但在实际工作中往往发现同一试样在不同仪器上测量，或不同的人在同一仪器上测量，所得到的差热曲线结果有差异。峰的最高温度、形状、面积和峰值大小都会发生一定变化。其主要原因是热量与许多因素有关，传热情况比较复杂所造成的。一般来说，一是仪器，二是样品。虽然影响因素很多，但只要严格控制某些条件，仍可获得较好的重现性。

1. 参比物的选择

要获得平稳的基线，参比物的选择很重要。要求参比物在加热或冷却过程中不发生任何变化，在整个升温过程中参比物的比热容、热导率、粒度尽可能与试样一致或相近。

常用 α-三氧化二铝（α-Al_2O_3）或煅烧过的氧化镁（MgO）或石英砂作参比物。如分析试样为金属，也可以用金属镍粉作参比物。如果试样与参比物的热性质相差很远，则可用稀释试样的方法解决，主要是减少反应剧烈程度；当试样加热过程中有气体产生时，可以减少气体大量出现，以免使试样冲出。选择的稀释剂不能与试样有任何化学反应或催化反应，常用的稀释剂有 SiC、铁粉、Fe_2O_3、玻璃珠、Al_2O_3 等。

2. 试样的预处理及用量

试样用量大，易使相邻两峰重叠，降低了分辨力。一般尽可能减少用量，最多大至毫克。样品的颗粒度为 $100\sim200$ 目，颗粒小可以改善导热条件，但太细可能会破坏样品的结晶度。对易分解产生气体的样品，颗粒应大一些。参比物的颗粒、装填情况及紧密程度应与试样一致，以减少基线的漂移。

3. 升温速率的影响和选择

升温速率不仅影响峰温的位置，而且影响峰面积的大小，一般来说，在较快的升温速率下，峰面积变大，峰变尖锐。但是快的升温速率使试样分解偏离平衡条件的程度也大，因而易使基线漂移。更主要的是可能导致相邻两个峰重叠，分辨力下降。较慢的升温速率，基线漂移小，使体系接近平衡条件，得到宽而浅的峰，也能使相邻两峰更好地分离，因而分辨力高；但测定时间长，需要仪器的灵敏度高。一般情况下选择升温速率为 $8\sim12℃\cdot min^{-1}$ 为宜。

4. 气氛和压力的选择

气氛和压力可以影响样品化学反应和物理变化的平衡温度、峰形。因此，必须根据样品的性质选择适当的气氛和压力，有的样品易氧化，可以通入 N_2、Ne 等惰性气体。

5. 纸速的选择

在相同的实验条件下，同一试样如走纸速度快，峰的面积大，但峰的形状平坦，误差小；走纸速率小，峰面积小。因此，要根据不同样品选择适当的走纸速度。

不同条件的选择都会影响差热曲线，除上述外还有许多因素，诸如样品管的材料、大小和形状、热电偶的材质以及热电偶插在试样和参比物中的位置等。市售的差热仪，以上因素都已固定，但自己装配的差热仪就要考虑这些因素。

二、差示扫描量热法（DSC）

在差热分析测量试样的过程中，当试样产生热效应（熔化、分解、相变等）时，由于试样内的热传导，试样的实际温度已不是程序所控制的温度（如在升温时）。由于试样的吸热或放热，促使温度升高或降低，因而进行试样热量的定量测定是困难的。要获得较准确的热效应，可采用差示扫描量热法（Differential Scanning Calorimetry，简称 DSC）。

1. DSC 的基本原理

DSC 是在程序控制温度下，测量输给物质和参比物的功率差与温度关系的一种技术。经典 DTA 常用一金属块作为样品保持器以确保样品和参比物处于相同的加热条件下。而 DSC 的主要特点是试样和参比物分别各有独立的加热元件和测温元件，并由两个系统进行监控。其中一个用于控制升温速率，另一个用于补偿试样和惰性参比物之间的温差。图 3-36 显示了 DTA 和 DSC 加热部分的不同，图 3-37 为常见的 DSC 原理示意图。

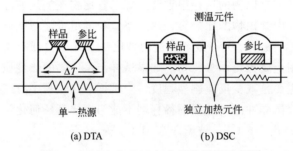

图 3-36　DTA 和 DSC 加热元件原理示意图

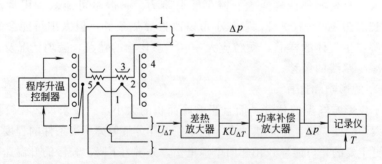

图 3-37　功率补偿式 DSC 原理示意图

1—温差热电偶；2—补偿电热丝；3—坩埚；

4—电炉；5—控温热电偶

试样在加热过程中由于热效应与参比物之间出现温差 ΔT 时，通过差热放大电路和差动热量补偿放大器，使流入补偿电热丝的电流发生变化：当试样吸热时，补偿放大器使试样一边的电流立即增大；反之，当试样放热时，则使参比物一边的电流增大，直到两边热量平衡，温差 ΔT 消失为止。换句话说，试样在热反应时发生的热量变化，由于及时输入电功率而得到补偿，所以实际记录的是试样和参比物下面两只电热补偿的热功率之差随时间 t 的变化 $\mathrm{d}H/\mathrm{d}t\text{-}t$ 关系。如果升温速率恒定，记录的也就是热功率之差随温度 T 的变化 $\mathrm{d}H/\mathrm{d}t\text{-}T$ 关系，如图 3-38 所示。其峰面积 S 正比于热焓的变化：

$$\Delta H_m = KS$$

式中，K 为与温度无关的仪器常数。

如果事先用已知相变热的试样标定仪器常数，再根据待测样品的峰面积，就可得到 ΔH 的绝对值。仪器常数的标定，可利用测定锡、铅、铟等纯金属的熔化，从其熔化热的文献值即可得到仪器常数。

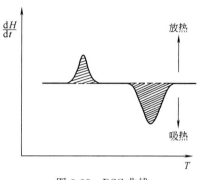

图 3-38　DSC 曲线

因此，用差示扫描量热法可以直接测量热量，这是与差热分析法的一个重要区别。此外，DSC 与 DTA 相比，另一个突出的优点是 DTA 在试样发生热效应时，试样的实际温度已不是程序升温时所控制的温度（如在升温时试样由于放热而一度加速升温）；而 DSC 由于试样的热量变化随时可得到补偿，试样与参比物的温度始终相等，避免了参比物与试样之间的热传递，故仪器反应灵敏，分辨率高，重现性好。

2. DSC 的仪器结构

CDR 型差动热分析仪（又称差示扫描量热仪），既可做 DTA，也可做 DSC。其结构与 CRY-1 型差热分析仪结构相似，只增加了差动热补偿单元，其余装置皆相同。其仪器的操作也与 CRY-1 型差热分析仪基本一样，但需注意以下两点。

（1）将"差动"、"差热"的开关置于"差动"位置时，微伏放大器量程开关置于 $\pm 100 \mu V$ 处（不论热量补偿的量程选择在哪一挡，在差动测量操作时，微伏放大器的量程开关都放在 $\pm 100 \mu V$ 挡）。

（2）将热补偿放大单元量程开关放在适当位置。如果无法估计确切的量程，则可放在量程较大位置，先预做一次。

不论是差热分析仪还是差示扫描量热仪，使用时首先确定测量温度，选择坩埚：500℃ 以下用铝坩埚；500℃ 以上用氧化铝坩埚，还可根据需要选择镍、铂等坩埚。

注意：被测量的样品若在升温过程中能产生大量气体，或能引起爆炸，或具有腐蚀性，则都不能用。

3. DTA 和 DSC 应用讨论

DTA 和 DSC 的共同特点是峰的位置、形状和峰的数目与物质的性质有关，故可以定性地用来鉴定物质；从原则上讲，物质的所有转变和反应都应有热效应，因而可以采用 DTA 和 DSC 检测这些热效应，不过有时由于灵敏度等种种原因的限制，不一定都能观测得出；而峰面积的大小与反应热焓有关，即 $\Delta H = KS$。对 DTA 曲线，K 是与温度、仪器和操作条件有关的比例常数。而对 DSC 曲线，K 是与温度无关的比例常数。这说明在定量分析中 DSC 优于 DTA。为了提高灵敏度，DSC 所用样品容器与电热丝紧密接触。但由于制造技术上的问题，目前 DSC 仪测定温度只能达到 750℃ 左右，温度再高，只能用 DTA 仪了。DTA 则一般可用到 1600℃ 的高温，最高可达到 2400℃。

近年来热分析技术已广泛应用于石油产品、高聚物、配合物、液晶、生物体系、医药等有机和无机化合物，它们已成为研究有关问题的有力工具。但 DSC 得到的实验数据比从 DTA 得到的更为定量，且更易于作理论解释。

DTA 和 DSC 在化学领域和工业上得到了广泛的应用，见表 3-9 和表 3-10。

表 3-9 DTA 和 DSC 在化学中的特殊应用

材　料	研　究　类　型	材　料	研　究　类　型
催化剂	相组成,分解反应,催化剂鉴定	天然产物	转变热
聚合材料	相图,玻璃化转变,降解,熔化和结晶	有机物	脱溶剂化反应
脂和油	固相反应	黏土和矿物	脱溶剂化反应
润滑油	反应动力学	金和合金	固-气反应
配位化合物	脱水反应	铁磁性材料	居里点测定
碳水化合物	辐射损伤	土壤	转化热
氨基酸和蛋白质	催化剂	液晶材料	纯度测定
金属盐水化合物	吸附热	生物材料	热稳定性
金属和非金属化合物	反应热		氧化稳定性
煤和褐煤	聚合热		玻璃转变测定
木材和有关物质	升华热		

表 3-10 DTA 和 DSC 在某些工业中的应用

测定或估计	陶瓷	陶瓷冶金	化学	弹性体	爆炸物	法医化学	燃料	玻璃	油墨	金属	油漆	药物	黄磷	塑料	石油	肥皂	土壤	织物	矿物
鉴定	√		√	√	√	√	√			√		√	√	√	√		√	√	√
组分定量	√	√				√							√					√	
相图	√	√						√											√
热稳定性			√	√	√		√				√	√		√				√	√
氧化稳定性			√	√			√			√				√	√				
反应性			√	√				√		√				√					√
催化活性	√		√																√
热化学常数	√	√	√	√	√	√				√								√	√

注：画"√"表示 DTA 或 DSC 可用于该测定。

三、热重分析法（TG）

热重分析法（Thermogravimetric Analysis，简称 TG）是在程序控制温度下，测量物质质量与温度关系的一种技术。许多物质在加热过程中常伴随质量的变化，这种变化过程有助于研究晶体性质的变化，如熔化、蒸发、升华和吸附等物质的物理现象；也有助于研究物质的脱水、解离、氧化、还原等物质的化学现象。

1. TG 的基本原理与仪器

进行热重分析的基本仪器为热天平。热天平一般包括天平、炉子、程序控温系统、记录系统等部分。有的热天平还配有通入气氛或真空装置。典型的热天平示意图如图 3-39 所示。除热天平外，还有弹簧秤。国内已有 TG 和 DTG 联用的示差天平。

热重分析法通常可分为两大类：静态法和动态法。静态法是等压质量变化的测定，是指一物质的挥发性产物在恒定分压下，平衡质量与温度 T 的函数关系。以失重为纵坐标、温度 T 为横坐标作等压质量变化曲线图。等温质量变化的测定是指一物质在恒温下，物质质量变化与时间 t 的依赖关系，以质量变化为纵坐标，以时间为横坐标，获得等温质量变化曲线图。动态法是在程序升温的情况下，测量物质质量的变化对时间的函数关系。

在控制温度下，样品受热后重量减轻，天平（或弹簧秤）向上移动，使变压器内磁场移动输电功能改变；另一方面加热电炉温度缓慢升高时热电偶所产生的电位差输入温度控制器，经放大后由信号接收系统绘出 TG 热分析图谱。

热重法实验得到的曲线称为热重曲线（TG 曲线），如图 3-40（a）所示。TG 曲线以质量作纵坐标，从上向下表示质量减少；以温度（或时间）作横坐标，自左至右表示温度（或时间）增加。

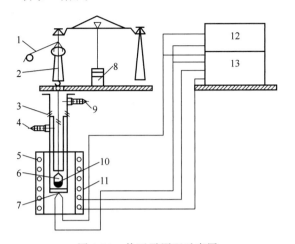

图 3-39　热天平原理示意图

1—机械减码；2—吊挂系统；3—密封管；4—出气口；

5—加热丝；6—样品盘；7—热电偶；8—光学读数；

9—进气口；10—样品；11—管状电阻炉；

12—温度读数表头；13—温控加热单元

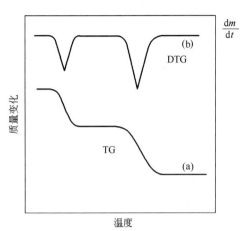

图 3-40　TG 曲线（a）和 DTG 曲线（b）

从热重法可派生出微商热重法（DTG），它是 TG 曲线对温度（或时间）的一阶导数。以物质的质量变化速率 dm/dt 对温度 T（或时间 t）作图，即得 DTG 曲线，如图 3-40（b）所示。DTG 曲线上的峰代替 TG 曲线上的阶梯，峰面积正比于试样质量。DTG 曲线可以经微分 TG 曲线得到，也可以用适当的仪器直接测得，DTG 曲线比 TG 曲线优越性大，它提高了 TG 曲线的分辨力。

2. 影响热重分析的因素

热重分析的实验结果受到许多因素的影响，基本上可分为两类：一类是仪器因素，包括升温速率、炉内气氛、炉子的几何形状、坩埚的材料等；另一类是样品因素，包括样品的质量、粒度、装样的紧密程度、样品的导热性等。

在热重分析测定中，升温速率增大会使样品分解温度明显升高。如升温太快，试样来不及达到平衡，会使反应各阶段分不开。合适的升温速率为 $5\sim10℃\cdot min^{-1}$。

样品在升温过程中，往往会有吸热或放热现象，这样使温度偏离线性程序升温，从而改变了 TG 曲线位置。样品量越大，这种影响越大。对于受热产生气体的样品，样品量越大，气体越不易扩散。再则，样品量大时，样品内温度梯度也大，将影响 TG 曲线位置。总之，实验时应根据天平的灵敏度，尽量减小样品量。样品的粒度不能太大，否则将影响热量的传递；粒度也不能太小，否则开始分解的温度和分解完毕的温度都会降低。

3. 热重分析的应用

热重分析法的重要特点是定量性强，能准确地测量物质的质量变化及变化的速率，可以说，只要物质受热时发生重量的变化，就可以用热重法来研究其变化过程。目前，热重分析法已在下述诸方面得到应用：

（1）无机物、有机物及聚合物的热分解；

（2）金属在高温下受各种气体的腐蚀过程；

（3）固态反应；

（4）矿物的煅烧和冶炼；

（5）液体的蒸馏和汽化；

（6）煤、石油和木材的热解过程；

（7）含湿量、挥发物及灰分含量的测定；

（8）升华过程；

（9）脱水和吸湿；

（10）爆炸材料的研究；

（11）反应动力学的研究；

（12）发现新化合物；

（13）吸附和解吸；

（14）催化活性的测定；

（15）表面积的测定；

（16）氧化稳定性和还原稳定性的研究；

（17）反应机制的研究。

四、综合热分析仪

随着计算机技术的发展，目前已研制出了具有微机数据处理系统的热重-差热联用热分析仪器，如 ZRY 系列常温综合热分析仪。它是一种在程序温度（等速升降温、恒温和循环）控制下，测量物质的质量和热量随温度变化的分析仪器。常用以测定物质在熔融、相变、分解、化合、凝固、脱水、蒸发、升华等特定温度下发生的热量和质量变化，广泛应用于无机、有机、石化、建材、化纤、冶金、陶瓷、制药等领域，是国防、科研、大专院校、工矿企业等单位研究不同温度下物质物理、化学变化的重要分析仪器。

该仪器由热天平主机、加热炉、冷却风扇、微机温控单元、天平放大单元、微分单元、差热放大单元、接口单元、气氛控制单元、PC 微机、打印机等组成。

第四节　电化学测量技术及仪器

电学测量技术在物理化学实验中占有很重要的地位，常用来测量电解质溶液的电导、原电池电动势等参量。作为基础实验，主要介绍传统的电化学测量与研究方法，对于目前利用光、电、磁、声、辐射等非传统的电化学研究方法，一般不予介绍。只有掌握了传统的基本方法，才有可能正确理解和运用近代电化学研究方法。

一、电导的测量及仪器

测量待测溶液电导的方法称为电导分析法。电导是电阻的倒数，因此电导值的测量实际上是通过电阻值的测量再换算的，也就是说，电导的测量方法应该与电阻的测量方法相同。但在溶液电导的测定过程中，当电流通过电极时，由于离子在电极上会发生放电，产生极化引起误差，故测量电导时要使用频率足够高的交流电，以防止电解产物的产生。另外，所用的电极镀铂黑是为了减小超电位，提高测量结果的准确性。

这里更感兴趣的量是电导率。测量溶液电导率的仪器，目前广泛使用的是 DDS-11A 型电导率仪，下面对其测量原理及操作方法作较详细的介绍。

（一）DDS-11A 型电导率仪

DDS-11A 型电导率仪的测量范围广，可以测定一般液体和高纯水的电导率，操作简便，可以直接从表上读取数据，并有 $0\sim10\,mV$ 信号输出，可接自动平衡记录仪进行连续记录。

1. 测量原理

电导率仪的工作原理如图 3-41 所示。把振荡器产生的一个交流电压 E，送到电导池 R_x 与量程电阻（分压电阻）R_m 的串联回路里，电导池里的溶液电导愈大，R_x 愈小，R_m 获得电压 E_m 也就越大。将 E_m 送至交流放大器放大，再经过信号整流，以获得推动表头的直流信号输出，从表头直读电导率。由图 3-41 可知：

$$E_{m}=\frac{ER_{m}}{R_{m}+R_{x}}=ER_{m}\Big/\Big(R_{m}+\frac{K_{cell}}{\kappa}\Big)$$

式中，K_{cell} 为电导池常数，当 E、R_m 和 K_{cell} 均为常数时，由电导率 κ 的变化必将引起 E_m 作相应变化，所以测量 E_m 的大小，也就测得溶液电导率的数值。

本机振荡产生低周（约 $140\,Hz$）及高周（约 $1100\,Hz$）两个频率，分别作为低电导率测量和高电导率测量的信号源频率。振荡器用变压器耦合输出，因而使信号 E 不随 R_x 变化而改变。因为测量信号是交流电，所以电极极片间及电极引线间均出现了不可忽视的分布电容 C_0（约 $60\,pF$），电导池则有电抗存在，这样将电导池视作纯电阻来测量，则存在比较大的误差，特别在 $0\sim0.1\,\mu S\cdot cm^{-1}$ 低电导率范围内，此项影响较显著，需采用电容补偿消除之，其原理如图 3-42 所示。

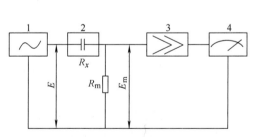

图 3-41 电导率仪测量原理示意图
1—振荡器；2—电导池；3—放大器；4—指示器

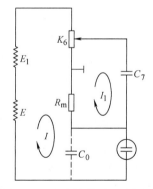

图 3-42 电容补偿原理示意图

信号源输出变压器的次极有两个输出信号 E_1 及 E，E_1 作为电容的补偿电源。E_1 与 E 的相位相反，所以由 E_1 引起的电流 I_1 流经 R_m 的方向与测量信号 I 流过 R_m 的方向相反。测量信号 I 中包括通过纯电阻 R_x 的电流和流过分布电容 C_0 的电流。调节 K_6 可以使 I_1 与流过 C_0 的电流振幅相等，使它们在 R_m 上的影响大体抵消。

2. 测量范围

（1）测量范围：$0\sim10^5\,\mu S\cdot cm^{-1}$，分 12 个量程。

（2）配套电极：DJS-1 型光亮电极；DJS-1 型铂黑电极；DJS-10 型铂黑电极。光亮电极用于测量较小的电导率（$0\sim10\mu\text{S}\cdot\text{cm}^{-1}$），而铂黑电极用于测量较大的电导率（$10\sim10^5\mu\text{S}\cdot\text{cm}^{-1}$）。通常用铂黑电极，因为它的表面比较大，这样降低了电流密度，减少或消除了极化。但在测量低电导率溶液时，铂黑对电解质有强烈的吸附作用，出现不稳定的现象，这时宜用光亮铂电极。

（3）电极选择原则　列于表 3-11 中。

表 3-11　电极选择

量程	电导率/$(\mu\text{S}\cdot\text{cm}^{-1})$	测量频率	配套电极
1	$0\sim0.1$	低周	DJS-1 型光亮电极
2	$0\sim0.3$	低周	DJS-1 型光亮电极
3	$0\sim1$	低周	DJS-1 型光亮电极
4	$0\sim3$	低周	DJS-1 型光亮电极
5	$0\sim10$	低周	DJS-1 型光亮电极
6	$0\sim30$	低周	DJS-1 型铂黑电极
7	$0\sim10^2$	低周	DJS-1 型铂黑电极
8	$0\sim3\times10^2$	低周	DJS-1 型铂黑电极
9	$0\sim10^3$	高周	DJS-1 型铂黑电极
10	$0\sim3\times10^3$	高周	DJS-1 型铂黑电极
11	$0\sim10^4$	高周	DJS-1 型铂黑电极
12	$0\sim10^5$	高周	DJS-10 型铂黑电极

3. 使用方法

DDS-11A 型电导率仪的面板如图 3-43 所示，使用步骤如下。

（1）打开电源开关前，应观察表针是否指零，若不指零，可调节表头的螺丝，使表针指零。

（2）将校正、测量开关拨在"校正"位置。

（3）插好电源后，再打开电源开关，此时指示灯亮。预热数分钟，待指针完全稳定下来为止。调节校正调节器，使表针指向满刻度。

（4）根据待测液电导率的大致范围选用低周或高周，并将高周、低周开关拨向所选位置。

（5）将量程选择开关拨到测量所需范围。如预先不知道被测溶液电导率的大小，则由最大挡逐挡下降至合适范围，以防表针打弯。

（6）根据电极选择原则，选好电极并插入电极插口。各类电极要注意调节好配套电极常数，如配套电极常数为 0.95（电极上已标明），则将电极常数调节器调节到相应的位置 0.95 处。

（7）倾去电导池中的电导水，将电导池和电极用少量待测液洗涤 2～3 次，再将电极浸入待测液中并恒温。

（8）将校正、测量开关拨向"测量"，这时表头上的指示读数乘以量程开关的倍率，即为待测液的实际电导率。

（9）当量程开关指向黑点时，读表头上刻度（$0\sim1\mu\text{S}\cdot\text{cm}^{-1}$）的数值；当量程开关指向红点时，读表头下刻度（$0\sim3\mu\text{S}\cdot\text{cm}^{-1}$）的数值。

（10）当用 $0\sim0.1\mu\text{S}\cdot\text{cm}^{-1}$ 或 $0\sim0.3\mu\text{S}\cdot\text{cm}^{-1}$ 两挡测量高纯水时，在电极未浸入溶

液前，调节电容补偿调节器，使表头指示为最小值（此最小值是电极铂片间的漏阻，由于此漏阻的存在，使调节电容补偿调节器时表头指针不能达到零点），然后开始测量。

（11）如果想了解在测量过程中电导率的变化情况，将 10mV 输出接到自动平衡记录仪即可。

4. 注意事项

（1）电极的引线不能潮湿，否则测不准。

（2）高纯水应迅速测量，否则空气中 CO_2 溶入水中变为 CO_3^{2-}，使电导率迅速增加。

（3）测定一系列浓度待测液的电导率，应注意按浓度由小到大的顺序测定。

（4）盛待测液的容器必须清洁，没有离子玷污。

（5）电极要轻拿轻放，切勿触碰铂黑。

（二）DDS-11A 型数显电导仪

DDS-11A 型数显电导仪的面板如图 3-44 所示。

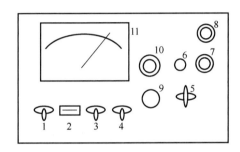

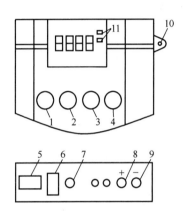

图 3-43　DDS-11A 型电导率仪的面板示意图
1—电源开关；2—指示灯；3—高周、低周开关；4—校正、测量开关；5—量程选择开关；6—电容补偿调节器；7—电极插口；8—10mV 输出插口；9—校正调节器；10—电极常数调节器；11—表头

图 3-44　DDS-11A 型数显电导仪的面板示意图
1—温度调节旋钮；2—选择开关；3—常数旋钮；4—量程开关；5—电源插座；6—电源开关；7—保险丝座（0.1A）；8—0～10MV 输出；9—电导池插座；10—电极杆孔；11—指示灯

1. 仪器特点

（1）采用 $3\frac{1}{2}$ 位 LED 数字显示，读数清晰直观。

（2）过量程溢出显示 1，消除换挡测量误差。

（3）在全量程范围内测量误差都不大于 $\pm1\%$。

（4）在全量程范围内都配用常数为"1"的电极，它既能检测 $0.1\sim0.05\mu S \cdot cm^{-1}$（10～20MΩ）高纯水的电导率，也适合测量一般液体的电导率。测量范围：$0\sim2\times10^5\mu S \cdot cm^{-1}$。

（5）测量高纯水时无人体感应现象，且显示值准确。

（6）小数点位置及高、低测量频率随"量程"同步变换，测量结果直读而不必乘"倍率"。并且具有温度补偿功能。

2. 仪器主要技术性能

(1) 测量范围：$0.001 \sim 2 \times 10^{5} \mu S \cdot cm^{-1}$（即 $1000 M\Omega \sim 5\Omega$），分为以下六个量程挡：

量程挡	测量范围	分辨率	频率	配套电极
$2\mu S \cdot cm^{-1}$	$0.001 \sim 2\mu S \cdot cm^{-1}(1000M\Omega \sim 500k\Omega)$	$0.001\mu S \cdot cm^{-1}$	低周	DJS-1C 型光亮电极
$20\mu S \cdot cm^{-1}$	$0.01 \sim 20\mu S \cdot cm^{-1}(100M\Omega \sim 50k\Omega)$	$0.01\mu S \cdot cm^{-1}$	低周	DJS-1C 型光亮电极
$200\mu S \cdot cm^{-1}$	$0.1 \sim 200\mu S \cdot cm^{-1}(10M\Omega \sim 5k\Omega)$	$0.1\mu S \cdot cm^{-1}$	高周	DJS-1C 型铂黑电极
$2mS \cdot cm^{-1}$	$0.001 \sim 2mS \cdot cm^{-1}(1M\Omega \sim 500\Omega)$	$1.0\mu S \cdot cm^{-1}$	高周	DJS-1C 型铂黑电极
$20mS \cdot cm^{-1}$	$0.01 \sim 20mS \cdot cm^{-1}(100k\Omega \sim 50\Omega)$	$0.01mS \cdot cm^{-1}$	高周	DJS-1C 型铂黑电极
$200mS \cdot cm^{-1}$	$0.1 \sim 200mS \cdot cm^{-1}(10k\Omega \sim 5\Omega)$	$0.1mS \cdot cm^{-1}$	高周	DJS-10 型铂黑电极

(2) 显示：$3\frac{1}{2}$ 位 LCD。

(3) 测量误差：$\leqslant \pm 1\%$F.S.。

(4) 温度补偿范围：$10 \sim 40℃$。基准 $25℃$。

(5) 稳定性：$\pm 0.67\%/24h$。

(6) 消耗功率：$\leqslant 5W$。

(7) 质量：1kg。

(8) 外形尺寸：280mm（长）×200mm（宽）×95mm（高）。

3. 使用条件

(1) 环境温度：$5 \sim 40℃$。

(2) 环境相对湿度：$\leqslant 85\%$。

(3) 供电电源：$(220 \pm 22)V$，$(50 \pm 1)Hz$。

4. 工作原理

在电解质的溶液中，带电的离子在电场的作用下，产生移动而传递电子，因此，具有导电作用。导电能力的强弱称为电导 G，单位为西门子，以符号 S 表示。因为电导是电阻的倒数，所以，测量电导大小的方法，可用两个电极插入溶液中，测出两极间的电阻 R_x 即可。根据欧姆定律，温度一定时，这个电阻值与电极的间距 L(cm) 成正比，与电极的横截面积 A(cm^2) 成反比，即

$$R = \rho \frac{L}{A} \tag{3-8}$$

对于一个给定的电极而言，电极面积 A 与间距 L 都是固定不变的，故 L/A 是个常数，称为电极常数，以 J 表示，故式 (3-8) 可写成

$$G = \frac{1}{R} = \frac{1}{\rho J} \tag{3-9}$$

式中，$1/\rho$ 称为电导率，以 κ 表示，由式 (3-8) 知其单位是 $S \cdot cm^{-1}$。因此，式 (3-9) 变为：

$$G = \frac{\kappa}{J}$$

$$\kappa = GJ \tag{3-10}$$

在工程上因这个单位太大而采用其 10^{-6} 或 10^{-3} 作为单位，即 $\mu S \cdot cm^{-1}$ 或 $mS \cdot cm^{-1}$。显然 $1S \cdot cm^{-1} = 10^{3}mS \cdot cm^{-1} = 10^{6}\mu S \cdot cm^{-1}$。

电导的测量，实际上是通过测量浸入溶液的电极极板之间的电阻来实现的。

5. 使用步骤

（1）插接电源线，打开电源开关，并预热 10min。

（2）用温度计测出被测液的温度后，将"温度"钮置于被测液的实际温度相应位置上。当"温度"钮置于 25℃ 位置时，则无补偿作用。

（3）将电极浸入被测溶液，电极插头插入电极插座（插头、插座上的定位销对准后，按下插头顶部可使插头插入插座。如欲拔出插头，则捏其外套往上拔即可）。

（4）"校正-测量"开关扳向"校正"，调节"常数"钮使显示数（小数点位置不论）与所使用电极的常数标称值一致。

例如，电极常数为 0.85，调"常数"钮使显示 850。常数为 1.1，则调"常数"钮使显示 1100（不必管小数点位置）。另外，当使用常数为 10 的电极时，若其常数为 9.6，此时，调"常数"钮使显示 960；若常数为 10.7，则调"常数"使显示 1070。

（5）将"校正-测量"开关置于"测量"位，将"量程"开关扳在合适的量程挡，待显示稳定后，仪器显示数值即为溶液在 25℃ 时的电导率。

如果显示屏首位为 1，后三位数字熄灭，表明被测值超出量程范围，可扳在高一挡量程来测量。如读数很小，为提高测量精度，可扳在低一挡的量程挡。

注意：在测量过程中每切换量程一次都必须校准一次（切记！），以免造成测量误差。

（6）对高电导率测量可使用 DJS-10 型铂黑电极，此时量程扩大 10 倍，即 $20mS \cdot cm^{-1}$ 挡可测至 $200mS \cdot cm^{-1}$，$2mS \cdot cm^{-1}$ 挡可测至 $20mS \cdot cm^{-1}$，但测量结果须乘以 10。

本仪器若用 DJS-1C 型光亮电极，使用它与仪器配套就能较好地测量高纯水的电导率，但若要得到更高测量精度，也可选购常数为 0.01 的钛合金电极来测量，此时，将"常数"钮调至显示 1000 的位置，被测值＝指示数×倍率×0.01。

（7）由于仪器设置的温度系数为 2%/℃，与此系数不符的溶液使用温度补偿器将会产生较大的补偿差，此时可把"温度"钮置于 25℃，所得读数为被测溶液在测量温度时的电导率（无补偿）。

6. 电极常数的测定法

（1）参比溶液法

① 清洗电极。

② 配制标准溶液，配制的成分比例和标准电导率值见表 3-12。

③ 把电导池插入电导仪。

④ 控制溶液温度为 25℃。

⑤ 把电极插入标准溶液中。

⑥ 测出电导池电极间电阻 R。

⑦ 按下式计算电极常数 J：

$$J = \kappa R$$

式中，κ 为溶液已知电导率（查表 3-12 可得）。

（2）比较法　用一已知常数的电极与未知常数的电极测量同一溶液的电阻。

① 选择一支合适的标准电极（设常数为 $J_标$）。

② 把未知常数的电极（设常数为 J_1）与标准电极以同样的温度插入溶液中（都应事先清洗）。

（3）依次把它们接到电阻率仪（或电导率仪）上，分别测出的电阻设为 $R_标$ 及 R_1，

则由

$$\frac{J_标}{J_1}=\frac{R_标}{R_1}$$

得

$$J_1=\frac{J_标}{R_标}\times R_1$$

表 3-12　KCl 标准溶液的电导率

电导率/S·cm⁻¹		浓　　度			
		1D	0.1D	0.01D	0.001D
温度/℃	15	0.09212	0.010455	0.0011414	0.0001185
	18	0.09780	0.011168	0.0012200	0.0001267
	20	0.10170	0.011644	0.0012737	0.0001322
	25	0.11131	0.012852	0.0014083	0.0001465
	35	0.13110	0.015351	0.0016876	0.0001765

注：1D 指 20℃下每升溶液中 KCl 为 74.2460g；0.1D 指 20℃下每升溶液中 KCl 为 7.4365g；0.01D 指 20℃下每升溶液中 KCl 为 0.7440g；0.001D 指 20℃下将 100mL 的 0.01D 溶液稀释至 1L。后同。

测定电极常数的 KCl 标准浓度如下：

电极常数 J/cm⁻¹	0.01	0.1	1	10
KCl 的标准浓度	0.001D	0.001D	0.01D	0.1D 或 1D

注：KCl 应使用一级试剂，并需在 110℃烘箱中烘 4h，取出在干燥器中冷却后方可称重。

二、原电池电动势的测量及仪器

原电池电动势一般是用直流电位差计并配以饱和式标准电池和检流计来测量的。电位差计可分为高阻型和低阻型两类，使用时可根据待测系统的不同选用不同类型的电位差计。通常高电阻系统选用高阻型电位差计，低电阻系统选用低阻型电位差计。但不管电位差计的类型如何，其测量原理都是一样的。此外，随着电子技术的发展，一种新型的电子电位差计也得到了广泛应用。下面具体以 UJ-25 型电位差计和 SDC-1 型数字电位差计为例，分别说明其原理及使用方法。

（一）电位差计的测量原理

电位差计是按照对消法测量原理而设计的一种平衡式电学测量装置，能直接给出待测电池的电动势值（以 V 表示）。图 3-45 是对消法测量电动势原理示意图。从图可知电位差计由三个回路组成：工作电流回路、标准回路和测量回路。

（1）工作电流回路　也叫电源回路。从工作电源正极开始，经电阻 R_N、R_x，再经工作电流调节电阻 R，回到工作电源负极。其作用是借助于调节 R 使在补偿电阻上产生一定的电位降。

（2）标准回路　从标准电池的正极开始（当换向开关 K 扳向 "1" 一方时），经电阻 R_N，再经检流计 G 回到标准电池负极。其作用是校准工作电流回路以标定补偿电阻上的电位降。通过调节 R 使 G 中电流为零，此时产生的电位降 V 与标准电池的电动势 E_N 相抵消，也就是说大小相等而方向相反。校准后的工作电流 I 为某一定值 I_0。

（3）测量回路　从待测电池的正极开始（当换向开关 K 扳向 "2" 一方时），经检流计 G

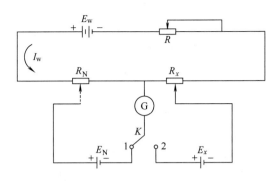

图 3-45　对消法测量电动势原理示意图

E_w—工作电源；E_N—标准电池；E_x—待测电池；R—调节

电阻；R_x—待测电池电动势补偿电阻；K—转换

电键；R_N—标准电池电动势补偿电阻；G—检流计

再经电阻 R_x，回到待测电池负极。在保证校准后的工作电流 I_0 不变，即固定 R 的条件下，调节电阻 R_x，使得 G 中电流为零。此时产生的电位降 V 与待测电池的电动势 E_x 相抵消。

从以上工作原理可见，用直流电位差计测量电动势时，具有以下两个明显的优点：

① 在两次平衡中检流计都指零，没有电流通过，也就是说，电位差计既不从标准电池中吸取能量，也不从被测电池中吸取能量，表明测量时没有改变被测对象的状态，因此在被测电池的内部就没有电压降，测得的结果是被测电池的电动势，而不是端电压。

② 被测电动势 E_x 的值是由标准电池电动势 E_N 和电阻 R_N、R_x 来决定的。由于标准电池的电动势的值十分准确，并且具有高度的稳定性，而电阻元件也可以制造得具有很高的准确度，所以当检流计的灵敏度很高时，用电位差计测量的准确度就非常高。

（二）常用仪器

1. UJ-25 型电位差计

UJ-25 型电位差计面板如图 3-46 所示。电位差计使用时都配用灵敏检流计和标准电池以及工作电源。UJ-25 型电位差计测电动势的范围：上限为 600V，下限为 0.000001V。但当测量高于 1.911110V 以上电压时，就必须配用分压箱来提高上限。下面说明测量 1.911110V 以下电压的方法。

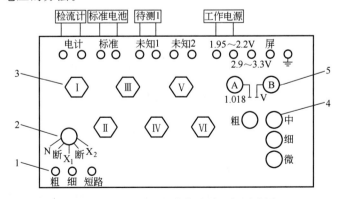

图 3-46　UJ-25 型电位差计面板示意图

1—电计按钮（共 3 个）；2—转换开关；3—电势测量旋钮（共 6 个）；

4—工作电流调节旋钮（共 4 个）；5—标准电池温度补偿旋钮

（1）连接线路　先将（N、X_1、X_2）转换开关放在断的位置，并将左下方三个电计按钮（粗、细、短路）全部松开，然后依次将工作电源、标准电池、检流计以及被测电池按正、负极性接在相应的端钮上，检流计没有极性的要求。

（2）调节工作电压（标准化）　将室温时的标准电池电动势值算出。对于镉汞标准电池，温度校正公式为：

$$E_t = E_0 - 4.06 \times 10^{-5}(t-20) - 9.5 \times 10^{-7}(t-20)^2$$

式中，E_t为室温t℃时标准电池的电动势；$E_0 = 1.0186$，为标准电池在20℃时的电动势。调节温度补偿旋钮（A、B），使数值为校正后的标准电池电动势。

将（N、X_1、X_2）转换开关放在N（标准）位置上，按"粗"电计旋钮，旋动右下方（粗、中、细、微）四个工作电流调节旋钮，使检流计示零，然后再按"细"电计按钮，重复上述操作。注意按电计按钮时，不能长时间按住不放，需要"按"和"松"交替进行。

（3）测量未知电动势　将（N、X_1、X_2）转换开关放在X_1或X_2（未知）的位置，按下电计"粗"，由左向右依次调节六个测量旋钮，使检流计示零。然后再按下电计"细"按钮，重复以上操作使检流计示零。读下六个旋钮下方小孔示数的总和即为电池的电动势。

（4）注意事项

① 测量过程中，若发现检流计受到冲击，则应迅速按下短路按钮，以保护检流计。

② 由于工作电源的电压会发生变化，故在测量过程中要经常标准化。另外，新制备的电池电动势也不够稳定，应隔数分钟测一次，最后取平均值。

③ 测定时电计按钮按下的时间应尽量短，以防止电流通过而改变电极表面的平衡状态。

④ 若在测定过程中，检流计一直往一边偏转，找不到平衡点，这可能是电极的正负号接错、线路接触不良、导线有断路、工作电源电压不够等原因引起的，应该进行检查。

2. SDC-1型数字电位差计

SDC-1型数字电位差计（其原理见图3-47）是采用误差对消法（又称误差补偿法）测量原理设计的一种电压测量仪器，它综合标准电压产生电路和测量电路于一体，测量准确，操作方便。

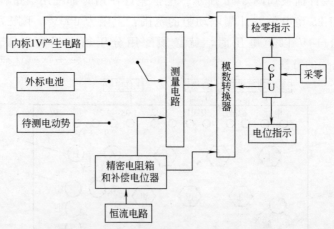

图 3-47　SDC-1型数字电位差计原理示意图

本电位差计由CPU控制，将标准电压产生电路、补偿电路和测量电路紧密结合，内标1V产生电路由精密电阻及元器件产生标准1V电压。此电路具有低温漂性能，内标1V电压稳定、可靠。

当测量开关置于内标时，拨动精密电阻箱电阻，通过恒流电路产生电位，经模数转换电路送入 CPU，由 CPU 显示电位，使电位显示为 1V。这时，精密电阻箱产生的电压信号与内标 1V 电压送至测量电路，由测量电路测量出误差信号，经模数转换电路送入 CPU，由检零显示误差值，由采零按钮控制，并记忆误差值，以便测量待测电动势时进行误差补偿，消除电路误差。

当测量开关置于外标时，由外标标准电池提供标准电压，拨动精密电阻箱和补偿电位器产生电位显示和检零显示。

测量电路经内标或外标电池标定后，将测量开关置于待测电动势，CPU 对采集到的信号进行误差补偿，拨动精密电阻箱和补偿电位器，使得检零指示为零。此时，说明电阻箱产生的电压与被测电动势相等，电位显示值为待测电动势。

测量说明：测量电路的输入端采用高输入阻抗器件（阻抗 $\geqslant 10^{14}\Omega$），故流入的电流 I = 被测电动势/输入阻抗（几乎为零），不会影响待测电动势的大小。若想精密测量电动势，将测量选择开关置于"内标"或"外标"，使待测电动势电路与仪器断开，拨动面板旋钮。测量时，再将选择开关置于"测量"即可。

（三）其他配套仪器及设备

1. 盐桥

当原电池存在两种电解质界面时，便产生一种称为液体接界电势的电动势，它干扰电池电动势的测定。减小液体接界电势的办法常用盐桥。盐桥是在 U 形玻璃管中灌满盐桥溶液，用捻紧的滤纸塞塞管两端，把管插入两个互相不接触的溶液，使其导通。

一般盐桥溶液用正、负离子迁移速率都接近于 0.5 的饱和盐溶液，如饱和氯化钾溶液等。这样当饱和盐溶液与另一种较稀溶液相接界时，主要是盐溶液向稀溶液扩散，从而减小了液接电势。

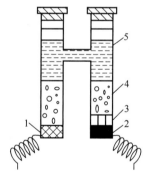

图 3-48　标准电池
1—含 Cd 12.5%的镉汞齐；2—汞；
3—硫酸亚汞的糊状物；4—硫
酸镉晶体；5—硫酸镉饱和溶液

应注意盐桥溶液不能与两端电池溶液产生反应。如果实验中使用硝酸银溶液，则盐桥溶液就不能用氯化钾溶液，而选择硝酸铵溶液较为合适，因为硝酸铵中正、负离子的迁移速率比较接近。

2. 标准电池

标准电池是电化学实验中的基本校验仪器之一，其构造如图 3-48 所示。电池由一 H 形管构成，负极为含镉 12.5% 的镉汞齐，正极为汞和硫酸亚汞的糊状物，两极之间盛以硫酸镉的饱和溶液，管的顶端加以密封。电池反应如下：

负极　$Cd(汞齐) + SO_4^{2-} + \dfrac{8}{2}H_2O \longrightarrow CdSO_4 \cdot \dfrac{8}{3}H_2O(s) + 2e^-$

正极　$Hg_2SO_4(s) + 2e^- \longrightarrow 2Hg(l) + SO_4^{2-}$

电池反应　$Cd(汞齐) + Hg_2SO_4(s) + \dfrac{8}{3}H_2O \Longrightarrow 2Hg(l) + CdSO_4 \cdot \dfrac{8}{3}H_2O(s)$

标准电池的电动势很稳定，重现性好，$20\,℃$ 时 $E_0 = 1.0186V$，其他温度下 E_t 可按下式算得：

$$E_t/V = E_0/V - 4.06 \times 10^{-5}(t/℃ - 20) - 9.5 \times 10^{-7}(t/℃ - 20)^2$$

使用标准电池时应注意：①使用温度为 $4 \sim 40\,℃$；②正负极不能接错；③不能振荡，不能倒置，携取要平稳；④不能用万用表直接测量标准电池；⑤标准电池只是校验器，不能作为电源使用，测量时间必须短暂，间歇按键，以免电流过大，损坏电池；⑥电池若未加套直接暴露于日光，会使硫酸亚汞变质，电动势下降；⑦按规定时间，需要对标准电池进行计量校正。

3. 常用电极

（1）甘汞电极　甘汞电极是实验室中常用的参比电极，具有装置简单、可逆性高、制作方便、电势稳定等优点。其构造形状很多，但不管哪一种形状，在玻璃容器的底部皆装入少量的汞，然后装汞和甘汞的糊状物，再注入氯化钾溶液，将作为导体的铂丝插入，即构成甘汞电极。甘汞电极表示形式如下：

$$Hg\text{-}Hg_2Cl_2(s) \mid KCl(a)$$

电极反应为　$Hg_2Cl_2(s) + 2e^- \longrightarrow 2Hg(l) + 2Cl^-(a_{Cl^-})$

$$\varphi_{甘汞} = \varphi'_{甘汞} - \frac{RT}{F}\ln a_{Cl^-}$$

可见，甘汞电极的电势随 Cl^- 活度的不同而改变。不同氯化钾溶液浓度的 $\varphi_{甘汞}$ 与温度的关系见表 3-13。

表 3-13　不同氯化钾溶液浓度的 $\varphi_{甘汞}$ 与温度的关系

氯化钾溶液浓度/(mol·L^{-1})	电极电势 $\varphi_{甘汞}$/V
饱和	$0.2412 - 7.6 \times 10^{-4}(t/℃-25)$
1.0	$0.2801 - 2.4 \times 10^{-4}(t/℃-25)$
0.1	$0.3337 - 7.0 \times 10^{-5}(t/℃-25)$

各文献上列出的甘汞电极的电势数据常不相符合，这是因为接界电势的变化对甘汞电极电势有影响，由于所用盐桥的介质不同，而影响甘汞电极电势的数据。

使用甘汞电极时应注意：①由于甘汞电极在高温时不稳定，故甘汞电极一般适用于70℃以下的测量；②甘汞电极不宜用在强酸、强碱性溶液中，因为此时的液体接界电势较大，而且甘汞可能被氧化；③如果被测溶液中不允许含有氯离子，应避免直接插入甘汞电极；④应注意甘汞电极的清洁，不得使灰尘或局外离子进入该电极内部；⑤当电极内溶液太少时应及时补充。

（2）铂黑电极　铂黑电极是在铂片上镀一层颗粒较小的黑色金属铂所组成的电极，这是为了增大铂电极的表面积。

电镀前一般需进行铂表面处理。对新制作的铂电极，可放在热的氢氧化钠乙醇溶液中，浸洗 15min 左右，以除去表面油污，然后在浓硝酸中煮几分钟，取出用蒸馏水冲洗。长时间用过的老化的铂黑电极可浸在 40~50℃ 的混合酸（硝酸：盐酸：水＝1：3：4）中，经常摇动电极，洗去铂黑，再经过浓硝酸煮 3~5min 以去氯，最后用水冲洗。

以处理过的铂电极为阴极，另一铂电极为阳极，在 0.5mol·L^{-1} 的硫酸中电解 10~20min，以消除氧化膜。观察电极表面出氢是否均匀，若有大气泡产生则表明有油污，应重新处理。

在处理过的铂片上镀铂黑，一般采用电解法。电解液的配制如下：3g 氯铂酸 H_2PtCl_6；0.08g 醋酸铅 $PbAc_2 \cdot 3H_2O$；100mL 去离子水 H_2O。电镀时将处理好的铂电极作为阴极，另一铂电极作为阳极。阴极电流密度 15mA 左右，电镀约 20min。如所镀的铂黑一洗即落，则需重新处理。铂黑不宜镀得太厚，但太薄又易老化和中毒。

4. 检流计

检流计灵敏度很高，常用来检查电路中有无电流通过。主要用在平衡式直流电测量仪器如电位差计、电桥中作示零仪器，另外在光-电测量、差热分析等实验中测量微弱的直流电流。目前实验室中使用最多的是磁电式多次反射光点检流计，它可以和分光光度计及 UJ-25 型电位差计配套使用。

（1）工作原理　磁电式检流计结构如图 3-49 所示。当检流计接通电源后，由灯泡、透镜和光栏构成的光源发射出一束光，投射到平面镜上，又反射到反射镜上，最后成像在标尺上。

被测电流经悬丝通过动圈时，使动圈发生偏转，其偏转的角度与电流的强弱有关。因平面镜随动圈而转动，所以在标尺上光点移动距离的大小与电流的大小成正比。

电流通过动圈时，产生的磁场与永久磁铁的磁场相互作用，产生转动力矩，使动圈偏转。但动圈的偏转又使悬丝的扭力产生反作用力矩，当两力矩相等时，动圈就停在某一偏转角度上。

（2）AC15 型检流计的使用方法　仪器面板如图 3-50 所示。

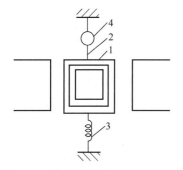

图 3-49　磁电式检流计结构示意图

1—动圈；2—悬丝；3—电流引线；

4—反射小镜

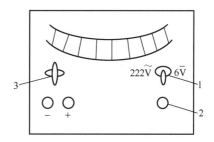

图 3-50　AC15 型检流计面板图

1—电源开关；2—零点调节器；

3—分流器开关

① 首先检查电源开关所指示的电压是否与所使用的电源电压一致，然后接通电源。

② 旋转零点调节器，将光点准线调至零位。

③ 用导线将输入接线柱与电位差计"电计"接线柱接通。

④ 测量时先将分流器开关旋至最低灵敏度挡（0.01 挡），然后逐渐增大灵敏度进行测量（"直接"挡灵敏度最高）。

⑤ 在测量中如果光点剧烈摇晃时，可按电位差计短路键，使其受到阻尼作用而停止。

⑥ 实验结束或移动检流计时，应将分流器开关置于"短路"，以防止损坏检流计。

三、溶液 pH 的测量及仪器

1. 仪器工作原理

酸度计是用来测定溶液 pH 值的最常用仪器之一，其优点是使用方便、测量迅速。主要由参比电极、指示电极和测量系统三部分组成。参比电极常用的是饱和甘汞电极，指示电极则通常是一支对 H^+ 具有特殊选择性的玻璃电极。组成的电池可表示如下：

$$玻璃电极 \mid 待测溶液 \parallel 饱和甘汞电极$$

电极电势为：
$$\Delta E = -58.16 \times \frac{273.15 + t}{293.15} \times \Delta pH$$

式中，ΔE 为电极电动势的变化值，mV；ΔpH 为溶液 pH 的变化值；t 为被测溶液的温度，℃。

鉴于由玻璃电极组成的电池内阻很高，在常温时达几百兆欧，因此不能用普通的电位差计来测量电池的电动势。

酸度计的种类很多，其基本工作原理如图 3-51 所示。

图 3-51　酸度计基本工作原理示意图

酸度计的基本工作原理是利用 pH 电极和甘汞电极对被测溶液中不同的酸度产生的直流电位，通过前置 pH 放大器输入到 A/D 转换器中，以达到显示 pH 值数字的目的。同样，在配上适当的离子选择电极作电位滴定分析时，可达到显示终点电位的目的。其测量范围为：pH，0~14pH；mV，0~±1400mV。

（1）电极系统　电极系统通常由玻璃电极和甘汞电极组成，当一对电极形成的电位差等于零时，被测溶液的 pH 值即为零电位的 pH 值，它与玻璃电极内溶液有关，通常选用零电位 pH 值为 7 的玻璃电极。

（2）前置 pH 放大器　由于玻璃电极的内阻很高，约 $5 \times 10^{3} \Omega$，因此，前置 pH 放大器是一个高输入的直流放大器。由于电极把 pH 值变为 mV 值是与被测溶液的温度有关的，因此，放大器还有一个温度补偿器。

（3）A/D 转换器　A/D 转换器应用双积分原理实现模数转换，通过对被测溶液的信号电压和基准电压的二次积分，将输入的信号电压换成与其平均值成正比的精确时间间隔，用计数器测出这个时间间隔内的脉冲数目，即可得到被测信号电压的数字值。

2. 仪器使用

（1）pH 值的测定

① 将玻璃电极和饱和甘汞电极分别接入仪器的电极插口内，应注意必须使玻璃电极底部比甘汞电极陶瓷芯端稍高些，以防碰坏玻璃电极。

② 接通电源，按下"pH"或"mV"键，预热 10min。

③ 仪器的标定。拔出测量电极插头，按下"mV"键，调节"零点"电位器使仪器读数在 ±0 之间。插入电极，按下"pH"键，斜率调节器调节在 100% 位置。将温度补偿调节器调节到待测溶液温度值。在烧杯内放入已知 pH 值的缓冲溶液，将两电极浸入溶液中，待溶液搅拌均匀后，调节"定位"调节器使仪器读数为该缓冲溶液的 pH 值。

④ 测量。将两电极浸入被测溶液中，将溶液搅拌均匀后，测定该溶液的 pH 值。

（2）mV 值的测定

① 拔出离子选择电极插头，按下"mV"键，调节"零点"电位器使仪器读数在 ±0 之间。

② 接入离子选择电极，将两电极浸入溶液中，待溶液搅拌均匀后，即可读出该离子选择电极的电极电位（mV 值）并自动显示 ± 极性。

四、恒电位仪和恒电流仪的工作原理

1. 基本原理

恒电位仪是电化学测试中的重要仪器，用它可控制电极电位为指定值，以达到恒电位极化的目的。若给以指令信号，则可使电极电位自动跟踪指令信号而变化。例如，将恒电位仪配以方波、三角波或正弦波发生器，就可使电极电位按照给定的波形发生变化，从而研究电化学体系的各种暂态行为。如果配以慢的线性扫描信号或阶梯波信号，则可自动进行稳态或准稳态极化曲线的测量。恒电位仪不但可用于各种电化学测试中，而且可用于恒电位电解、电镀以及阴极（或阳极）保护等生产实践中，还可用来控制恒电流或进行各种电流波形的极化测量。

经典的恒电位电路如图 3-52（a）所示。它是用大功率蓄电池（E_a）并联低阻值滑线电阻（R_a）作为极化电源，测量时要用手动或机电调节装置来调节滑线电阻，使给定电位维持不变。改变 a 点位置可改变其电压大小，此时工作电极 W 和辅助电极 C 间的电位恒定，测量工作电极 W 和参比电极 r 组成的原电池电动势的数值 V，即可知工作电极 W 的电位值，工作电极 W 和辅助电极 C 间的电流数值可从电流表 A 中读出。

经典的恒电流电路如图 3-52（b）所示。它是利用一组高电压直流电源（E_b）串联一高阻值可变电阻（R_b）构成的，由于电解池内阻的变化相对于这一高阻值电阻来说是微不足道的，即通过电解池的电流主要由这一高电阻控制，因此，当此串联电阻调定后，电流即可维持不变。所以，改变 b 点位置，可改变工作电极 W 和辅助电极 C 间的电流大小，其数值可从电流表 A 中读出，此时工作电极 W 的电位值，可通过测量工作电极 W 和参比电极 r 组成的原电池电动势的数值 V 得出。

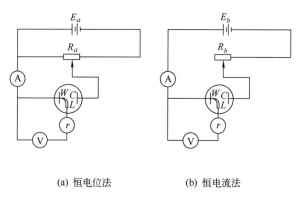

(a) 恒电位法　　　　　(b) 恒电流法

图 3-52　恒电位法和恒电流法测量原理图

E_a—低压（几伏）稳压电源；E_b—高压（几十伏到一百伏）稳压电源；R_a—低电阻（几欧姆）；R_b—高电阻（几十千欧姆到一百千欧姆）；A—精密电流表；V—高阻抗毫伏计；L—鲁金毛细管；C—辅助电极；W—工作电极；r—参比电极

2. 恒电位仪的工作原理

恒电位仪的电路结构多种多样，但从原理上可分为差动输入式和反相串联式。

差动输入式原理如图 3-53（a）所示，电路中包含一个差动输入的高增益电压放大器，其同相输入端接基准电压，反相输入端接参比电极，而研究电极接公共地端。基准电压 V_2 是稳定的标准电压，可根据需要进行调节，所以也叫给定电压。参比电极与研究电极的电位之差 $V_1 = \varphi_{参} - \varphi_{研}$，与基准电压 V_2 进行比较，恒电位仪可自动维持 $V_1 = V_2$。如果由于某种原因使二者发生偏差，则误差信号 $V_e = V_2 - V_1$ 便输入到电压放大器进行放大，进而控制功率放大器，及时调节通过电解池的电流，维持 $V_1 = V_2$。例如，欲控制研究电极相对于参比电极的电位为 $-0.5\mathrm{V}$，即 $V_1 = \varphi_{参} - \varphi_{研} = +0.5\mathrm{V}$，则需调基准电压 $V_2 = +0.5\mathrm{V}$，这样恒电位仪便可自动维持研究电极相对于参比电极的电位为 $-0.5\mathrm{V}$。因参比电极的电位稳定

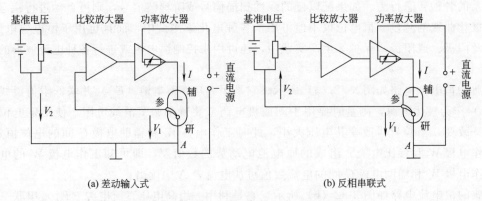

(a) 差动输入式   (b) 反相串联式

图 3-53　恒电位仪的电路示意图

不变，故研究电极的电位被维持恒定。如果取参比电极的电位为零，则研究电极的电位被控制在 $-0.5V$。如果由于某种原因（如电极发生钝化）使电极电位发生改变，即 V_1 与 V_2 之间发生了偏差，则此误差信号 $V_e=V_2-V_1$ 便输入到电压放大器中进行放大，继而驱动功率放大器迅速调节通过研究电极的电流，使之增大或减小，从而研究电极的电位又恢复到原来的数值。由于恒电位仪的这种自动调节作用很快，即响应速度高，因此不但能维持电位恒定，而且当基准电压 V_2 为不太快的线性扫描电压时，恒电位仪也能使 $V_1=\varphi_{参}-\varphi_{研}$ 按照指令信号 V_2 发生变化，因此可使研究电极的电位发生线性变化。

反相串联式恒电位仪如图 3-53（b）所示，与差动输入式不同的是，V_1 与 V_2 是反相串联，输入到电压放大器的误差信号仍然是 $V_e=V_2-V_1$，其他工作过程并无区别。

3. 恒电流仪的工作原理

恒电流控制方法和仪器有多种多样，而且恒电位仪通过适当的接法就可作为恒电流仪使用。图 3-54 为两种恒电流电路原理图。

图 3-54（a）中，a、b 两点电位相等，即 $V_a=V_b$。因 $V_a=V_i$，V_a 等于电流 I 流经取样电阻 R_I 上的电压降，即 $V_a=IR_I$，所以 $I=V_i/R_I$。因运算放大器的输入偏置电流很小，故电流 I 就是流经电解池的电流。当 V_i 和 R_I 调定后，流经电解池的电流就被恒定了；或者说，电流 I 可随指令信号 V_i 的变化而变化。这样，流经电解池的电流 I，只取决于指令信号 V_i 和取样电阻 R_I，而不受电解池内阻变化的影响。在这种情况下，虽然 R_I 上的电压降由 V_i 决定，但电流 I 却不是取自 V_i，而是由运算放大器输出端提供。当需要输出大电流时，必须增加功率放大级。这种电路的缺点是，当输出电流很小（如小于 $5\mu A$）时误差较大。因为，即使基准电压 V_i 为零时，也会输出这样大小的电流。解决方法是用对称互补功率放大器，并提高运算放大器的输入阻抗，这样不但可使电流接近于零，而且可得到正负两种方向的电流。这种电路的另一缺点是负载（电解池）必须浮地。因此，研究电极以及电位测量仪器也要浮地。只能用无接地端的差动输入式电位测量仪器来测量或记录电位。另外，这种电路要求运算放大器有良好的共模抑制比和宽广的共模电压范围。

对于图 3-54（b）所示的恒电流电路，运算放大器 A_1 组成电压跟踪器，因结点 S 处于虚地，只要运算放大器 A_2 的输入电流足够小，则通过电解池的电流 $I=V_i/R_I$，因而电流可以按照指令信号 V_i 的变化规律而变化。研究电极处于虚地，便于电极电位的测量。在低电流的情况下，使用这种电路具有电路简单而性能良好的优点。

从图 3-54 不难看出，这类恒电流仪实质上是用恒电位仪来控制取样电阻 R_I 上的电压

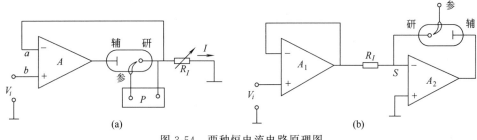

图 3-54　两种恒电流电路原理图

降，从而起到恒电流的作用。因此，除了专用的恒电流仪外，通常把恒电位控制和恒电流控制设计为统一的系统。

第五节　光学测量技术及仪器

光与物质相互作用可以产生各种光学现象（如光的折射、反射、散射、透射、吸收、旋光以及物质受激辐射等），通过分析研究这些光学现象，可以提供原子、分子及晶体结构等方面的大量信息。所以，物质的成分分析、结构测定以及光化学反应等，都离不开光学测量。任何一种光学测量系统都包括光源、滤光器、盛样品器和检测器这些部件，它们可以用各种方式组合以满足实验需要。下面介绍物理化学实验中常用的几种光学测量仪器。

一、阿贝折射仪

折射率是物质的重要物理常数之一，许多纯物质都具有一定的折射率，如果其中含有杂质，则折射率将发生变化，出现偏差，杂质越多，偏差越大。因此通过折射率的测定，可以测定物质的浓度，鉴定液体的纯度。阿贝折射仪是测定物质折射率的常用仪器。下面介绍其工作原理和使用方法。

1. 阿贝折射仪的工作原理

当一束单色光从介质 A 进入介质 B（两种介质的密度不同）时，光线在通过界面时改变了方向，这一现象称为光的折射，如图 3-55 所示。

光的折射现象遵从折射定律：

$$\frac{\sin\alpha}{\sin\beta}=\frac{n_B}{n_A}=n_{A,B} \tag{3-11}$$

式中，α 为入射角；β 为折射角；n_A、n_B 为交界面两侧两种介质的折射率；$n_{A,B}$ 为介质 B 对介质 A 的相对折射率。

若介质 A 为真空，因规定 $n_A=1.0000$，故 $n_{A,B}=n_B$ 为绝对折射率。但介质 A 通常为空气，空气的绝对折射率为 1.00029，这样得到的各物质的折射率称为常用折射率，也称作对空气的相对折射率。同一物质两种折射率之间的关系为：

绝对折射率＝常用折射率×1.00029

由式（3-11）可知，当光线从一种折射率小的介质 A 射入折射率大的介质 B 时（$n_A < n_B$），入射角一定大于折射角（$\alpha > \beta$）。当入射角增大时，折射角也增大，设当入射角 $\alpha=90°$

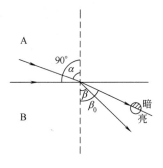

图 3-55　光的折射

时，折射角为 β_0，将此折射角称为临界角。因此，当在两种介质的界面上以不同角度射入光线时（入射角 α 从 $0°\sim90°$），光线经过折射率大的介质后，其折射角 $\beta\leqslant\beta_0$。其结果是大于临界角的部分无光线通过，成为暗区；小于临界角的部分有光线通过，成为亮区。临界角成为明暗分界线的位置，如图 3-55 所示。

根据式（3-11）可得

$$n_A = n_B \frac{\sin\beta_0}{\sin\alpha} = n_B \sin\beta_0 \tag{3-12}$$

因此在固定一种介质时，临界折射角 β_0 的大小与被测物质的折射率是简单的函数关系，阿贝折射仪就是根据这个原理而设计的。

2. 阿贝折射仪的结构

阿贝折射仪的外形图如图 3-56 所示。阿贝折射仪的光学系统示意如图 3-57 所示，它的主要部分由两个折射率为 1.75 的玻璃直角棱镜所构成，上部为测量棱镜，是光学平面镜，下部为辅助棱镜。其斜面是粗糙的毛玻璃，两者之间有 $0.1\sim0.15$mm 厚度空隙，用于装待测液体，并使液体展开成一薄层。当从反射镜反射来的入射光进入辅助棱镜至粗糙表面时，产生漫散射，以各种角度透过待测液体，从各个方向进入测量棱镜而发生折射。其折射角都落在临界角 β_0 之内，因为棱镜的折射率大于待测液体的折射率，所以入射角为 $0°\sim90°$ 的光线都通过测量棱镜发生折射。具有临界角 β_0 的光线从测量棱镜出来反射到目镜上，此时若将目镜十字线调节到适当位置，则会看到目镜上呈半明半暗状态。折射光都应落在临界角 β_0 内，成为亮区，其他部分为暗区，构成了明暗分界线。

根据式（3-12）可知，只要已知棱镜的折射率 $n_{棱}$，通过测定待测液体的临界角 β_0，就能求得待测液体的折射率 $n_{液}$。实际上测定 β_0 值很不方便，当折射光从棱镜出来进入空气时又产生折射，折射角为 β_0'。$n_{液}$ 与 β_0' 之间的关系为：

$$n_{液} = \sin r \sqrt{n_{棱}^2 - \sin^2\beta_0'} - \cos r \sin\beta_0' \tag{3-13}$$

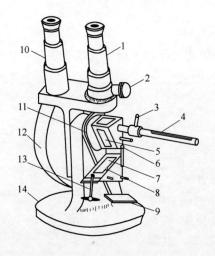

图 3-56　阿贝折射仪外形
1—测量望远镜；2—消色散手柄；3—恒温水入口；4—温度计；5—测量棱镜；6—铰链；7—辅助棱镜；8—加液槽；9—反射镜；10—读数望远镜；11—转轴；12—刻度盘罩；13—闭合旋钮；14—底座

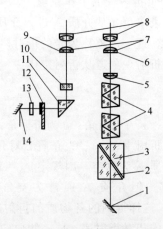

图 3-57　阿贝折射仪光学系统
1—反射镜；2—辅助棱镜；3—测量棱镜；4—消色散棱镜；5—物镜；6,9—分划板；7,8—目镜；10—物镜；11—转向棱镜；12—照明度盘；13—毛玻璃；14—小反光镜

式中，r 为常数；$n_{棱} = 1.75$。测出 β'_0 即可求出 $n_{液}$。因为在设计折射仪时已将 β'_0 换算成 $n_{液}$ 值，故从折射仪的标尺上可直接读出液体的折射率。

在实际测量折射率时，使用的入射光不是单色光，而是由多种单色光组成的普通白光，因不同波长的光的折射率不同而产生色散，在目镜中看到一条彩色的光带，而没有清晰的明暗分界线，为此，在阿贝折射仪中安置了一套消色散棱镜（又叫补偿棱镜）。通过调节消色散棱镜，使测量棱镜出来的色散光线消失，明暗分界线清晰，此时测得的液体的折射率相当于用单色光钠光 D 线所测得的折射率 n_D。

3. 阿贝折射仪的使用方法

（1）仪器安装　将阿贝折射仪安放在光亮处，但应避免阳光的直接照射，以免液体试样受热迅速蒸发。将超级恒温槽与其相连接，使恒温水通入棱镜夹套内，检查棱镜上温度计的读数是否符合要求，一般选用 (20.0 ± 0.1)℃ 或 (25.0 ± 0.1)℃。

（2）加样　旋开测量棱镜和辅助棱镜的闭合旋钮，使辅助棱镜的磨砂斜面处于水平位置，若棱镜表面不清洁，可滴加少量丙酮，用擦镜纸顺单一方向轻擦镜面（不可来回擦）。待镜面洗净干燥后，用滴管滴加数滴试样于辅助棱镜的毛镜面上，迅速合上辅助棱镜，旋紧闭合旋钮。若液体易挥发，动作要迅速，或先将两棱镜闭合，然后用滴管从加液孔中注入试样（注意切勿将滴管折断在孔内）。

（3）对光　转动手柄，使刻度盘标尺上的示值为最小，于是调节反射镜，使入射光进入棱镜组。同时，从测量望远镜中观察，使视场最亮。调节目镜，使视场准丝最清晰。

（4）粗调　转动手柄，使刻度盘标尺上的示值逐渐增大，直至观察到视场中出现彩色光带或黑白分界线为止。

（5）消色散　转动消色散手柄，使视场内呈现一清晰的明暗分界线。

（6）精调　再仔细转动手柄，使分界线正好处于×形准丝交点上。

（7）读数　从读数望远镜中读出刻度盘上的折射率数值。常用的阿贝折射仪可读至小数点后的第四位，为了使读数准确，一般应将试样重复测量三次，每次相差不能超过 0.0002，然后取平均值。

（8）仪器校正　折射仪刻度盘上的标尺的零点有时会发生移动，需加以校正。校正的方法是用一种已知折射率的标准液体（一般是用纯水）按上述的方法进行测定，将平均值与标准值比较，其差值即为校正值。纯水在 20℃ 时的折射率为 1.3325，在 15～30℃ 之间的温度系数为 -0.0001℃$^{-1}$。在精密的测量工作中，需在所测范围内用几种不同折射率的标准液体进行校正，并画出校正曲线，以供测试时对照校核。

4. 阿贝折射仪的使用注意事项

阿贝折射仪是一种精密的光学仪器，使用时应注意以下几点：

（1）使用时要注意保护棱镜，清洗时只能用擦镜纸而不能用滤纸等。加试样时不能将滴管口触及镜面。对于酸碱等腐蚀性液体不得使用阿贝折射仪。

（2）每次测定时，试样不可加得太多，一般只需加 2～3 滴即可。

（3）要注意保持仪器清洁，保护刻度盘。每次实验完毕，要在镜面上加几滴丙酮，并用擦镜纸擦干。最后用两层擦镜纸夹在两棱镜镜面之间，以免镜面损坏。

（4）读数时，有时在目镜中观察不到清晰的明暗分界线，而是畸形的，这是由于棱镜间未充满液体；若出现弧形光环，则可能是由于光线未经过棱镜而直接照射到聚光透镜上。

（5）若待测试样折射率不在 1.3～1.7 范围内，则阿贝折射仪不能测定，也看不到明暗分界。

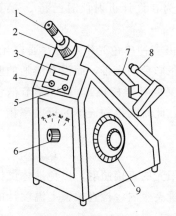

图 3-58　WYA-S 型数字阿贝折射仪
外形结构

1—望远镜；2—色散校正系统；
3—数字显示窗；4—测量显示按钮；
5—温度显示按钮；6—方式选择
按钮；7—折射棱镜系统；8—聚
光照明系统；9—调节手轮

5. 数字阿贝折射仪

数字阿贝折射仪的工作原理与上面讲的完全相同，都是基于测定临界角。它由角度-数字转换系统将角度量转换成数字量，再输入微机系统进行数据处理，而后数字显示出被测样品的折射率。下面介绍一种 WYA-S 型数字阿贝折射仪，其外形结构如图 3-58 所示。

该仪器的使用颇为方便，内部具有恒温结构，并装有温度传感器，按下温度显示按钮可显示温度。按下测量显示按钮可显示折射率。

6. 仪器的维护与保养

（1）仪器应放在干燥、空气流通和温度适宜的地方，以免仪器的光学零件受潮发霉。

（2）仪器使用前后及更换试样时，必须先清洗擦净折射棱镜的工作表面。

（3）被测液体试样中不可含有固体杂质，测试固体样品时应防止折射镜工作表面拉毛或产生压痕，严禁测试腐蚀性较强的样品。

（4）仪器应避免强烈振动或撞击，防止光学零件振碎、松动而影响精度。

（5）仪器不用时应用塑料罩将仪器盖上或放入箱内。

（6）使用者不得随意拆装仪器，当发生故障或达不到精度要求时，应及时送修。

二、旋光仪

1. 基本原理

（1）旋光现象、旋光度和比旋光度　一般光源发出的光，其光波在垂直于传播方向的一切方向上振动，这种光称为自然光，或称非偏振光；而只在一个方向上有振动的光称为平面偏振光。当一束平面偏振光通过某些物质时，其振动方向会发生改变，此时光的振动面旋转一定的角度，这种现象称为物质的旋光现象。这个角度称为旋光度，以 α 表示。物质的这种使偏振光的振动面旋转的性质叫做物质的旋光性。凡有旋光性的物质称为旋光物质。

偏振光通过旋光物质时，对着光的传播方向看，使偏振面向右（即顺时针方向）旋转的物质，叫做右旋性物质；使偏振面向左（逆时针）旋转的物质，叫做左旋性物质。

物质的旋光度是旋光物质的一种物理性质，除主要决定于物质的立体结构外，还因实验条件的不同而有很大的不同。因此，人们又提出"比旋光度"的概念作为量度物质旋光能力的标准。规定以钠光 D 线作为光源，温度为 293.15K 时，在一根 10cm 长的样品管中，装满每毫升溶液中含有 1g 旋光物质的溶液后所产生的旋光度，称为该溶液的比旋光度，即

$$[\alpha]_t^D = \frac{10\alpha}{Lc} \tag{3-14}$$

式中，D 表示光源，通常为钠光 D 线；t 为实验温度；α 为旋光度；L 为液层厚度，cm；c 为被测物质的浓度 [以每毫升溶液中含有样品的质量（g）表示]。为区别右旋和左旋，常在左旋光度前加"—"号。如蔗糖的比旋光度 $[\alpha]_t^D = 52.5°$，表示蔗糖是右旋物质；而果糖的比旋光度 $[\alpha]_t^D = -91.9°$，表示果糖为左旋物质。

（2）旋光仪的构造和测试原理　旋光度是由旋光仪进行测定的，旋光仪的主要元件是两块尼柯尔棱镜。尼柯尔棱镜是由两块方解石直角棱镜沿斜面用加拿大树脂黏合而成的，如图3-59所示。

当一束单色光照射到尼柯尔棱镜时，分解为两束相互垂直的平面偏振光，一束折射率为1.658的寻常光，一束折射率为1.486的非寻常光，这两束光线到达加拿大树脂黏合面时，折射率大的寻常光（加拿大树脂的折射率为1.550）被全反射到底面上，并被底面上的黑色涂层被吸收，而折射率小的非寻常光则通过棱镜，这样就获得了一束单一的平面偏振光。用于产生平面偏振光的棱镜称为起偏镜。如让起偏镜产生的偏振光照射到另一个透射面与起偏镜透射面平行的尼柯尔棱镜，则这束平面偏振光也能通过第二个棱镜；如果第二个棱镜的透射面与起偏镜的透射面垂直，则由起偏镜出来的偏振光完全不能通过第二个棱镜。如果第二个棱镜的透射面与起偏镜的透射面之间的夹角 θ 在0°~90°之间，则光线部分通过第二个棱镜，此第二个棱镜称为检偏镜。通过调节检偏镜，能使透过的光线强度在最强和零之间变化。如果在起偏镜与检偏镜之间放有旋光性物质，则由于物质的旋光作用，使来自起偏镜的光的偏振面改变了某一角度，只有检偏镜也旋转同样的角度，才能补偿旋光线改变的角度，使透过的光的强度与原来相同。旋光仪就是根据这种原理设计的，如图3-60所示。

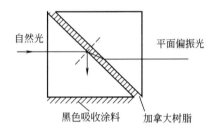

图 3-59　尼柯尔棱镜

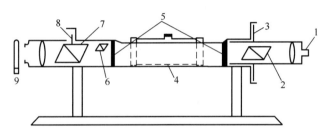

图 3-60　旋光仪构造示意图

1—目镜；2—检偏棱镜；3—圆形标尺；4—样品管；5—窗口；
6—半暗角器件；7—起偏棱镜；8—半暗角调节；9—灯

通过检偏镜用肉眼判断偏振光通过旋光物质前后的强度是否相同是十分困难的，这样会产生较大的误差，为此设计了一种在视野中分出三分视界的装置，原理是：在起偏镜后放置一块狭长的石英片，由起偏镜透过来的偏振光通过石英片时，由于石英片的旋光性，使偏振旋转了一个角度 Φ，通过镜前观察，光的振动方向如图3-61所示。

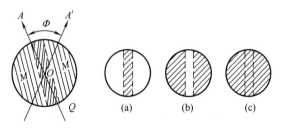

图 3-61　三分视野示意图

A 是通过起偏镜的偏振光的振动方向，A' 是又通过石英片旋转一个角度后的振动方向，此两偏振方向的夹角 Φ 称为半暗角（$\Phi=2°$~$3°$），如果旋转检偏镜使透射光的偏振面与 A' 平行，则在视野中将观察到中间狭长部分较明亮而两旁较暗，这是由于两旁的偏振光不经过石英片，如图 3-61（b）所示。如果检偏镜的偏振面与起偏镜的偏振面平行（即在 A 的方向上），则在视野中将是中间狭长部分较暗而两旁较亮，如图 3-61（a）所示。当检偏镜的偏振面处于 $\Phi/2$ 时，两旁直接来自起偏镜的光偏振面被检偏镜旋转了 $\Phi/2$，而中间被石英片转过角度 Φ 的偏振面对被检偏镜旋转角度 $\Phi/2$，这样中间和两边的光偏振面都被旋转了 $\Phi/2$，故视野呈微暗状态，且三分视野内的暗度是相同的，如图 3-61（c）所示，将这一位置作为仪器的零点，在每次测定时，调节检偏镜使三分视野的暗度相同，然后读数。

（3）影响旋光度的因素

① 浓度的影响　由式（3-14）可知，对于具有旋光性物质的溶液，当溶剂不具旋光性时，旋光度与溶液浓度和溶液厚度成正比。

② 温度的影响　温度升高会使旋光管膨胀而长度加长，从而导致待测液体的密度降低。另外，温度变化还会使待测物质分子间发生缔合或离解，使旋光度发生改变。通常温度对旋光度的影响，可用下式表示：

$$[\alpha]_t^\lambda = [\alpha]_t^D + Z(t-20)\tag{3-15}$$

式中，t 为测定时的温度；Z 为温度系数。

不同物质的温度系数不同，一般在 $-(0.01\sim0.04)℃^{-1}$ 之间。为此在实验测定时必须恒温，旋光管上装有恒温夹套，与超级恒温槽连接。

③ 浓度和旋光管长度对比旋光度的影响　在一定的实验条件下，常将旋光物质的旋光度与浓度视为成正比，因为将比旋光度作为常数。而旋光度和溶液浓度之间并不是严格地呈线性关系，因此严格讲比旋光度并非常数，在精密的测定中比旋光度和浓度间的关系可用下面的三个方程之一表示：

$$[\alpha]_t^\lambda = A + Bq$$
$$[\alpha]_t^\lambda = A + Bq + Cq^2$$
$$[\alpha]_t^\lambda = A + \frac{Bq}{C+q}$$

式中，q 为溶液的百分含量；A、B、C 为常数，可以通过不同浓度的几次测量来确定。

旋光度与旋光管的长度成正比。旋光管通常有 10cm、20cm、22cm 三种规格。经常使用的为 10cm 长度的旋光管。但对旋光能力较弱或者较稀的溶液，为提高准确度，降低读数的相对误差，需用 20cm 或 22cm 长度的旋光管。

2. 圆盘旋光仪的使用方法

（1）调节望远镜焦距　打开钠光灯，稍等几分钟，待光源稳定后，从目镜中观察视野，如不清楚可调节目镜焦距。

（2）校正仪器零点　选用合适的样品管并洗净，充满蒸馏水（应无气泡），放入旋光仪的样品管槽中，调节检偏镜的角度使三分视野消失，读出刻度盘上的刻度并将此角度作为旋光仪的零点。

（3）测定旋光度　零点确定后，将样品管中的蒸馏水换成待测溶液，按同样方法测定，此时刻度盘上的读数与零点时的读数之差即为该样品的旋光度。

3. 使用注意事项

（1）旋光仪在使用时，需通电预热几分钟，但钠光灯使用时间不宜过长。

（2）旋光仪是比较精密的光学仪器，使用时，仪器金属部分切忌沾染酸碱，防止腐蚀。

（3）光学镜片部分不能与硬物接触，以免损坏镜片。

（4）不能随便拆卸仪器，以免影响精度。

4. WZZ-3 型自动旋光仪

WZZ-3 型自动旋光仪采用光电检测自动平衡原理，自动测量的结果由点阵液晶显示。该旋光仪稳定可靠、体积小、灵敏度高，没有人为误差，读数方便，又新增了旋光度、比旋光度、溶液浓度和糖度四种测量工作模式。

（1）主要技术参数

① 测量范围：$-45°\sim+45°$。

② 准确度：$\pm(0.01°+$测量值$\times 0.05\%)$。

③ 重复性：$\leqslant 0.003$。

④ 显示方式：点阵式液晶显示。最小读数：0.001°。稳定性（5min）：0.005°。

⑤ 光源：钠光灯，波长 589.44nm。

⑥ 试管：200mm、100mm 两种。

⑦ 电源：$(220\pm22)V$，$(50\pm1)Hz$。

⑧ 仪器尺寸：600mm×320mm×200mm。

⑨ 仪器净重：28kg。

⑩ RS232 接口：波特率 9600，1 位停止位，8 位数据位。

（2）仪器使用方法

① 仪器应放在干燥通风处，防止潮气侵蚀，尽可能在 20℃ 的工作环境中使用仪器，搬动仪器应小心轻放，避免振动。

② 将仪器电源插头插入 220V 交流电源（要求使用交流电子稳压器），并将接地脚可靠接地。

③ 打开仪器右侧的电源开关，这时钠光灯应启辉，需经 5min 钠光灯才发光稳定。

④ 将仪器右侧的光源开关向上扳到直流位置（若光源开关扳上后，钠光灯熄灭，则再将光源开关上下重复扳动 1～2 次，使钠光灯在直流下点亮）。

⑤ 直流灯点亮后按"回车"键，这时液晶显示器即有 MODE、L、c、n 选项显示，见图 3-62。MODE 为模式，L 为试管长度，c 为浓度，n 为测量次数。默认值：MODE 为 1；L 为 2.0；c 为 0；n 为 1。

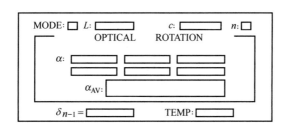

图 3-62 WZZ-3 型自动旋光仪显示面板示意图

⑥ 显示模式的改变

a. 分类：MODE1—旋光度；MODE2—比旋光度；MODE3—浓度；MODE4—糖度。

b. 如果显示模式不需改变，则按"测量"键，显示"0.000"。

c. 若需改变模式，则修改相应的模式数字。对于 MODE、L、c、n 每一项，输入完毕后，需按"回车"键，当 n 次数输入完毕后，按"回车"键后显示"0.000"表示可以测试。在 c 项输入过程中，发现输入错误时，可按"→"，光标会向前移动，可修改错误。

d. 在测试过程中需改变模式时，可按"→"。

e. 在测试过程中，如果出现黑屏或乱屏，请按"回车"键。

⑦ 显示形式

a. 测旋光度时，MODE 选 1（按数码键 1 后，再按"回车"键）：测量内容显示旋光度（OPTICAL ROTATION），数据栏显示 α 及 α_{AV}，需要输入测量的次数，脚标 AV 表示平均值。

b. 测比旋光度时，MODE 选 2：测量内容显示比旋光度（SPECIFIC ROTATION），数据栏显示 $[\alpha]$ 及 $[\alpha]_{AV}$，需要输入试管长度 L（dm）、溶液浓度 c 及测量次数 n，脚标 AV 表示平均值。

c. 测浓度时，MODE 选 3：测量内容显示浓度（CONCENTRATION），数据栏显示 c 及 c_{AV}，需要输入试管长度 L、比旋光度 $[\alpha]$ 及测量的次数 n。若比旋光度为负 $[\alpha]$，也请输入正值，浓度会自动显示负值，此时负号表示为左旋样品。

d. 测糖度时，MODE 选 4：测量内容显示国际糖度（INTEL SUGAR SCALE），数据栏显示 Z 及 $[Z]_{AV}$，需要输入测量的次数 n。

各数据栏下面的 σ_{1-n} 为测量 $n=6$ 次时的标准偏差，反映样品制备及仪器测试结果的离散性，离散性越小，测试结果的可信度越高。

⑧ 将装有蒸馏水或其他空白溶剂的试管放入样品室，盖上箱盖，按清零键，显示 0 读数。试管中若有气泡，应先让气泡浮在凸颈处；通光面两端的雾状水滴，应用软布擦干。试管螺帽不宜旋得过紧，以免产生应力，影响读数。试管安放时应注意标记、位置和方向。

⑨ 取出试管。将待测样品注入试管，按相同的位置和方向放入样品室内，盖好箱盖。仪器将显示出该样品的旋光度（或相应示值）。

⑩ 仪器自动复测 n 次，得 n 个读数并显示平均值及 σ_{1-n} 值（σ_{1-n} 对 $n=6$ 有效）。如果 n 设定为 1，可用复测键手动复测；$n>1$，按复测键时，仪器将重新测试。

⑪ 如样品超过测量范围，仪器在 $\pm45°$ 处来回振荡。此时，取出试管，仪器即自动转回零位。此时可稀释样品后重测。

⑫ 仪器使用完毕后，应依次关闭光源、电源开关。

⑬ 每次测量前，请按清零键。

⑭ 仪器回零后，若回零误差小于 $0.01°$ 旋光度，无论 n 是多少，只回零一次。

（3）注意事项

① 比旋光度的计算公式为：

$$[\alpha]=100\alpha/(Lc)$$

式中，α 为测得的旋光度（°），为每 100mL 溶液中含有被测物质的质量（g）；L 为溶液的长度，dm。比旋光度可按 MODE2 操作。

② 由测得的比旋光度，可求得样品的纯度：

$$纯度＝实测比旋光度/理论比旋光度$$

③ 国际糖分度的测量：根据国际糖度标准，规定用 26g 纯糖制成 100mL 溶液，用 2dm 试管，在 20℃下用钠光测定，其旋光度为 ＋34.626，其糖度为 100 糖分度。本仪器按 MODE4 可直读国际糖度。

三、分光光度计

1. 吸收光谱原理

物质中分子内部的运动可分为电子的运动、分子内原子的振动和分子自身的转动，因此具有电子能级、振动能级和转动能级。

当分子被光照射时，将吸收能量引起能级跃迁，即从基态能级跃迁到激发态能级。而三种能级跃迁所需能量是不同的，需用不同波长的电磁波去激发。电子能级跃迁所需的能量较大，一般在 $1\sim20\text{eV}$，吸收光谱主要处于紫外及可见光区，这种光谱称为紫外及可见光谱。如果用红外线（能量为 $1\sim0.025\text{eV}$）照射分子，此能量不足以引起电子能级的跃迁，而只能引发振动能级和转动能级的跃迁，得到的光谱为红外光谱。若以能量更低的远红外线（能量为 $0.025\sim0.003\text{eV}$）照射分子，只能引起转动能级的跃迁，这种光谱称为远红外光谱。由于物质结构不同，对上述各能级跃迁所需能量都不一样，因此对光的吸收也就不同，各种物质都有各自的吸收光带，因而就可以对不同物质进行鉴定分析，这是光度法进行定性分析的基础。

根据朗伯-比耳定律，当入射光波长、溶质、溶剂以及溶液的温度一定时，溶液的吸光度和溶液层厚度及溶液的浓度成正比，若液层的厚度一定，则溶液的吸光度只与溶液的浓度有关，即

$$T=\frac{I}{I_0} \quad E=-\lg T=\lg\frac{1}{T}=\varepsilon lc$$

式中，c 为溶液浓度；E 为某一单色波长下的吸光度；I_0 为入射光强度；I 为透射光强度；T 为透光率；ε 为摩尔吸光系数；l 为液层厚度。

在待测物质的厚度 l 一定时，吸光度与被测物质的浓度成正比，这就是光度法定量分析的依据。

2. 分光光度计的构造原理

（1）分光光度计的类型及概略系统图

① 单光束分光光度计　单光束分光光度计系统示意图如图 3-63 所示。每次测量只能允许参比溶液或样品溶液的一种进入光路中。这种仪器的特点是结构简单，价格便宜，主要适用于定量分析；缺点是测量结果受电源的波动影响较大，容易给定量结果带来较大误差。此外，这种仪器操作麻烦，不适于做定性分析。

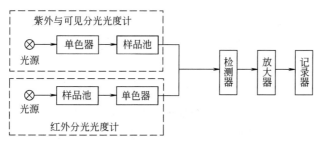

图 3-63　单光束分光光度计系统示意图

② 双光束分光光度计　双光束分光光度计系统示意图如图 3-64 所示。由于两光束同时分别通过参比溶液和样品溶液，因而可以消除光源强度变化带来的误差。目前较高档仪器都采用这种。

以上两类仪器所测的光谱如图 3-65 所示。

③ 双波长分光光度计　双波长分光光度计系统示意图如图 3-66 所示。在可见-紫外类单光束和双光束分光光度计中，就测量波长而言，都是单波长的，它们测得参比溶液和样品溶

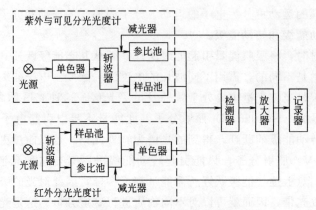

图 3-64　双光束分光光度计系统示意图

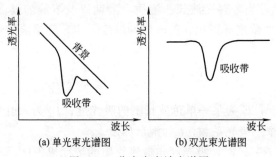

图 3-65　分光光度计光谱图

液吸光度之差。而双波长分光光度计由同一光源发出的光被分成两束，分别经过两个单色器，从而可以同时得到两个不同波长（λ_1 和 λ_2）的单色光。它们交替地照射同一液体，得到的信号是两波长处吸光度之差 ΔA，$\Delta A = A_{\lambda_1} - A_{\lambda_2}$，当两个波长保持 $1\sim 2nm$ 同时扫描时，得到的信号将是一阶导数，即吸光度的变化率曲线。

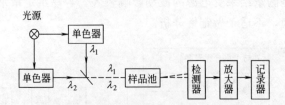

图 3-66　双波长分光光度计系统示意图

　　用双波长法测量时，可以消除因吸收池的参数不同、位置不同、污垢以及制备参比液等带来的误差。该法不仅能测量高浓度试样、多组分试样，而且能测定一般分光光度计不宜测定的浑浊试样。测定相互干扰的混合试样时，操作简单且精度高。

　　（2）光学系统的各部分简述　分光光度计种类很多，生产厂家也很多。由于篇幅限制，此处不再一一列举。以下简单介绍光学系统中的几个重要部件。

　　① 光源　对光源的主要要求是：对全部测定波长范围要有均一且平滑的连续的强度分布，不随时间而变化，光散射后到达检测器的能量又不能太弱。一般可见光区为钨灯，紫外光区为氘灯或氢灯，红外光区为硅碳棒或能斯特灯。

　　② 单色器　单色器是从复合光分出单色光的装置，一般可用滤光片、棱镜、光栅、全

息栅等元件。现在比较常用的是棱镜和光栅。单色器材料，可见分光光度计为玻璃，紫外分光光度计为石英，而红外分光光度计为 LiF、CaF$_2$ 及 KBr 等材料。

棱镜 光线通过一个顶角为 θ 的棱镜，从 AC 方向射向棱镜，如图 3-67 所示，在 C 点发生折射。光线经过折射后在棱镜中沿 CD 方向到达棱镜的另一个界面上，在 D 点又一次发生折射，最后光在空气中沿 DB 方向行进。这样光线经过此棱镜后，传播方向从 AA' 变为 BB'，两方向的夹角 δ 称为偏向角。偏向角与棱镜的顶角 θ、棱镜材料的折射率以及入射角 i 有关。如果平行的入射光由 λ_1、λ_2、λ_3 三色光组成，且 $\lambda_1 < \lambda_2 < \lambda_3$，通过棱镜后，就分成三束不同方向的光，且偏向角不同。波长越短、偏向角越大，如图 3-68 所示，$\delta_1 > \delta_2 > \delta_3$，这即为棱镜的分光作用，又称光的色散，棱镜分光器就是根据此原理设计的。

棱镜是分光的主要元件之一，一般是三角柱体。棱镜单色器示意图如图 3-69 所示。

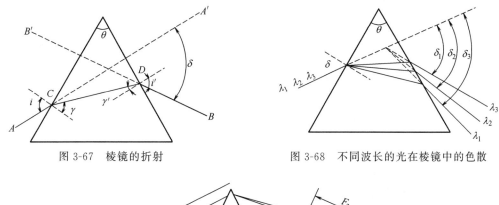

图 3-67 棱镜的折射　　　　　图 3-68 不同波长的光在棱镜中的色散

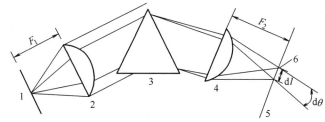

图 3-69 棱镜单色器示意图

1—入射狭缝；2—准直透镜；3—色散元件；4—聚焦透镜；5—焦面；6—出射狭缝

光栅 单色器还可以用光栅作为色散元件，反射光栅是由磨平的金属表面上刻划许多平行的、等距离的槽构成的。辐射由每一刻槽反射，反射光束之间的干涉造成色散。

反射式衍射光栅是在衬底上周期地刻划很多微细的刻槽，一系列平行刻槽的间隔与波长相当，光栅表面涂上一层高反射率金属膜。光栅沟槽表面反射的辐射相互作用产生衍射和干涉。对某波长，在大多数方向消失，只在一定的有限方向出现，这些方向确定了衍射级次。如图 3-70 所示，光栅刻槽垂直辐射入射平面，辐射与光栅法线入射角为 α，衍射角为 β，衍射级次为 m，d 为刻槽间距，在下述条件下得到干涉的极大值：

$$m\lambda = d(\sin\alpha + \sin\beta)$$

定义 φ 为入射光线与衍射光线夹角的一半，即 $\varphi = (\alpha - \beta)/2$；$\theta$ 为相对于零级光谱位置的光栅角，即 $\theta = (\alpha + \beta)/2$，得到更方便的光栅方程：

$$m\lambda = 2d\cos\varphi\sin\theta$$

从该光栅方程可看出：对一给定方向 β，可以有几个与级次 m 相对应的波长 λ 满足光栅方程。例如 600nm 的一级辐射和 300nm 的二级辐射、200nm 的三级辐射有相同的衍射角。

衍射级次 m 可正可负。

对相同级次的多波长在不同的 β 分布开。

含多波长的辐射方向固定，旋转光栅，改变 α，则在 $\alpha+\beta$ 不变的方向得到不同的波长。

当一束复合光线进入光谱仪的入射狭缝时，首先由光学准直镜准直成平行光，再通过衍射光栅色散为分开的波长（颜色）。利用不同波长离开光栅的角度不同，由聚焦反射镜再成像于出射狭缝（如图 3-71 所示）。通过电脑控制可精确地改变出射波长。

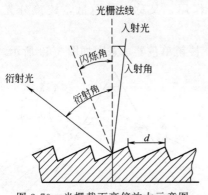
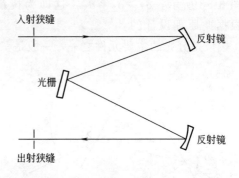

图 3-70　光栅截面高倍放大示意图　　　　图 3-71　一个简单的光栅单色器示意图

③ 斩波器　其功能是将单束光分成两路光。

④ 样品池　在紫外及可见分光光度法中，一般使用液体试液，对样品池的要求，主要是能透过有关辐射线。通常，可见光区可以用玻璃样品池；紫外光区用石英样品池；而上述两种材料在红外光区都有吸收，因此不能用其作透光材料，一般选用 NaCl、KBr 及 KRS-5 等材料，因此红外光区测的液体样品中不能有水。

⑤ 减光器　减光器分为楔形和光圈形两种。目前绝大多数采用楔形减光器。减光器是当样品在光路中发生吸收时平衡能量用的，要求减少光束强度时要均匀且呈线性变化。

⑥ 狭缝　狭缝放在分光系统的入口和出口，开启间隔（狭缝宽度）直接影响分辨率。狭缝大，光的能量增加，但分辨率下降。

⑦ 检测器　在紫外与可见分光光度计中，一般灵敏度要求低的用光电管，要求较高的用光电倍增管。在红外分光光度计中，则用高真空管热电偶、测热辐射计、高莱池、光电导检测器以及热释电检测器。

3. 操作步骤

分光光度计的型号非常多，操作不尽相同。测量时的基本步骤如下。

(1) 开启电源，预热仪器。

(2) 选择测量纵坐标方式，一般为吸光度或透射率。

(3) 选择测试波长，自动扫描仪器选择扫描范围，手动仪器选择单一波长。

(4) 选择合适的样品池，加入参比和样品溶液并放入样品池室的支架上。

(5) 手动型分光光度计，打开样品池室的箱盖，用调"0"电位器校正电表显示"0"位，以消除暗电流。将参比拉入光路中，盖上比色皿室的箱盖。测量透射率时，调节光密度旋钮电位器校正电表显示"100"，如果显示不到"100"，可适当增加灵敏度的挡数。测量吸光度时，调节光密度旋钮电位器，使数字显示为"000.0"。将样品推入光路中读取所要数值。

（6）自动扫描型分光光度计，单光束将参比放入测量光路中，在扫描范围内测其基线。然后把样品溶液并放入测量光路中测得谱图；双光束将参比和样品溶液分别放入两测量光路中直接扫描即可。红外分光光度计一般用空气作为参比。

（7）测量完毕后，关闭开关，取下电源插头，取出样品池洗净、放好，盖好比色皿室箱盖和仪器。

4. 注意事项

（1）正确选择样品池材质。

（2）不能用手触摸比色皿的光面。

（3）仪器配套的比色皿不能与其他仪器的比色皿单个调换。如需增补，应经校正后方可使用。

（4）开关样品室盖时，应小心操作，防止损坏光门开关。

（5）不测量时，应使样品室盖处于开启状态，否则会使光电管疲劳，数字显示不稳定。

（6）当光线波长调整幅度较大时，需稍等数分钟才能工作。因光电管受光后，需有一段响应时间。

（7）仪器要保持干燥、清洁。

（8）仪器使用半年或搬动后，要检查波长的精确性。

参 考 文 献

［1］ 戴乐山，等. 温度计量［M］. 北京：中国标准出版社，1984.

［2］ 顾月姝. 基础化学实验（Ⅲ）——物理化学实验［M］. 北京：化学工业出版社，2004.

［3］ 华中一. 真空技术［M］. 上海：上海科学技术出版社，1986.

［4］ 巴德，福克纳. 电化学方法原理与应用［M］. 林谷英，译. 北京：化学工业出版社，1986.

［5］ 罗澄源，等. 物理化学实验［M］. 4 版. 北京：高等教育出版社，2004.

［6］ 雷群芳. 中级化学实验［M］. 北京：科学出版社，2005.

［7］ 金丽萍，等. 物理化学实验［M］. 上海：华东理工大学出版社，2005.

附录　常用数据表

表1　国际单位制

Ⅰ. 国际单位制的基本单位

量		单位	
名　称	符　号	名　称	符　号
长度	l	米	m
质量	m	千克(公斤)	kg
时间	t	秒	s
电流	I	安[培]	A
热力学温度	T	开[尔文]	K
物质的量	n	摩[尔]	mol
发光强度	I_V	坎[德拉]	cd

Ⅱ. 国际单位制的一些导出单位

量		单位		
名称	符号	名称	符号	定义式
频率	ν	赫[兹]	Hz	s^{-1}
能量	E	焦[耳]	J	$kg \cdot m^2 \cdot s^{-2}$
力	F	牛[顿]	N	$kg \cdot m \cdot s^{-2} = J \cdot m^{-1}$
压力	p	帕[斯卡]	Pa	$kg \cdot m^{-1} \cdot s^{-2} = N \cdot m^{-2}$
功率	P	瓦[特]	W	$kg \cdot m^2 \cdot s^{-3} = J \cdot s^{-1}$
电量;电荷	Q	库[仑]	C	$A \cdot s$
电位;电压;电动势	U	伏[特]	V	$kg \cdot m^2 \cdot s^{-3} \cdot A^{-1} = J \cdot A^{-1} \cdot s^{-1}$
电阻	R	欧[姆]	Ω	$kg \cdot m^2 \cdot s^{-3} \cdot A^{-2} = V \cdot A^{-1}$
电导	G	西[门子]	S	$kg^{-1} \cdot m^{-2} \cdot s^3 \cdot A^2 = \Omega^{-1}$
电容	C	法[拉]	F	$A^2 \cdot s^4 \cdot kg^{-1} \cdot m^{-2} = A \cdot s \cdot V^{-1}$
磁通量密度(磁感应强度)	B	特[斯拉]	T	$kg \cdot s^{-2} \cdot A^{-1} = V \cdot s \cdot m^{-2}$
电场强度	E	伏特每米	V/m	$m \cdot kg \cdot s^{-3} \cdot A^{-1}$
黏度	η	帕斯卡·秒	Pa·s	$m^{-1} \cdot kg \cdot s^{-1}$
表面张力	σ	牛顿每米	N/m	$kg \cdot s^{-2}$
密度	ρ	千克每立方米	kg/m³	$kg \cdot m^{-3}$
比热容	c	焦耳每千克每开	J/(kg·K)	$m^2 \cdot s^{-2} \cdot K^{-1}$
热容量;熵	S	焦耳每开	J/K	$m^2 \cdot kg \cdot s^{-2} \cdot K^{-1}$

Ⅲ. 国际单位制词冠

因数	词冠	名称	词冠符号	因数	词冠	名称	词冠符号
10^{12}	tera	太	T	10^{-1}	deci	分	d
10^{9}	giga	吉	G	10^{-2}	centi	厘	c
10^{6}	mega	兆	M	10^{-3}	milli	毫	m
10^{3}	kilo	千	k	10^{-6}	micro	微	μ
10^{2}	hecto	百	h	10^{-9}	nano	纳	n
10^{1}	deca	十	da	10^{-12}	pico	皮	p

表2 基本物理常量（2019年国际推荐值）

量	符号	数 值	单 位	相对不确定度/10^{-6}
光速	c	299792458	$m \cdot s^{-1}$	定义值
真空磁导率	μ_0	4π	$10^{-7} N \cdot A^{-2}$	定义值
真空电容率$[1/(\mu_0 C^2)]$	ε_0	8.854187817$\cdots$	$10^{-12} F \cdot m^{-1}$	定义值
牛顿引力常数	G	6.67259(85)	$10^{-1} m^3 \cdot kg^{-1} \cdot s^{-2}$	128
普朗克常数	h	6.62607015	$10^{-34} J \cdot s$	0.60
$h/2\pi$	$\hbar$	1.05457266(63)	$10^{-34} J \cdot s$	0.60
基本电荷	e	1.602176634	$10^{-19} C$	0.30
电子质量	m_e	0.91093897(54)	$10^{-30} kg$	0.59
质子质量	m_p	1.6726231(10)	$10^{-27} kg$	0.59
质子-电子质量比	m_p/m_e	1836.152701(37)		0.020
精细结构常数	α	7.29735308(33)	10^{-3}	0.045
精细结构常数的倒数	α^{-1}	137.0359895(61)		0.045
里德伯常数	R_∞	10973731.534(13)	m^{-1}	0.0012
阿伏伽德罗常数	L, N_A	6.02214076	$10^{23} mol^{-1}$	0.59
法拉第常数	F	96485.309(29)	$C \cdot mol^{-1}$	0.30
摩尔气体常数	R	8.314510(70)	$J \cdot mol^{-1} \cdot K^{-1}$	8.4
玻尔兹曼常数(R/L_A)	k	1.380649	$10^{-23} J \cdot K^{-1}$	8.5
斯式藩-玻尔兹曼常数$(\pi^2 k^4/60 h^3 c^2)$	σ	5.67051(12)	$10^{-8} W \cdot m^{-2} \cdot K^{-4}$	34
电子伏特	eV	1.60217733(49)	$10^{-19} J$	0.30
原子质量常数$\left[\frac{1}{12}m(^{12}C)\right]$	u	1.6605402(10)	$10^{-27} kg$	0.59

表3 单位换算表

单位名称	符号	折合SI单位制	单位名称	符号	折合SI单位制
力 的 单 位			**功(能)的单位**		
1千克力	kgf	$=9.80665N$	1千克力·米	kgf·m	$=9.80665J$
1达因	dyn	$=10^{-5}N$	1尔格	erg	$=10^{-7}J$
黏 度 单 位			1升·大压	L·atm	$=101.328J$
泊	P	$=0.1N \cdot s \cdot m^{-2}$	1瓦特·小时	W·h	$=3600J$
厘泊	cP	$=10^{-3}N \cdot s \cdot m^{-2}$	1卡	cal	$=4.1868J$
压 力 单 位			**功 率 单 位**		
毫巴	mbar	$=100N \cdot m^{-2}(Pa)$	1千克力·米·秒$^{-1}$	kgf·m·s^{-1}	$=9.80665W$
1达因·厘米$^{-2}$	dyn·cm^{-2}	$=0.1N \cdot m^{-2}(Pa)$	1尔格·秒$^{-1}$	erg·s^{-1}	$=10^{-7}W$
1千克力·厘米$^{-2}$	kgf·cm^{-2}	$=98066.5N \cdot m^{-2}(Pa)$	1大卡·小时$^{-1}$	kcal·h^{-1}	$=1.163W$
1工程大气压	at	$=98066.5N \cdot m^{-2}(Pa)$	1卡·秒$^{-1}$	cal·s^{-1}	$=4.1868W$
标准大气压	atm	$=101324.7N \cdot m^{-2}(Pa)$	**电 磁 单 位**		
1毫米水柱	mmH$_2$O	$=9.80665N \cdot m^{-2}(Pa)$	1伏·秒	V·s	$=1Wb$
1毫米汞柱	mmHg	$=133.322N \cdot m^{-2}(Pa)$	1安·小时	A·h	$=3600C$
比热容单位			1德拜	D	$=3.334 \times 10^{-30}C \cdot m$
1卡·克$^{-1}$·度$^{-1}$	cal·g^{-1}·℃$^{-1}$	$=4186.8J \cdot kg^{-1} \cdot ℃^{-1}$	1高斯	G	$=10^{-4}T$
1尔格·克$^{-1}$·度$^{-1}$	erg·g^{-1}·℃$^{-1}$	$=10^{-4}J \cdot kg^{-1} \cdot ℃^{-1}$	奥斯特	Oe	$=1000 \cdot (4\pi)^{-1}A$

表 4　乙醇水溶液的混合体积与浓度的关系

乙醇的质量分数	$V_{乙醇}/cm^3$	$V_{水}/cm^3$	混合前的体积（相加值）/cm^3	混合后溶液的体积（实验值）/cm^3	$\Delta V/cm$
10	12.67	90.36	103.03	101.84	1.19
20	25.34	80.32	105.66	103.24	2.42
30	38.01	70.28	108.29	104.84	3.45
40	50.68	60.24	110.92	106.93	3.99
50	63.35	50.20	113.55	109.43	4.12
60	76.02	40.16	116.18	112.22	3.96
70	88.69	36.12	118.81	115.25	3.56
80	101.36	20.08	121.44	118.56	2.88
90	114.03	10.04	124.07	122.25	1.82

注：本表摘自"傅献彩，等. 物理化学（上册）. 4 版. 北京：高等教育出版社，2004：150"。

表 5　不同温度下水的蒸气压　　　　　　　　　　　　　单位：Pa

$t/℃$	0.0	0.2	0.4	0.6	0.8	$t/℃$	0.0	0.2	0.4	0.6	0.8
−13	225.45	221.98	218.25	214.78	211.32	25	3167.20	3204.93	3243.19	3281.99	3321.32
−12	244.51	240.51	236.78	233.05	229.31	26	3360.91	3400.91	3441.31	3481.97	3523.27
−11	264.91	260.64	256.51	252.38	248.38	27	2564.90	3607.03	3649.56	3629.49	3735.82
−10	286.51	282.11	277.84	273.31	269.04	28	3779.55	3823.67	3868.34	3913.53	3959.26
−9	310.11	305.17	300.51	295.84	291.18	29	4005.39	4051.92	4098.98	4146.58	4194.44
−8	335.17	329.97	324.91	319.84	314.91	30	4242.84	4291.77	4341.10	4390.83	4441.22
−7	361.97	356.50	351.04	345.70	340.37	31	4492.28	4544.28	4595.74	4648.14	4701.07
−6	390.77	384.90	379.03	373.30	367.57	32	4754.66	4808.66	4863.19	4918.38	4973.98
−5	421.70	415.30	409.17	402.90	396.77	33	5030.11	5086.90	5144.10	5201.96	5260.49
−4	454.63	447.83	441.16	434.50	428.10	34	5319.28	5378.74	5439.00	5499.67	5560.86
−3	489.69	482.63	475.56	468.49	461.43	35	5622.86	5685.38	5748.44	5812.17	5876.57
−2	527.42	519.69	512.09	504.62	497.29	36	5941.23	6006.69	6072.68	6139.48	6206.94
−1	567.69	559.42	551.29	543.29	535.42	37	6275.07	6343.73	6413.05	6483.05	6553.71
−0	610.48	601.68	593.02	584.62	575.95	38	6625.04	6696.90	6769.29	6842.49	6916.61
0	610.48	619.35	628.61	637.95	647.28	39	6991.67	7067.22	7143.39	7220.19	7297.65
1	656.74	666.34	675.94	685.81	685.81	40	7375.91	7454.0	7534.0	7614.0	7695.3
2	705.81	716.94	726.20	736.60	747.27	41	7778.0	7860.7	7943.3	8028.7	8114.0
3	757.94	768.73	779.67	790.73	801.93	42	8199.3	8284.6	8372.6	8460.6	8548.6
4	713.40	824.86	836.46	848.33	860.33	43	8639.3	8729.9	8820.6	8913.9	9007.2
5	872.33	884.59	896.99	909.52	922.19	44	9100.6	9195.2	9291.2	9387.2	9484.5
6	934.99	948.05	961.12	974.45	988.05	45	9583.2	9681.8	9780.5	9881.8	9983.2
7	1001.65	1015.51	1029.51	1043.64	1058.04	46	10085.8	10189.8	10293.8	10399.1	10505.8
8	1072.58	1087.24	1102.17	1117.24	1132.44	47	10612.4	10720.4	10829.7	10939.1	11048.4
9	1147.77	1163.50	1179.23	1195.23	1211.36	48	11160.4	11273.7	11388.4	11503.0	11617.7
10	1227.76	1244.29	1260.96	1277.89	1295.09	49	11735.0	11852.3	11971.0	12091.0	12211.0
11	1312.42	1330.02	1347.75	1365.75	1383.88	50	12333.6	12465.6	12585.6	12705.6	12838.9
12	1402.28	1420.95	1439.74	1458.68	1477.87	51	12958.9	13092.2	13212.2	13345.5	13478.9
13	1497.34	1517.07	1536.94	1557.20	1577.60	52	13610.8	13745.5	13878.8	14012.1	14158.8
14	1598.13	1619.06	1640.13	1661.46	1683.06	53	14292.1	14425.4	14572.1	14718.7	14852.1
15	1704.92	1726.92	1749.32	1771.85	1794.65	54	15000.1	15145.4	15292.0	15438.7	15585.3
16	1817.71	1841.04	1864.77	1888.64	1912.77	55	15737.3	15878.7	16038.6	16198.6	16345.3
17	1937.17	1961.83	1986.90	2012.10	2037.69	56	16505.3	16665.3	16825.2	16985.2	17145.2
18	2063.42	2089.56	2115.95	2142.62	2169.42	57	17307.9	17465.2	17638.5	17798.5	17958.5
19	2196.75	2224.48	2252.34	2280.47	2309.00	58	18142.5	18305.1	18465.1	18651.7	18825.1
20	2337.80	2366.87	2396.33	2426.06	2456.06	59	19011.7	19185.0	19358.4	19545.0	19731.7
21	2486.46	2517.12	2548.18	2579.65	2611.38	60	19915.6	20091.6	20278.3	20464.9	20664.9
22	2643.38	2675.77	2708.57	2741.77	2775.10	61	20855.6	21038.2	21238.2	21438.2	21638.2
23	2808.83	2842.96	2877.49	2912.42	2947.75	62	21834.1	22024.8	22238.1	22438.1	22638.1
24	2983.35	3019.48	3056.01	3092.80	3129.37	63	22848.7	23051.4	23264.7	23478.0	23691.3

t/℃	0.0	0.2	0.4	0.6	0.8	t/℃	0.0	0.2	0.4	0.6	0.8
64	23906.0	24117.9	24331.3	24557.9	24771.2	83	53408.8	53835.4	54262.1	54688.7	55142.0
65	25003.2	25224.5	25451.2	25677.8	25904.5	84	55568.6	56021.9	56475.2	56901.8	57355.1
66	26143.1	26371.1	26597.7	26837.7	27077.7	85	57808.4	58261.7	58715.0	59195.0	59661.6
67	27325.7	27571.0	27811.0	28064.3	28304.3	86	60114.9	60581.5	61061.5	61541.4	62021.4
68	28553.6	28797.6	29064.2	29317.5	29570.8	87	62488.0	62981.3	63461.3	63967.9	64447.9
69	29328.1	30090.8	30357.4	30624.1	30890.7	88	64941.1	65461.1	65954.4	66461.0	66954.3
70	31157.4	31424.0	31690.6	31957.3	32237.3	89	67474.3	67994.2	68514.2	69034.1	69567.4
71	32517.2	32797.2	33090.5	33370.5	33650.5	90	70095.4	70630.0	71167.3	71708.0	72253.9
72	33943.8	34237.1	34580.4	34823.7	35117.0	91	72800.5	73351.1	73907.1	74464.3	75027.0
73	35423.7	35730.3	36023.6	36343.6	36636.9	92	75592.2	76161.5	76733.5	77309.4	77889.4
74	36956.9	37250.2	37570.1	37890.1	38210.1	93	78473.3	79059.9	79650.6	80245.2	80843.8
75	38543.4	38863.4	39196.7	39516.6	39836.6	94	81446.4	82051.7	82661.0	83274.3	83891.5
76	40183.3	40503.2	40849.9	41183.2	41516.5	95	84512.8	85138.1	85766.0	86399.3	87035.3
77	41876.4	42209.7	42556.4	42929.7	43276.3	96	87675.2	88319.2	88967.1	89619.0	90275.0
78	43636.3	43996.3	44369.0	44742.9	45089.5	97	90934.9	91597.5	92265.5	92938.8	93614.7
79	45462.8	45836.1	46209.4	46582.7	46956.0	98	94294.7	94978.6	95666.5	96358.5	97055.1
80	47342.6	47729.3	48129.2	48502.5	48902.5	99	97757.0	98462.3	99171.6	99884.8	100602.1
81	49289.1	49675.8	50075.7	50502.4	50902.3	100	101324.7	102051.3	102781.9	103516.5	104257.8
82	51315.6	51728.9	52155.6	52582.2	52982.2	101	105000.4	105748.3	106500.3	107257.5	108018.8

注：本表摘自"印永嘉. 物理化学简明手册. 北京：高等教育出版社，1988：132"。

表6 有机化合物的蒸气压

名称	分子式	温度范围/℃	A	B	C
四氯化碳	CCl_4		6.87926	1212.021	226.41
氯仿	$CHCl_3$	−30～150	6.90328	1163.03	227.4
甲醇	CH_4O	−14～65	7.89750	1474.08	229.13
1,2-二氯乙烷	$C_2H_4Cl_2$	−31～99	7.0253	1271.3	222.9
醋酸	$C_2H_4O_2$	0～36	7.80307	1651.2	225
		36～170	7.18807	1416.7	211
乙醇	C_2H_6O	−2～100	8.32109	1718.10	237.52
丙酮	C_3H_6O	−30～150	7.02447	1161.0	224
异丙醇	C_3H_8O	0～101	8.11778	1580.92	219.61
乙醇乙酯	$C_4H_8O_2$	−20～150	7.09808	1238.71	217.0
正丁醇	$C_4H_{10}O$	15～131	7.47680	1362.39	178.77
苯	C_6H_6	−20～150	6.90561	1211.033	220.790
环己烷	C_6H_{12}	20～81	6.84130	1201.53	222.65
甲苯	C_7H_8	−20～150	6.95464	1344.80	219.482
乙苯	C_8H_{10}	26～164	6.95719	1424.255	213.21

注：1. 本表摘自 "John A Dean. Lange's Handbook of Chemistry. 1979：10-37"。

2. 表中各化合物的蒸气压 p（Pa）可用

$$\lg p = A - \frac{B}{C+t} + D$$

计算。式中，A、B、C 为三常数；t 为温度，℃；D 为压力单位的换算因子，其值为 2.1249。

表7　25℃下某些液体的折射率

名　　称	n_{25}^{D}	名　　称	n_{25}^{D}
甲醇	1.326	四氯化碳	1.459
乙醚	1.352	乙苯	1.493
丙酮	1.357	甲苯	1.494
乙醇	1.359	苯	1.498
醋酸	1.370	苯乙烯	1.545
乙酸乙酯	1.370	溴苯	1.557
正己烷	1.372	苯胺	1.583
1-丁醇	1.397	溴仿	1.587
氯仿	1.444		

注：本表摘自 "Rober C Weast. Handbook of Chem . & Phys. 1982～1983，63th E375"。

表8　水的密度

$t/℃$	$10^{-3}\rho/kg \cdot m^{-3}$	$t/℃$	$10^{-3}\rho/kg \cdot m^{-3}$	$t/℃$	$10^{-3}\rho/kg \cdot m^{-3}$
0	0.99987	20	0.99823	40	0.99224
1	0.99993	21	0.99802	41	0.99186
2	0.99997	22	0.99780	42	0.99147
3	0.99999	23	0.99756	43	0.99107
4	1.00000	24	0.99732	44	0.99066
5	0.99999	25	0.99707	45	0.99025
6	0.99997	26	0.99681	46	0.98982
7	0.99997	27	0.99654	47	0.98940
8	0.99988	28	0.99626	48	0.98896
9	0.99931	29	0.99597	49	0.98852
10	0.99973	30	0.99567	50	0.98807
11	0.99963	31	0.99537	51	0.98762
12	0.99952	32	0.99505	52	0.98715
13	0.99940	33	0.99473	53	0.98669
14	0.99927	34	0.99440	54	0.98621
15	0.99913	35	0.99406	55	0.98573
16	0.99897	36	0.99371	60	0.98324
17	0.99880	37	0.99336	65	0.98059
18	0.99862	38	0.99299	70	0.97781
19	0.99843	39	0.99262	75	0.97489

注：本表摘自 "International Critical Tables of Numerical DTAa，Physics，Chemistry and Technology. Ⅲ：25"。

表9　常用溶剂的凝固点及凝固点下降常数

溶　　剂	纯溶剂的凝固点/℃	K_f
水	0	1.853
醋酸	16.6	3.90
苯	5.533	5.12
对二氧六环	11.7	4.71
环己烷	6.54	20.0
四氯化碳	−22.85	32

注：1. K_f 是指 1mol 溶质溶解在 1000g 溶剂中的冰点下降常数。

2. 本表摘自 "John A Dean. Lange's Handbook of Chemistry. 1985：10-80"。

表 10　有机化合物的密度

化合物	ρ_0	α	β	γ	温度范围/℃
四氯化碳	1.63255	−1.9110	−0.690		0～40
氯仿	1.52643	−1.8563	−0.5309	−8.81	−53～55
乙醚	0.73629	−1.1138	−1.237		0～70
乙醇	0.80625	−0.8461	−0.160		
醋酸	1.0724	−1.1229	0.0058	−2.0	9～100
丙酮	0.81248	−1.100	−0.858		0～50
正丙醇	0.8201	−0.8183	1.08	−16.5	0～100
异丙醇	0.8014	−0.809	−0.27		0～25
正丁醇	0.82390	−0.699	−0.32		0～47
甘油	1.2727	−0.5506	−1.016	1.270	0～280
乙酸甲酯	0.95932	−1.2710	−0.405	−6.00	0～100
乙酸乙酯	0.92454	−1.168	−1.95	20	0～40
环己烷	0.79707	−0.8879	−0.972	1.55	0～65
正庚烷	0.70048	−0.8476	0.1880	−5.23	0～100
苯	0.90005	−1.0638	−0.0376	−2.213	11～72
甲苯	0.88412	−0.92248	0.0152	−4.223	0～99
苯胺	1.03893	−0.86534	0.0929	−1.90	0～99
三氯乙烷	1.52643	−1.8563	−0.5309	−8.81	−53～55

注：1. 表中有机化合物的密度可用方程式 $\rho_t = \rho_0 + 10^{-3}at + 10^{-6}\beta t^2 + 10^{-9}\gamma t^3$ 来计算。式中，ρ_0 为 $t=0℃$ 时的密度，$g \cdot cm^{-3}$（$1g \cdot cm^{-3} = 10^3 kg \cdot m^{-3}$）；$t$ 为温度，℃。

2. 本表摘自 "International Critical Tables of Numerical DTAa, Physics, Chemistry and Technology. Ⅲ：28"。

表 11　金属混合物的熔点　　　　　　　　　　　　　　　单位：℃

金属		\multicolumn{11}{c	}{金属（Ⅱ）的含量/%}									
Ⅰ	Ⅱ	0	10	20	30	40	50	60	70	80	90	100
Pb	Sn	326	295	276	262	240	220	190	185	200	216	232
	Bi	322	290	—	—	179	145	126	168	205	—	268
	Sb	326	250	275	330	395	440	490	525	560	600	632
Sb	Bi	632	610	590	575	555	540	520	470	405	330	268
	Sn	622	600	570	525	480	430	395	350	310	255	232

注：本表摘自 "CRC Handbook of Chemistry and Physics. 66th：D183-184"。

表 12　水在不同温度下的折射率、黏度和介电常数

温度/℃	折射率 n_D	黏度 $10^3 \eta/kg \cdot m^{-1} \cdot s^{-1}$	介电常数 ε
0	1.33395	1.7702	87.74
5	1.33388	1.5108	85.76
10	1.33369	1.3039	83.83
15	1.33339	1.1374	81.95
17	1.33324	1.0828	
19	1.33307	1.0299	
20	1.33300	1.0019	80.10
21	1.33290	0.9764	79.73
22	1.33280	0.9532	79.38
23	1.33271	0.9310	79.02
24	1.33261	0.9100	78.65
25	1.33250	0.8903	78.30
26	1.33240	0.8703	77.94
27	1.33229	0.8512	77.60

温度/℃	折射率 n_D	黏度/$10^3 \eta$/kg·m^{-1}·s^{-1}	介电常数 ε
28	1.33217	0.8328	77.24
29	1.33206	0.8145	76.90
30	1.33194	0.7973	76.55
35	1.33131	0.7190	74.83
40	1.33061	0.6526	73.15
45	1.32985	0.5972	71.51
50	1.32904	0.5468	69.91

注：1. 黏度单位为 N·s·m^{-2} 或 kg·m^{-1}·s^{-1} 或 Pa·s（帕·秒）。

2. 本表摘自"John A Dean. Lange's Handbook of Chemistry. 1985：10-99"。

表 13　不同温度下水的表面张力

t/℃	$10^3 \times \sigma$/N·m^{-1}	t/℃	$10^3 \times \sigma$/N·m^{-1}	t/℃	$10^3 \times \sigma$/N·m^{-1}	t/℃	$10^3 \times \sigma$/N·m^{-1}
0	75.64	17	73.19	26	71.82	60	66.18
5	74.92	18	73.05	27	71.66	70	64.42
10	74.22	19	72.90	28	71.50	80	62.61
11	74.07	20	72.75	29	71.35	90	60.75
12	73.93	21	72.59	30	71.18	100	58.85
13	73.78	22	72.44	35	70.38	110	56.89
14	73.64	23	72.28	40	69.56	120	54.89
15	73.59	24	72.13	45	68.74	130	52.84
16	73.34	25	71.97	50	67.91		

注：本表摘自"John A Dean. Lange's Handbook of Chemistry. 1973：10-265"。

表 14　无机化合物的脱水温度

水合物	脱水	t/℃	水合物	脱水	t/℃
$CuSO_4 \cdot 5H_2O$	$-2H_2O$	85	$CaSO_4 \cdot 2H_2O$	$-1.5H_2O$	128
	$-4H_2O$	115		$-2H_2O$	163
	$-5H_2O$	230	$Na_2B_4O_7 \cdot 10H_2O$	$-8H_2O$	60
$CaCl_2 \cdot 6H_2O$	$-4H_2O$	30		$-10H_2O$	320
	$-6H_2O$	200			

注：本表摘自"印永嘉. 大学化学手册. 济南：山东科学技术出版社，1985：99-123"。

表 15　常压下共沸物的沸点和组成

共沸物		各组分的沸点/℃		共沸物的性质	
甲组分	乙组分	甲组分	乙组分	沸点/℃	组成 $w_甲$/%
苯	乙醇	80.1	78.3	67.9	68.3
环己烷	乙醇	80.8	78.3	64.8	70.8
正己烷	乙醇	68.9	78.3	58.7	79.0
乙酸乙酯	乙醇	77.1	78.3	71.8	69.0
乙酸乙酯	环己烷	77.1	80.7	71.6	56.0
异丙醇	环己烷	82.4	80.7	69.4	32.0

注：本表摘自"Robert C Weast. CRC Handbook of Chemistry and Physics. 66th ed. 1985～1986：D12-30"。

表 16　无机化合物的标准溶解热

化合物	$\Delta_{sol}H_m/kJ \cdot mol^{-1}$	化合物	$\Delta_{sol}H_m/kJ \cdot mol^{-1}$
$AgNO_3$		KI	
$BaCl_2$	-13.22	KNO_3	34.73
$Ba(NO_3)_2$	40.38	$MgCl_2$	-155.06
$Ca(NO_3)_2$	-18.87	$Mg(NO_3)_2$	-85.48
$CuSO_4$	-73.26	$MgSO_4$	-91.21
KBr	20.04	$ZnCl_2$	-71.46
KCl	17.24	$ZnSO_4$	-81.38

注：1. 25℃下，1mol 标准状态下的纯物质溶于水生成浓度为 1mol·L^{-1} 的理想溶液过程的热效应。

2. 本表摘自"化学便览（基础编Ⅱ）. 日本化学会，787"。

表 17　不同温度下 KCl 在水中的溶解焓

$t/℃$	$\Delta_{sol}H_m/(kJ \cdot mol^{-1})$	$t/℃$	$\Delta_{sol}H_m/(kJ \cdot mol^{-1})$
10	19.895	20	18.297
11	19.795	21	18.146
12	19.623	22	17.995
13	19.598	23	17.882
14	19.276	24	17.703
15	19.100	25	17.556
16	18.933	26	17.414
17	18.765	27	17.272
18	18.602	28	17.138
19	18.443	29	17.004

注：1. 此溶解焓是指 1mol KCl 溶于 200mol 的水所产生的溶解焓。

2. 本表摘自"吴肇亮等. 物理化学实验. 北京：石油大学出版社，1990：343"。

表 18　18～25℃下难溶化合物的溶度积

化合物	K_{sp}	化合物	K_{sp}
AgBr	4.95×10^{-13}	$BaSO_4$	1×10^{-10}
AgCl	7.7×10^{-10}	$Fe(OH)_3$	4×10^{-38}
AgI	8.3×10^{-17}	$PbSO_4$	1.6×10^{-8}
Ag_2S	6.3×10^{-52}	CaF_2	2.7×10^{-11}
$BaCO_3$	5.1×10^{-9}		

注：本表摘自"顾庆超等. 化学用表. 南京：江苏科学技术出版社，1979：6-77"。

表 19　有机化合物的标准摩尔燃烧焓

名称	化学式	$t/℃$	$-\Delta_c H_m^{\ominus}/kJ \cdot mol^{-1}$
甲醇	$CH_3OH(l)$	25	726.51
乙醇	$C_2H_5OH(l)$	25	1366.8
甘油	$(CH_2OH)_2CHOH(l)$	20	1661.0
苯	$C_6H_6(l)$	20	3267.5
己烷	$C_6H_{14}(l)$	25	4163.1
苯甲酸	$C_6H_5COOH(s)$	20	3226.9
樟脑	$C_{10}H_{16}O(s)$	20	5903.6
萘	$C_{10}H_8(s)$	25	5153.8
尿素	$NH_2CONH_2(s)$	25	631.7

注：本表摘自"CRC Handbook of Chemistry and Physics. 66th ed. 1985～1986：D272-278"。

表 20　18℃下水溶液中阴离子的迁移数

电解质	$c/\text{mol} \cdot \text{L}^{-1}$					
	0.01	0.02	0.05	0.1	0.2	0.5
NaOH			0.81	0.82	0.82	0.82
HCl	0.167	0.166	0.165	0.164	0.163	0.160
KCl	0.504	0.504	0.505	0.506	0.506	0.510
KNO$_3$(25℃)	0.4916	0.4913	0.4907	0.4897	0.4880	
H$_2$SO$_4$	0.175		0.172	0.175		0.175

注：本表摘自"B. A. 拉宾诺维奇，等. 简明化学手册. 尹永烈，等译. 北京：化学工业出版社，1983：620"。

表 21　不同温度下 HCl 水溶液中阳离子的迁移数（t_+）

m	$t/℃$						
	10	15	20	25	30	35	40
0.01	0.841	0.835	0.830	0.825	0.821	0.816	0.811
0.02	0.842	0.836	0.832	0.827	0.822	0.818	0.813
0.05	0.844	0.838	0.834	0.830	0.825	0.821	0.816
0.1	0.846	0.840	0.837	0.832	0.828	0.823	0.819
0.2	0.847	0.843	0.839	0.835	0.830	0.827	0.823
0.5	0.850	0.846	0.842	0.838	0.834	0.831	0.827
1.0	0.852	0.848	0.844	0.841	0.837	0.833	0.829

注：本表摘自"Conway B E. Electrochemical DTAa. 172"。

表 22　均相热反应的速率常数

$c(\text{HCl})/\text{mol} \cdot \text{L}^{-1}$	$10^3 k/\text{min}^{-1}$		
	298.2K	308.2K	318.2K
0.4137	4.043	17.00	60.62
0.9000	11.16	46.76	148.8
1.214	17.455	75.97	

注：1. 表中为蔗糖水解的速率常数。

2. 乙酸乙酯皂化反应的速率常数与温度的关系为 $\lg k = -1780 T^{-1} + 0.00754 T + 4.53$，$k$ 的单位为（mol·L^{-1}）$^{-1}$·min^{-1}。

3. 丙酮碘化反应的速率常数 k（25℃）$= 1.71 \times 10^{-3}$（mol·L^{-1}）$^{-1}$·min^{-1}；k（35℃）$= 5.284 \times 10^{-3}$（mol·L^{-1}）$^{-1}$·min^{-1}。

4. 本表摘自"International Critical Tables of Numerical D，Chemisata. Physicstry and Technology Ⅳ：130，146"。

表 23　醋酸标准电离平衡常数

温度/℃	$K_a^{\ominus} \times 10^5$	温度/℃	$K_a^{\ominus} \times 10^5$	温度/℃	$K_a^{\ominus} \times 10^5$
0	1.657	20	1.753	40	1.703
5	1.700	25	1.754	45	1.670
10	1.729	30	1.750	50	1.633
15	1.745	35	1.728		

注：本表摘自"Handbook of Chemistry and Physics. 58th. D152"。

表 24　KCl 溶液的电导率

$t/℃$	$\kappa/S \cdot cm^{-1}$			
	$1.000mol \cdot L^{-1}$	$0.1000mol \cdot L^{-1}$	$0.0200mol \cdot L^{-1}$	$0.0100mol \cdot L^{-1}$
0	0.06541	0.00715	0.001521	0.000776
5	0.07414	0.00822	0.001752	0.000896
10	0.08319	0.00933	0.001994	0.001020
15	0.09252	0.01048	0.002243	0.001147
16	0.09441	0.01072	0.002249	0.001173
17	0.09631	0.01095	0.002345	0.001195
18	0.09822	0.01119	0.002397	0.001225
19	0.10014	0.01143	0.002449	0.001251
20	0.10207	0.01167	0.002501	0.001278
21	0.10400	0.01191	0.002553	0.001305
22	0.10594	0.01215	0.002606	0.001332
23	0.10789	0.01239	0.002659	0.001359
24	0.10984	0.01264	0.002712	0.001386
25	0.11180	0.01288	0.002765	0.001413
26	0.11377	0.01313	0.002819	0.001441
27	0.11574	0.01337	0.002873	0.001468
28		0.01362	0.002927	0.001496
29		0.01387	0.002981	0.001524
30		0.01412	0.003036	0.001552
31		0.01437	0.003091	0.001581
32		0.01462	0.003146	0.001609
33		0.01488	0.003201	0.001638
34		0.01513	0.003256	0.001667
35		0.01539	0.003312	

注：本表摘自"孙在春，等. 物理化学实验. 北京：石油大学出版社，2002：244"。

表 25　几种胶体的 ζ 电位

水　溶　胶				有机溶胶		
分散相	ζ/V	分散相	ζ/V	分散相	分散介质	ζ/V
As_2S_3	-0.032	Bi	0.016	Cd	$CH_3COOC_2H_5$	-0.047
Au	-0.032	Pb	0.018	Zn	CH_3COOCH_3	-0.064
Ag	-0.034	Fe	0.028	Zn	$CH_3COOC_2H_5$	-0.087
SiO_2	-0.044	$Fe(OH)_3$	0.044	Bi	$CH_3COOC_2H_5$	-0.091

注：本表摘自"天津大学物理化学教研室. 物理化学（下册）. 北京：高等教育出版社，1979：500"。

表 26　高聚物溶剂体系的 $[\eta]$-M 关系式

高聚物	溶剂	$t/℃$	$10^3 K/dm^3 \cdot kg^{-1}$	α	相对分子质量范围 $M \times 10^{-4}$
聚丙烯酰胺	水	30	6.31	0.80	2～50
	水	30	68	0.66	1～20
	$1mol \cdot L^{-1}NaNO_3$	30	37.5	0.66	
聚丙烯腈	二甲基甲酰胺	25	16.6	0.81	5～27
聚甲基丙烯酸甲酯	丙酮	25	7.5	0.70	3～93
聚乙烯醇	水	25	20	0.76	0.6～2.1
	水	30	66.6	0.64	0.6～16
聚己内酰胺	$40\%H_2SO_4$	25	59.2	0.69	0.3～1.3
聚醋酸乙烯酯	丙酮	25	10.8	0.72	0.9～2.5
右旋糖酐	水	25	92.2	0.5	
	水	37	141	0.46	

注：本表摘自"印永嘉. 大学化学手册. 济南：山东科学技术出版社，1985，692"。

表 27　无限稀释离子的摩尔电导率和温度系数

离子	$10^4\lambda/S \cdot m^2 \cdot mol^{-1}$				α
	0℃	18℃	25℃	50℃	
H^+	225	315	349.8	464	0.0142
K^+	40.7	63.9	73.5	114	0.0173
Na^+	26.5	42.8	50.1	82	0.0188
NH_4^+	40.2	63.9	74.5	115	0.0188
Ag^+	33.1	53.5	61.9	101	0.0174
$\frac{1}{2}Ba^{2+}$	34.0	54.6	63.6	104	0.0200
$\frac{1}{2}Ca^{2+}$	31.2	50.7	59.8	96.2	0.0204
$\frac{1}{2}Pb^{2+}$	37.5	60.5	69.5		0.0194
OH^-	105	171	198.3	(284)	0.0186
Cl^-	41.0	66.0	76.3	(116)	0.0203
NO_3^-	40.0	62.3	71.5	(104)	0.0195
$C_2H_3O_2^-$	20.0	32.5	40.9	(67)	0.0244
$\frac{1}{2}SO_4^{2-}$	41	68.4	80.0	(125)	0.0206
F^-		47.3	55.4		0.0228

注：1. $\alpha = \frac{1}{\lambda_i}\left(\frac{d\lambda_i}{dt}\right)$。

2. 本表摘自"印永嘉. 物理化学简明手册. 北京：高等教育出版社，1988：159"。

表 28　25℃下标准电极电位及温度系数

电　极	电 极 反 应	φ_0/V	$\frac{d\varphi_0}{dT}/mV \cdot K^{-1}$
Ag^+, Ag	$Ag^+ + e^- \Longrightarrow Ag$	0.7991	-1.000
$AgCl, Ag, Cl^-$	$AgCl + e^- \Longrightarrow Ag + Cl^-$	0.2224	-0.658
AgI, Ag, I^-	$AgI + e^- \Longrightarrow Ag + I^-$	-0.151	-0.284
Cd^{2+}, Cd	$Cd^{2+} + 2e^- \Longrightarrow Cd$	-0.403	-0.093
Cl_2, Cl^-	$Cl_2 + 2e^- \Longrightarrow 2Cl^-$	1.3595	-1.260
Cu^{2+}, Cu	$Cu^{2+} + 2e^- \Longrightarrow Cu$	0.337	0.008
Fe^{2+}, Fe	$Fe^{2+} + 2e^- \Longrightarrow Fe$	-0.440	0.052
Mg^{2+}, Mg	$Mg^{2+} + 2e^- \Longrightarrow Mg$	-2.37	0.103
Pb^{2+}, Pb	$Pb^{2+} + 2e^- \Longrightarrow Pb$	-0.126	-0.451
$PbO_2, PbSO_4, SO_4^{2-}, H^+$	$PbO_2 + SO_4^{2-} + 4H^+ + 2e^- \Longrightarrow PbSO_4 + 2H_2O$	1.685	-0.326
OH^-, O_2	$O_2 + 2H_2O + 4e^- \Longrightarrow 4OH^-$	0.401	-1.680
Zn^{2+}, Zn	$Zn^{2+} + 2e^- \Longrightarrow Zn$	-0.7628	0.091

注：本表摘自"印永嘉. 物理化学简明手册. 北京：高等教育出版社，1988：214"。

表 29 25℃ 下一些强电解质的活度系数

电解质	$b_B/mol \cdot kg^{-1}$					电解质	$b_B/mol \cdot kg^{-1}$				
	0.01	0.1	0.2	0.5	1.0		0.01	0.1	0.2	0.5	1.0
$AgNO_3$	0.90	0.734	0.657	0.536	0.429	KOH		0.798	0.760	0.732	0.756
$CaCl_2$	0.732	0.518	0.472	0.448	0.500	NH_4Cl		0.770	0.718	0.649	0.603
$CuCl_2$	0.40	0.508	0.455	0.411	0.417	NH_4NO_3		0.740	0.677	0.582	0.504
$CuSO_4$	0.906	0.150	0.104	0.0620	0.0423	NaCl	0.9032	0.778	0.735	0.681	0.657
HCl	0.545	0.796	0.767	0.757	0.809	$NaNO_3$		0.762	0.703	0.617	0.548
HNO_3	0.732	0.791	0.754	0.720	0.724	NaOH		0.766	0.727	0.690	0.678
H_2SO_4		0.2655	0.2090	0.1557	0.1316	$ZnCl_2$		0.515	0.462	0.394	0.339
KCl		0.770	0.718	0.649	0.604	$Zn(NO_3)_2$	0.708	0.31	0.489	0.473	0.535
KNO_3		0.739	0.663	0.545	0.443	$ZnSO_4$	0.387	0.150	0.140	0.0630	0.0435

注：本表摘自"复旦大学，等. 物理化学实验. 2 版. 北京：高等教育出版社，1995：457"。

表 30 25℃ 下 HCl 水溶液的摩尔电导率和电导率与浓度的关系

$c/mol \cdot L^{-1}$	0.0005	0.001	0.002	0.005	0.01	0.02	0.05	0.1	0.2
$\Lambda_m/S \cdot cm^2 \cdot mol^{-1}$	423.0	421.4	419.2	415.1	411.4	406.1	397.8	389.8	379.6
$10^3 \kappa/S \cdot cm^{-1}$					4.114	8.112	19.89	39.98	75.92

注：本表摘自"印永嘉. 物理化学简明手册. 北京：高等教育出版社，1988：178"。

表 31 常用电极电势与温度的关系

电极类型	电极电势与温度的关系
甘汞电极 $\frac{1}{2}Hg_2Cl_2(s) + e \longrightarrow Hg(l) + Cl^-$	
KCl 浓度为 0.1mol $\cdot$ L^{-1}	$E/V = 0.3338 - 7 \times 10^{-5}(t/℃ - 25)$
KCl 浓度为 1mol $\cdot$ L^{-1}	$E/V = 0.2800 - 2.4 \times 10^{-4}(t/℃ - 25)$
饱和 KCl 溶液	$E/V = 0.2415 - 7.6 \times 10^{-4}(t/℃ - 25)$
氯化银电极 $AgCl(s) + e \longrightarrow Ag(s) + Cl^-$	
不饱和型	$E^{\ominus}/V = 0.2224 - 0.45 \times 10^{-4}(t/℃ - 25)$
饱和型	$E^{\ominus}/V = 0.1989 - 1 \times 10^{-3}(t/℃ - 25)$
醌氢醌电极 $C_6H_4O_2 + 2H^+ + 2e \longrightarrow C_6H_4(OH)_2$	$E^{\ominus}/V = 0.6994 - 7.4 \times 10^{-4}(t/℃ - 25)$
银电极 $Ag^+ + e \longrightarrow Ag(s)$	$E^{\ominus}/V = 0.7990 - 9.7 \times 10^{-4}(t/℃ - 25)$

表 32 几种化合物的磁化率

无机物	T/K	质量磁化率 χ_m		摩尔磁化率 χ_M	
		$/10^{-6}cm^3 \cdot g^{-1}$	$/10^{-9}m^3 \cdot kg^{-1}$	$/10^{-6}cm^3 \cdot mol^{-1}$	$/10^{-9}m^3 \cdot mol^{-1}$
$CuBr_2$	292.7	3.07	38.6	685.5	8.614
$CuCl_2$	289	8.03	100.9	1080.0	13.57
CuF_2	293	10.3	129	1050.0	13.19
$Cu(NO_3)_2 \cdot 3H_2O$	293	6.50	81.7	1570.0	19.73
$CuSO_4 \cdot 5H_2O$	293	5.85	73.5(74.4)	1460.0	18.35
$FeCl_2 \cdot 4H_2O$	293	64.9	816	12900.0	162.1
$FeSO_4 \cdot 7H_2O$	293.5	40.28	506.2	11200.0	140.7
H_2O	293	-0.720	-9.50	-12.97	-0.163

无机物	T/K	质量磁化率 χ_m		摩尔磁化率 χ_M	
		$/10^{-6}\mathrm{cm^3 \cdot g^{-1}}$	$/10^{-9}\mathrm{m^3 \cdot kg^{-1}}$	$/10^{-6}\mathrm{cm^3 \cdot mol^{-1}}$	$/10^{-9}\mathrm{m^3 \cdot mol^{-1}}$
$Hg[Co(CNS)_4]$	293		206.6		
$K_3[Fe(CN)_6]$	297	6.96	87.5	2290.0	28.78
$K_4[Fe(CN)_6]$	室温	-0.3739	4.699	-130.0	-1.634
$K_4[Fe(CN)_6] \cdot 3H_2O$	室温	-0.3739		-12.3	-2.165
$NH_4Fe(SO_4)_2 \cdot 12H_2O$	293	30.1	378	14500	182.2
$(NH_4)_2Fe(SO_2)_2 \cdot 6H_2O$	293	31.6	397(406)	12400	155.8

注：1. 质量磁化率 χ_m 第 2 列数据由第 1 列换算而得；摩尔磁化率 χ_M 第 2 列数据参照第 1 列和 χ_m 第 2 列数据换算而得。

2. 本表摘自"复旦大学，等. 物理化学实验. 2 版. 北京：高等教育出版社，1995：461"。

表 33　20℃时乙醇水溶液的密度与折射率

$w_{乙醇} \times 100$	$\rho/\mathrm{g \cdot cm^{-3}}$	n_D^{20}	$w_{乙醇} \times 100$	$\rho/\mathrm{g \cdot cm^{-3}}$	n_D^{20}
0	0.9982	1.3330	50	0.9139	1.3616
5	0.9893	1.3360	60	0.8911	1.3638
10	0.9819	1.3395	70	0.8676	1.3652
20	0.9687	1.3469	80	0.8436	1.3658
30	0.9539	1.3535	90	0.8180	1.3650
45	0.9352	1.3583	100	0.7893	1.3614

表 34　铂铑-铂（分度号 LB-3）热电偶毫伏值与温度换算

温度/℃	0	10	20	30	40	50	60	70	80	90
	毫 伏 数									
0	0.000	0.055	0.113	0.173	0.235	0.299	0.365	0.432	0.502	0.573
100	0.645	0.719	0.795	0.872	0.950	1.029	1.109	1.190	1.273	1.356
200	1.440	1.525	1.611	1.698	1.785	1.873	1.962	2.051	2.141	2.232
300	2.323	2.414	2.506	2.599	2.692	2.786	2.880	2.974	3.069	3.164
400	3.260	3.356	3.452	3.549	3.645	3.743	3.840	3.938	4.036	4.135
500	4.234	4.333	4.432	4.532	4.632	4.732	4.832	4.933	5.034	5.136
600	5.237	5.339	5.442	5.544	5.648	5.751	5.855	5.960	6.064	6.169
700	6.274	6.380	6.486	6.592	6.699	6.805	6.913	7.020	7.128	7.236
800	7.345	7.454	7.563	7.672	7.782	7.892	8.003	8.114	8.225	8.336
900	8.448	8.560	8.673	8.786	8.899	9.012	9.126	9.240	9.355	9.470
1000	9.585	9.700	9.816	9.932	10.048	10.165	10.282	10.400	10.517	10.635
1100	10.754	10.872	10.991	11.110	11.229	11.348	11.462	11.587	11.707	11.827
1200	11.947	12.067	12.188	12.308	12.429	12.550	12.671	12.792	12.913	13.034
1300	13.155	13.276	13.397	13.519	13.640	13.761	13.883	14.004	14.125	14.247
1400	14.368	14.489	14.610	14.731	14.852	14.973	15.094	15.215	15.336	15.456
1500	15.576	15.697	15.817	15.937	16.057	16.176	16.296	16.415	16.534	16.653
1600	16.771	16.890	17.008	17.125	17.243	17.360	17.477	17.594	17.771	17.826
1700	17.942	18.056	18.170	18.282	18.394	18.504	18.612	—	—	—

注：表中参考端温度为 0℃。

表35 镍铬-镍硅（分度号 EU-2）热电偶毫伏值与温度换算

温度/℃	0	10	20	30	40	50	60	70	80	90
	毫 伏 值									
0	0.000	0.397	0.798	1.203	1.611	2.022	2.436	2.850	3.266	3.681
100	4.059	4.508	4.919	5.327	5.733	6.137	6.539	6.939	7.388	7.737
200	8.137	8.537	8.938	9.341	9.745	10.151	10.560	10.969	11.381	11.793
300	12.207	12.623	13.039	13.456	13.874	14.292	14.712	15.132	15.552	15.974
400	16.395	16.818	17.241	17.664	18.088	18.513	18.938	19.363	19.788	20.214
500	20.640	21.066	21.493	21.919	22.346	22.772	23.198	23.624	24.050	24.476
600	24.902	25.327	25.751	26.176	26.599	27.022	27.445	27.867	28.288	28.709
700	29.182	29.547	29.965	30.383	30.799	31.214	31.629	32.042	32.455	32.866
800	33.277	33.686	34.095	34.502	34.909	35.314	35.718	36.121	36.524	36.925
900	37.325	37.724	38.122	38.519	38.915	39.310	39.703	40.096	40.488	40.789
1000	41.269	41.657	42.045	42.432	42.817	43.202	43.585	43.968	44.349	44.729
1100	45.108	45.486	45.863	46.238	46.612	46.985	47.356	47.726	48.095	48.462
1200	48.828	49.192	49.555	49.916	50.276	50.633	50.990	51.344	51.697	52.049
1300	52.398	52.747	53.093	53.439	53.782	54.125	54.466	54.807	—	—

注：表中参考端温度为0℃。

表36 液体的分子偶极矩 μ、介电常数 ε 与极化度 P_∞（$cm^3 \cdot mol^{-1}$）

物质	$\mu/10^{-30}C \cdot m$	$t/℃$	0	10	20	25	30	40	50
水	6.14	ε	87.83	83.86	80.08	78.25	76.47	73.02	69.73
		P_∞							
氯仿	3.94	ε	5.19	5.00	4.81	4.72	4.64	4.47	4.31
		P_∞	51.1	50.0	49.7	47.5	48.8	48.3	17.5
四氯化碳	0	ε			2.24	2.23			2.13
		P_∞				28.2			
乙醇	5.57	ε	27.88	26.41	25.00	24.25	23.52	22.16	20.87
		P_∞	74.3	72.2	70.2	69.2	68.3	66.5	64.8
丙酮	9.04	ε	23.3	22.5	21.4	20.9	20.5	19.5	18.7
		P_∞	184	178	173	170	167	162	158
乙醚	4.07	ε	4.80	4.58	4.38	4.27	4.15		
		P_∞	57.4	56.2	55.0	54.5	54.0		
苯	0	ε		2.30	2.29	2.27	2.26	2.25	2.22
		P_∞				26.6			
溴苯	5.11	ε	5.7	5.5	5.4		5.3	5.1	5.0
		P_∞	107.9	105.5	103.3		100.2	97.6	95.4
氯苯	5.24	ε	6.09		5.65	5.63		5.37	5.23
		P_∞	85.5		81.5	82.0		77.8	76.8
硝基苯	13.12	ε		37.85	35.97		33.97	32.26	30.5
		P_∞		365	354	348	339	320	316
正丁醇	5.54	ε							
		P_∞							

注：本表摘自"巴龙ＨＭ，等. 物理化学数据简明手册. 2版. 上海：上海科学技术出版社，1959：62"。